海绵城市设计系列丛书

城市与水

——滨水城市空间规划设计

City and Water:

The Planning and Design of Space in Urban Waterfront Areas

王劲韬　著

江苏凤凰科学技术出版社

图书在版编目（CIP）数据

城市与水 ：滨水城市空间规划设计 / 王劲韬著. --南京 ：江苏凤凰科学技术出版社，2017.6
（海绵城市设计系列丛书 / 伍业钢主编）
ISBN 978-7-5537-8240-9

Ⅰ. ①城… Ⅱ. ①王… Ⅲ. ①城市－理水(园林)－环境设计 Ⅳ. ①TU986.4

中国版本图书馆CIP数据核字(2017)第114442号

海绵城市设计系列丛书
城市与水——滨水城市空间规划设计

著　　者	王劲韬
项目策划	凤凰空间 / 杨　琦
责任编辑	刘屹立　赵　研
特约编辑	杨　琦
出版发行	江苏凤凰科学技术出版社
出版社地址	南京市湖南路1号A楼　邮编：210009
出版社网址	http://www.pspress.cn
总　经　销	天津凤凰空间文化传媒有限公司
总经销网址	http：//www.ifengspace.cn
印　　刷	北京博海升彩色印刷有限公司
开　　本	710mm×1000mm　1/16
印　　张	20.5
字　　数	209 920
版　　次	2017年6月第1版
印　　次	2017年6月第1次印刷
标准书号	ISBN 978-7-5537-8240-9
定　　价	188.00元

序 Preface

“安流须轨”乃人与天调之要

我国治水肇自夏禹，鲧以堵截失败，禹以疏导奏效。中国版图百分之六十几是山，世界屋脊珠穆朗玛峰积雪融化后山洪散漫而下，无轨可行，形成上古洪灾，禹开河道容水并导至东海，人民才得安宁。李冰父子继而依禹法治岷江并以石刻总结了治水之本“安流须轨”，传之世人，要安定水流必须为水提供相应的河床运行。就可持续发展而言，有在二王庙红墙上留下“深淘滩，低作堰”的古训，以协调河流泥沙淤积而缩小河床容积之弊。“天人合一”的中华民族引导了这治水之本，成为人与天调之要。中国地方志多有共识“国必依山水”。王劲韬君在海绵城市设计系列丛书中，撰写《城市与水——滨水城市空间规划设计》基于“研今必习古，无古不成今”的认识，结合十年来实践的感悟玉成此作，值得庆幸和祝贺，也诚挚地感谢所有致力于本书的同志。

上善若水，人类文化的产生和发展都与河流流域相关，“水可载舟，亦可覆舟”，历史上洪水猛兽危害人民生命的沉痛教训，告诫我们“不是山水服从城市，而是城市服从山水”。古代城市水系规划无不印证了这一真理。自然河流自西而东入海，所以人工运河多是南北向的，“引水贯都”成为历代共识，治水成为中国的国家大事，对地方官员的评价往往也以治水业绩为主，现行的河长制传承和创新发展了这一传统，而尚有围海造地、围湖造田和促淤等违背自然之理的做法，诚如管子所言：“人之所为”与“天相逆者，天必违之，虽成必败”，这并不包含因国土利益而为者。

规划是宏观的设计，城市设计以及单项设计也必然以“安流须轨”为科学性的保障，园林是科学的艺术，还必须结合艺术法则规律施行，“胸中有山方许作水，胸中有水方许作山”，说明山水相依性。“山臃必虚其腹”，说明空间太实了要求虚，那么水面大了又太虚而缺少水空间的划分。水之三远为高远、深远和迷远，后二远均与空间层次有关。君不见有很多城市的大湖都因缺少水面空间的划分而冗大、空泛吗？要么水中一块状岛，以瘦堤连岸，形如蝌蚪而缺乏自然气韵，杭州西湖潟湖天成而又“景物因人称胜概”，长堤纵横，仙岛散点，既解决了东西南北的水上交通联系又划分出里外的空间而形成中国风景园林的地标（孙筱翔先生语），就是“卷山勺水”也必须有水空间的划分。

“读万卷书，走万里路”的学习方法会为我们造山、理水之法提供无穷的素材。南北朝刘宋宗炳著《画山水序》“山水以形媚道”，再结合“文以载道”，景面文心的山水景必可为国人的中国梦和世界人民命运共同体的世界梦增添融社会美入自然美的园林艺术美，为人民根本和长远的利益服务和效劳。

孟兆祯

2017年4月 于北京

前言 Foreword

这是一本古今对照来记述城市水系和相关公共工程的规划设计论著。这本书根植于笔者十年来城市滨水区域规划实践的点滴感想与感悟，更源自十年来对中国古代城市治水、滨水环境整治的历史文献研究，通过对隋唐以来的长安水系、北宋汴京水系、元明清三代北京水系、唐五代至南宋的杭州水系，以及近代广州水系等五大城市水系及一条厚载历史人文信息的大运河水系的系统回顾与论述，揭示了古今城市水系治理和水环境改善工作之间的一些共同特征，借古人的智慧总结今日城市水环境治理中的一些共性问题。其中的杰出匠人，如鲜卑血统的宇文恺及后来建设元大都的刘秉忠，诗人白居易、苏轼，科学家郭守敬等人，他们既是伟大的诗人、工匠、科学家，也是古代城市建设史上最早的水利专家和滨水环境规划师。还有那些雄才大略的建设者——隋大业之杨广，唐开元之李隆基，后周世宗柴荣，北宋太祖赵匡胤，元世祖忽必烈，清高宗弘历等。这些古代辉煌城市的缔造者，在建设城市之初，都把水环境治理、水利通漕作为城市建设之首要任务，次则引水溉田、渠造园庭等。

伟大的建设者杨广不仅划定了中国历史上最杰出、持久的文化人才选拔制度——科举制（大业三年），也沟通了一条旷古未有的经济、文化和景观大动脉——大运河，这是自魏晋 400 多年来第一次真正意义上的南北融合。正所谓通波千里，国脉所系，这条动脉决定了中国后世都城的基本落位和迁移方向。柴荣对于汴京城市规划的规范，堪称人类史上第一部科学城市规划法。其中的官民共建、利益均衡、人性化拆迁等内容独步中外，对于今日城市环境规划仍具有很大的指导价值。清高宗弘历自乾隆十六年（1751年）开始京西水系规划，在水利与城市建设、农业生产的综合平衡、财税制度和〝以工代赈〞的用工制度调节等方面所开先河，同样折射出震古烁今的理性之光。

更如苏轼宦海沉浮中的三个西湖的建设，不仅是苏轼豁达人生的例证，更是扎根于杭州、颍州（今安徽阜阳）、惠州等城市的文化与血脉之中，成为这些城市至今引以为傲的记忆。今天，这两千多年历史的颍州西湖面临新条件下的改造与变迁，其中涉及风景与人居环境、滨水与城市，以及自然生态与农业生产的诸多方面问题及对策，既有历史的共性又有今天的新问题。

今日的规划者、景园师面对这些风景所感受到的不仅是历史的厚重，还有古今交融中时时出现的智慧之光。2015年，恰在本书撰写期间，笔者有幸主持了阜阳（即古颍州）水系规划。历史上，欧阳修、苏轼修治的颍州西湖，今天仍然是现代城市水系的重要组成部分。这座曾引领古颍州城市风貌、方圆十余里的巨大湖泊，正不断萎缩、且被蚕食，而今天的阜阳人很少能知道这片如今普通得不能再普通的湖泊，曾经与杭州西湖齐名。欧阳修为官颍州，举家迁于此，终老葬于此湖；苏轼继之，从杭州通判任上来此，一上任便大修西湖，并写下〝大千起灭一尘里，未觉杭颍谁雌雄〞的名句。

如今重临颍州西湖，仍不难感受到这种古今交错的历史与厚重，感到东坡诗、东坡竹、东坡西湖、东坡肉皆在眼前，未曾离去。如何发掘并重现这些城市建设史上最美的风景线，古人的智慧时时刻刻都在指导着我们。八百多年前，苏轼在奏折中将杭州西湖称为城市之眼（《乞开杭州西湖状》），称之：杭州如美人，杭州无西湖则如美人无眼目一样不可想象。这恐怕是迄今为止对于水系与城市景观最生动的比喻，深刻反映了城水相依，城市以水系为眼目、为灵魂的关系。对于现代城市而言，城以水为、城因水活，以水为魂的并存共生点丝毫没有减弱。

在学习西方经验和中国古代传统智慧两方面，我们今天似乎更侧重前者，而从建设中国特色景观的角度看，中国古代城市建设智慧显然是不可或缺的。

由于城市终究是为人所用，古今的一致性、类似性仍然大于差异性，古人佳事值得评究并借鉴。尤其是涉及景观的中国特色、中国气派、民族性、风格选择等问题，离开古人的智慧宝库，一切均无从谈起。

基于上述原因，笔者撰写了这本跨度很大的书，通过古今对照的标尺，审视我们今天的城市滨水改造与规划，乃更重新诠释我们景观规划设计实践，并予以重新定位。在我们轰轰烈烈的滨水实践十余年后，再作这样的审视，或有补于今日该行业过于自尊乃至自大的偏差。

皆因景观之路于中国城市建设而言，正属方兴未艾，来日方长，笔者才要不揣鄙陋，直抒己见，以期开卷有益，收效于他山。

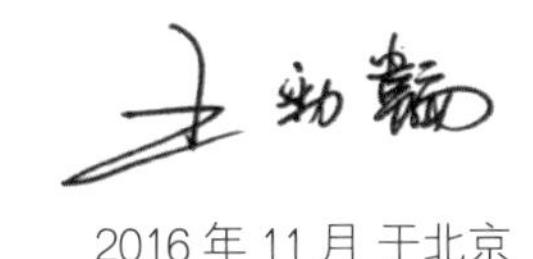

2016 年 11 月 于北京

目录 Contents

第一章　引言　10

第二章 中国历史上的城市水系建设与那些伟大的建设者　26

第三章 中国当代城市滨水地区面临的问题与挑战 96

第四章 城市滨水规划设计案例解析 146

第一章 引 言

1.1 每个城市都有自己的母亲河 ——伟大的文明都是因河而生

1.1.1 水与城市关系的论述——为何我们要重提“母亲河概念”

作为文明之源、生存之本的水——人类的文明依水而生，与水相依相伴。古代早期，城市择址都选择依傍江河湖海之地。每一个民族都乐于把养育城邦与文明的河流比作母亲河，如黄河之于中华文明、恒河之于古印度、阿姆河与锡尔河之于那些矫健的草原民族。[1]河道、河网是先于国家机器的最早期的文明孵化器。正如罗素在《权力论》中所说，河流提供了早期文明发展必须的生存养育之本，更提供了文明延续所必须的民族的机动性。对母亲河的治理决定了一个文明的先进性。水给予万物，水承载万物，人与水既有天性亲密的一面，又有抗拒的一面，更有一段贯穿于整个中西文化史的有关洪荒岁月、艰难治水的共同记忆。

事实上，早期人类的农耕文明与城郭建设皆以用水利、避水祸为第一要务。谁掌握了水，谁能更好地治水并利用好水，谁就是天地间最无争议的、合格的领袖。于一城郭、一国家、一文明，皆无例外。这种人与水相依存、相抗争的例子在人类的历史上几乎比比皆是。恰如埃及人之于尼罗河、古巴比伦之于幼发拉底河和底格里斯河、古印度之于恒河，其文明之崛起皆归因于化水害为水利的技术和治理大规模河流所凝结的经验与威望。王朝的长治久安则往往取决于统一管理大型水利设施，并整合族人抵御水患的综合能力[2]。凡有此才能者，皆有权成为宗族之领袖。中国上古大禹治水的故事本旨是为了说明治水英雄作为苍生之主、政治领袖的正统与合法性，故事本身就具有一种基于政治伦理下生出的悲悯苍生万物的意味。所谓"水利万物而不争""水善下而为百谷之王"等儒门"仁山智水"的思想根源，皆源自这种人类与水与生俱来的亲密而抗争的关系。

中国古代人居环境理论中论述最为详尽透彻的，也往往包含着水利、水害、治水三者之关系。典型者如《管子·乘马》[3]《管子·度地》[4]诸篇对于城市选址的论述。《管子·度地》称："故圣人之处国者，必于不倾之地，而择地形之肥饶者。乡山，左右经水若泽，内为落渠之写，因大川而注焉。乃以其天材、地之所生，利养其人，以育六畜。"并提出"地高则沟之，下则堤之，命之曰金城"等观点。管子还提出，凡是营建都城，不把它建立在大山之下，也必须在大河的近旁。高不可近于干旱，以便保证水用的充足；低不可近于水潦，以节省沟堤的修筑。要依靠天然资源，要凭借地势之利。所以，城郭的构筑，不必拘泥于合乎方圆的规矩；道路的铺设，也不必拘泥于平直的准绳。这种视野与理解的深度，与我们今日所倡导的海绵城市理论是如此的契合。

依山傍水，背山面水，既有开阔的视野，又能随时避开洪水的侵袭，历来是我们古代建城市最为理想的环境模式，而这种希望得到完全庇护（山环），又能得到开阔、坦然的生存空间，及其相应的构成模式与审美传统，塑造了我们民族最持久的人居思想和"风水"观念。诸如"艮位为山、巽位出水"等，不一而足。

从整个农耕文明历史看，对于大江大河的治理效率决定了民族的历史进程。于个人而言，则决定了王朝的变迁。例如古埃及新王国时代的法老埃赫那吞为了摆脱底比斯僧侣势力对政权的制约，而将王朝迁离尼罗河，栖居于阿玛尔纳荒漠的荒唐之举，在避开强大的僧团势力的同时，也使自己的政权一朝而亡。新的王朝很快又将首都迁回尼罗河畔，足见离开母亲河的埃及文化便是无源之水、无本之木。上古中国亦有鲧"窃帝之息壤以堙洪水"最终失败的案例，及其后者大禹"趋利避害，敏于疏导"的洪水治理措施，最终得以成功。"鲧禹治水"的故事暗示了治水救民的大智慧与作为华夏共主的正统性之间的联系，而禹传位于子"启"（夏之开国君主），则标志着这一"人水关系"的铁律被全民族所认同的开始，故称之为"启"。每个伟大的文明都是因水而生，河流造就了伟大的文明，而对水治理的成效也直接映射出各个文明的兴衰成败。

1.2 关于城市的母亲河

1.2.1 主题释义一：何谓母亲河——从“中国都城发展格局”说开去

城市需要一条母亲河，这不仅包含着情感因素，河流决定了中国古代城市发展的基本空间模式（背山面水），维系了传统中国城市的经济格局，也决定了传统中国城市的空间布局（图 1-2-1）。城市滨水空间为传统聚居区提供了稳定的水源和肥沃的耕地，随着水上交通工具的发展，河流成为物资运输的重要通道，而在通道的交汇处则形成了我们民族最负盛名的古代大都市。比如八水交汇的长安、黄洛水系交汇的洛阳、隋大运河入黄口的汴京（今开封），它们都是中古时代全世界最大的、经济最为发达的城市；[5]而元代大运河所流经的五大水系也都孕育了中国封建时代最繁华的都市，比如海河水系的天津、黄河的济南、淮河的淮安、长江的扬州以及钱塘江畔的运河起点——杭州。河流支撑起中国古代社会所有经济与政治型城市的发展，离开母亲河，城市的发展便成了无源之水、无本之木。

中国古代王朝的都城总体呈现出由西向东发展的趋势：西安—洛阳—开封—北京（图 1-2-2）。中国至魏晋以后，随着南方大规模开发，中国城市开始了经济与政治中心分离的历史，而帝都的供应则一律“仰给东南”。唐时建都长安，漕运干线主要由东往西，就是由扬州经淮河、黄河、洛水等河流水系而转往长安。按照唐代开国之初的相关记载，每年由南方漕运入长安的粮食总量达 700 万石以上。但由于水运经三门峡之险，

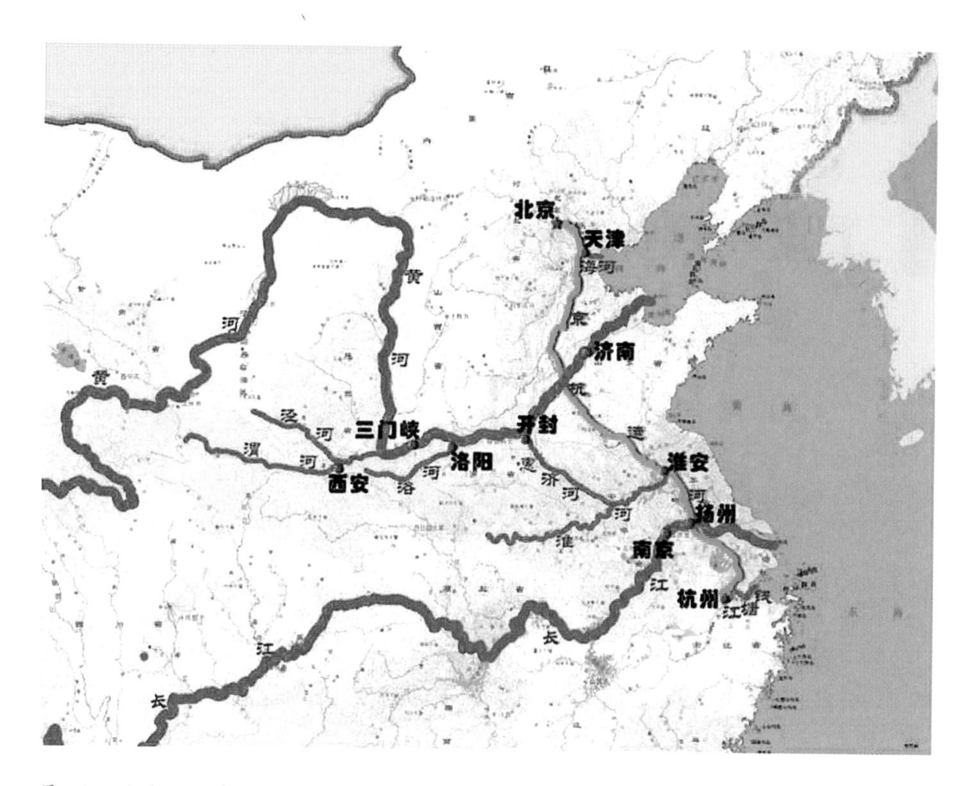

图 1-2-1　河流决定了中国古代的政治和经济格局：古代都城一般都会迁到经济发达、尤其是水运方便的地区。隋代以后，由黄河、大运河等主要水系组成的漕运系统供应了历代国都所需要的粮食和物资。长安、洛阳、开封、北京的基本迁移规律，都是与水系的通畅程度密切相关的

加之陆路转运的盗抢以及沿途消耗，每年能够运抵长安的粮食几乎十不足一。为克服三门峡之险，汉唐以来，为解决京师粮食供应问题，中国帝王多次被迫迁都洛阳，多次带领数十万军队和臣僚"就食洛阳"。这也是洛阳作为古中国千年"陪都"的真正意义所在。北宋建都开封使漕运国脉完全脱离黄河水系，缩短了漕运线路。北宋的漕运线路比唐朝缩短了近一半，由淮入汴，水道畅通，不需陆路接运，宋朝由此开创了我国漕运史上漕运量的最高纪录。河流维系了中国古代城市空间布局和经济发展脉搏。

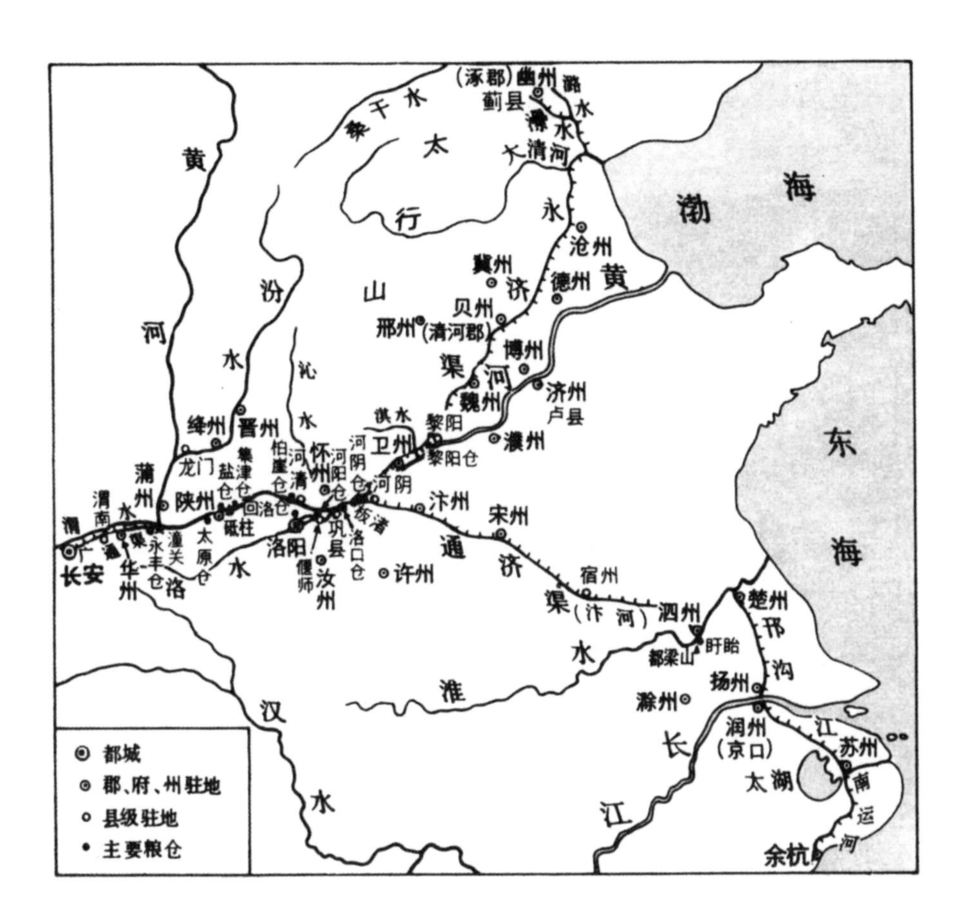

图 1-2-2 中国古代王朝都城的位置迁移与河流分布、粮食转运紧密相连——隋朝大运河与隋唐中国城市发展的互动示意

河流决定了传统中国城市的空间格局、交通方式。所谓〝有一条街就有一条河〞，这一点在古代江南城镇空间规划中显得尤其突出。如宋代以来的苏州城就一直保持着水陆并行、河街相邻、桥梁棋布的格局以及小桥流水的水乡风情，有〝桥城〞的美誉。城市的规划以水系为骨架，城壕与市内纵横交织的水网构成了城市第一级交通干线，又辅以沿河而设的街道和坊巷，形成〝水陆相邻、河街平行〞的立体交通网络和〝双网格〞〝棋盘形〞的滨水城市格局。它的典型之处就在于充分展现了河道如何穿越城市、连接街坊、将市民生活的方方面面如居住、出行、交易、节庆等活动编织进一个水脉相连的立体网络之中，不仅为城市提供了发达而廉价的水运交通系统，使之成为一座高度发达的经济型都市，还把苏州市民生活中文化的、生存的、民生的等各方面功能和内容联系在一起，形成一个个小而精致宜人的城市水广场（图 1-2-3）。鲁迅笔下的小镇社戏最贴切地反映了传统江南水城的这种空间构成特色。

宋代《平江府图》是我国最早的一张城市地图（图 1-2-4），图中清楚地显示出由〝双网格〞〝棋盘形〞的滨水规划形成的数十个〝前街后河〞的街坊，并由此构成了苏州城最为突出的城市肌理。同时，城内四通八达的水系与城外的河流、湖泊又构成了更为发达的水系统，综合解决了城市雨洪的径流收集、控制、排放等问题，形成了自由灵活的〝蓄〞〝滞〞〝净〞〝排〞〝用〞功能兼具的水利系统，实为中国古代城市理水的典范之作（图 1-2-5）。

《平江府图》反映了苏州城迥异于其他城市的独特规划，从这一点上讲，苏州城也不能简单地理解为所谓〝东方威尼斯〞。事实上，苏州城从战国开始，就是一座经过严密规划、精确建设而成的人造水城，与威尼斯〝自由生长〞式的建设方式完全不同。从建城历史看，二者也不可同日而语。故而，与其说苏州城是东方威尼斯，毋宁说威尼斯是自由生长的苏州城，体现了西方人对于水上聚居区的建设模式的理解（图 1-2-6）。

图 1-2-3　清代徐扬《盛世滋生图》（局部），又名《姑苏繁华图》，展示了盛世苏州发达的水系和滨水商业贸易，人居、园林之盛况。自木渎经胥门、阊门直至虎丘之间百余公里，城市与河流的互动关系：民居临水而建，居民依水而生，且水码头、水踏步繁多，形成了所谓“家家门前泊舟航”的和谐景象

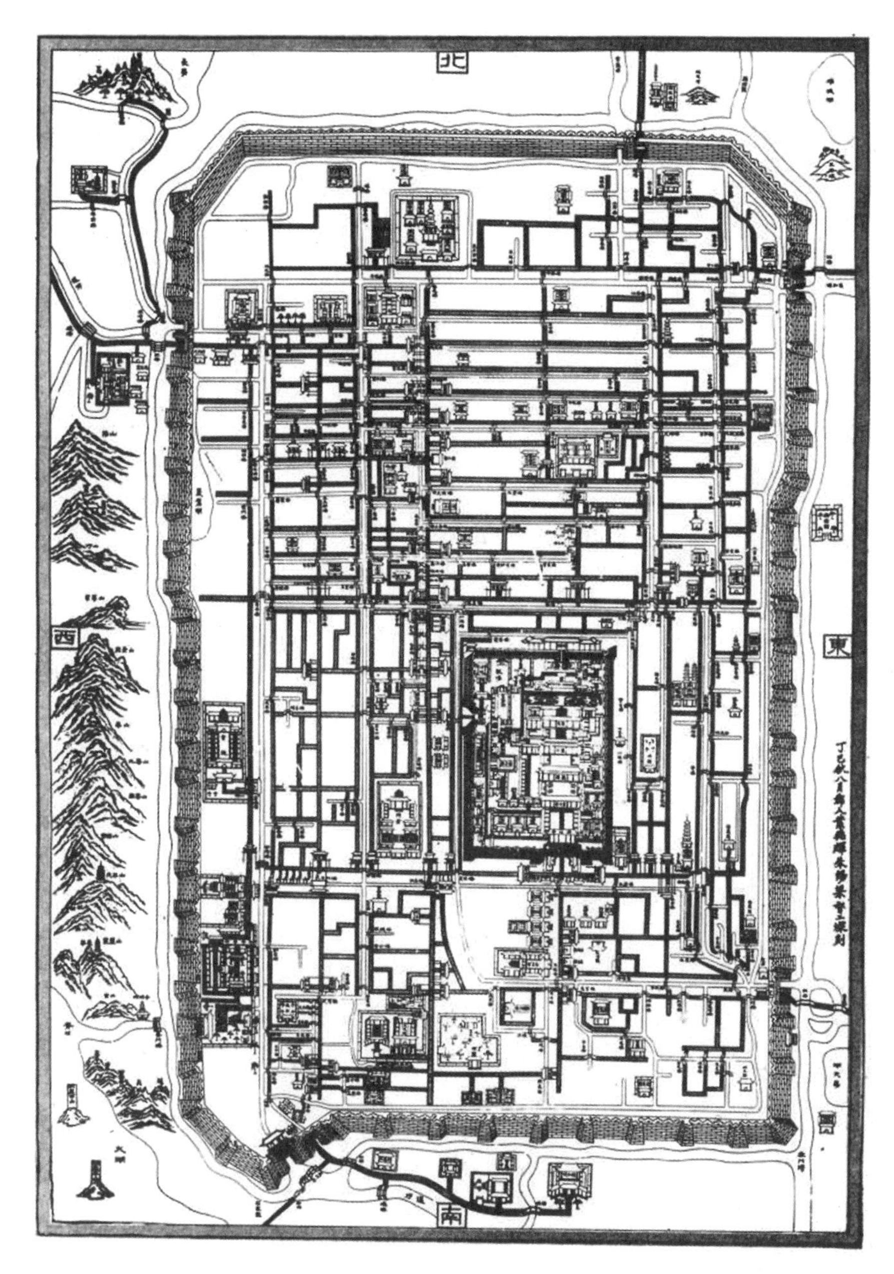

平 江 府 图 碑

图 1-2-4　平江府图碑刻

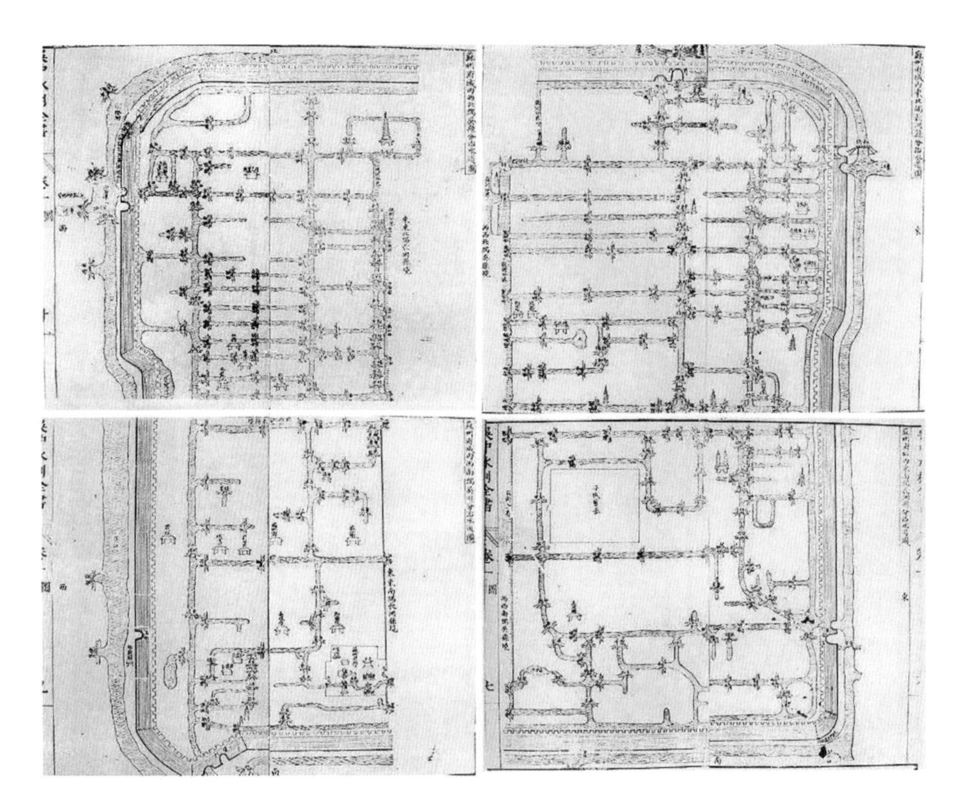

图 1-2-5　苏州水系详图：《平江图》共标出 359 座桥梁、61 个坊、264 条巷、24 条河道、67 座寺观

图 1-2-6　苏州现存河道与街巷空间并行的水岸，体现出苏州古城的历史空间

1.2.2 主题释义二："河流与城市一起成长"

河流对当代文明和城市复兴都起到极其重要的作用，是联系城市记忆的纽带，是城市之眼，是最好的城市色彩，是城市的风景线（图 1-2-7 ~ 图 1-2-9）。如今河流逐渐成为城市发展的着力点和启动点，也是城市规划决策者们关注的重点。建设绿色和谐的河流环境，还河于民，不仅可以重建多样性的城市生态系统，还可以解决土地瓶颈。

河流为城市提供了稳定的水源和肥沃的土壤，随着水上交通工具的发展，河流成为城市物资运输的重要通道。近代工业化阶段，城市滨水空间为城市提供水源，大运量、廉价的交通运输，维系城市的发展（图 1-2-10）。然而，随着工业的发展和城市生活的多元化，城市之水逐步退化，变成了最便捷的纳污之处。曾经眷恋忘返的记忆中的滨水、湿地环境不再，母亲河的记忆被散发出恶臭的臭水沟所取代（图 1-2-11）。后工业时代的城市河道走到了前所未有的尴尬境地。

在解决工业化时代以来遗留给城市滨水的一系列问题的过程中，诸如在滨水产业更新、"透绿见蓝"的种种努力之中，我们的滨水改造之路走过了轰轰烈烈、匆匆忙忙的前十年。我们称之为将传统的工业水运置换为休闲服务业及绿地空间开发为主的绿色滨水时代[6]。

图 1-2-7　嘉陵江与重庆：长江与嘉陵江交汇之处水分两色的奇观，大自然妙不可言的"泾渭分明图"

图 1-2-8　珠江与广州

图 1-2-9　松花江与哈尔滨

而由此带来的新的诸如水岸综合治理、密度均衡、空间质量均好、杜绝滨水大盘占地、在城市基础设施建设与滨水绿色基础设施建设之间如何取得平衡，以及跨越大型城市基础设施，尤其是大型交通枢纽如何让出滨水，如何让市民大众安全畅快、便捷地到达滨水空间，享受滨水环境等问题，是我们在绿色滨水治理时代共同面对、困扰已久的问题。我们对此的解决之道，可称为边干边学，漏洞百出，其结果也是喜忧参半。

十年滨水建设确实助推了城市建设，也助长了城市滨水土地的过热滚动。通过城市决策者和建设者的合力，我们将一部分优质的自然滨水留给了城市和市民，但也确实因

图 1-2-10　正在退化的廉价水运，其滨水空间的转化考验着城市设计者的智慧

图 1-2-11　退化的城市滨水区域成为藏污纳垢之处

利益驱动、行政归属以及规划失灵等因素，导致大量的滨水空间远离我们的城市，并且一去不回。十年中，许多我们曾经引以为傲的所谓“技术”、创新做法和政策措施被一再地简单无差别地泛化，最终导致无数令人扼腕的不可逆改的结果：一条条原本历史悠久、具有鲜明地域特征、富于城市文化面貌的河流，被改造得面目全非，甚至面目可憎。城市水岸文化面貌的丧失，一如其生态功能的丧失一样具有不可逆的特征。这也就是我们常说的所谓“千城一面”“千河一面”。其原因不外乎单一市场化运作的滨水开发体系、粗放的滨水管理体系、单一的滨水城市设计和落后的控制性规划导则。

城市滨水区域的规划与治理是一个高度综合的概念。此区域是一个江河自然力过程的综合体，也是城市人居环境、城市多功能交叉影响的综合体，是一个完全典型化的大系统，犹如考古学的分层遗址：江河湖泊在农耕时代灌溉、捕捞形成的水田、基塘、港汊，到工业时代的廉价水运形成的港口、码头，分层叠加，客观而真实地反映出人力与自然相互消长的关系。在这一大系统面前，任何一点儿局部利益的考虑都可能对整个系统的平衡产生重要影响，诸如我们曾经寄予厚望的以滨水地产为引导的滨水地区的大拆改，对于工业时代遗留的大量厂房仓库、码头一律拆改迁出，许多原本杂乱、活跃、充满丰富性的滨水区域却因此走向沉寂；工业污染迁出后，生活污染、有机污染取而代之地成为城市水域更为严重的污染之源，许多城市滨水地区都曾经历过黑水艰难地变清，随即又很快变臭水的悲哀宿命；本来具有民生效应的滨水棚户区改造，却因为尺度掌握和局部利益牵制成为新的大盘占地，原本属于公众的滨水，在改造完成之后，却永远离市民而去，形成临水而不见水、见水却不能亲水的尴尬。这是新一轮城市滨水规划设计需要着力解决的问题。

在我们急切地要将水融入城市、服务城市生活时，往往忽视了〝水〞的需求，无视水的自然过程。一条条被捆绑的河流（混凝土浆砌）、被阉割的河流（污染）、被覆盖的河流最终因我们的自大和无视自然过程而成为内涝、污染之源，最终令我们对宝贵的滨水地带敬而远之，避之唯恐不及，我们亲水的愿望再次落空。

传统的单一的近乎行政化的蓝线管理，完全无视大众与绿色的需求，大量形式呆板、尺度大而无度的蓄滞区常年占据宝贵的滨水；大型城市基础设施毫无顾忌地占据一线滨水区，使原本美丽的滨水区终日车水马龙，市民只能一次次望水兴叹。

当代都市中，城市河流的主要功能已经不再是工业时代的廉价运输，而更多表现为生态休闲和人们越来越强烈的亲水人居的需求。城市水系所包含的历史人文、生态承载、城市功能嵌入诸问题都必须得到统筹平衡，在很多情况下都会涉及各种形式的博弈：政府理想与市民利用，商业开发与民生项目，短期目标与长期规划，当届政府与下届政府的投资步骤甚至政绩归属等。就具体规划层面，同样要面对诸如滨水生态治理、滨水区域建设、涉水临水的重大城市基础设施的落位、城市休闲旅游产品的规划布局以及防洪标准的设置，水资源论证、环评，滨水旧区改造乃至旧工业码头港口设施的迁移与保留，土地置换的纷繁复杂的矛盾与博弈（图 1-2-12）。

图 1-2-12　市民对现代城市滨水空间有了更高期望

现代城市滨水治理应跳出简单的绿地规划或功能规划，从更高的站位，从整个城市大系统和整个城市生态的角度出发去寻找出路。蓝色时代的滨水治理必定是从区域的角度出发，以系统的观点进行的全方位规划，统筹上述各种利益与矛盾。“不谋全局者，不足以谋一隅。”至少在行政实施层面和管理层要杜绝以往“九龙治水”的乱象，让专家真正有可能向权威解说真理，让各阶层都能积极参与其中，让人人都关注滨水，关注海绵城市建设，而非人人争先，瓜分滨水[7]。

1.2.3　主题释义三：一条河流带动一座城市——让河流成为城市发展的着力点

在快速发展的城市化进程中，城市河流应何去何从?

城市因旧工业时代水环境的恶化而消沉，也随着水环境的改善而复兴。在我们前十年跌跌撞撞的滨水治理进程中，再次回首，却发现在经历多年的曲折发展后，城市滨水区域整治迎来一个全新的发展格局：滨水地区以其开阔的场地、优美的环境、功能的综合正成为城市区域复兴的最佳着力点；那些曾经被占用的滨水道路和产业区块正在逐步退出滨水区，市民对滨水区改造的心态也正由以往的一味批判，走向理性和合理的期待，公众参与的效率正逐步走向实质性提升；还河于民，重建多样性的城市滨水生态和文化系统已成为一种共识（图 1-2-13）。

在一次次相互模仿的千城复绿、千河返清的努力中，我们不知不觉抽走了属于母亲河的熟悉面孔，抽走了一张张原本属于特定城市的文化名片。在河流与城市一起成长的历程中，我们已经走过了冒冒失失的青年时代，而在方兴未艾的蓝色水岸经济时代，我们需要调整提升的不仅仅是规划、实施、管理等常规动作，更多的还在于意识层面的提升和与之相适应的综合滨水区治理措施的运用，在多样化、异质性的城市滨水发展中逐步改变以往单一的规模、速度效应追求。当代中国城市的滨水区建设在规划和管理措施以及目标达成等方面均会体现出高度的综合性特征，即采用系统观念，着眼于整个城市的长远发展，综合平衡滨水区域的多目标诉求，以适应滨水区域发展自身的复杂性和综合性。具体而言，包括空间形式上倡导多样化的滨水区域，建设目标上兼顾城市开发、生态保护和市民利用三者的利益均衡，同时保证公众参与的优先性等。

图 1-2-13　一条河流一座城市

注释

[1] 阿姆河与锡尔河之间的丰美草原，孕育了如布哈拉、撒马尔罕等中世纪的文明之都，也成就了旭烈兀、帖木儿等草原英雄的霸业，这是继两河文明逝去后，亚欧之间大陆文明的再度兴起，史称“河中文明”。

[2] 罗素在《权力论》中指出，古代大型帝国的权力集中受到技术上的制约，古代君主最迫切的问题是机动性问题。在埃及和巴比伦，巨大的河流提高了机动性……古代波斯和罗马的各省总督都有足够的独立性，使他们易于叛变独立。亚历山大一死，他的帝国就瓦解了；阿提拉和成吉思汗的帝国都是短暂的；同样，因为机动性差，欧洲国家丧失了它们在新大陆的大部分领土。同样，中国的早期政权周朝的都城也选址于机动极为灵活的丰镐两河之间，并创造性地将首都一分为二，在丰水与镐水之间分设宫、市，谓之“丰镐之都”。

[3]《管子 · 乘马》：“凡立国都，非於大山之下，必於广川之上。高毋近旱，而水用足；下毋近水，而沟防省。因天材，就地利，故城郭不必中规矩，道路不必中准绳。”

[4]《管子 · 度地》还进一步明确了防灾意识，提出要避免“五害”，即水、旱、风雾雹霜、厉及虫，并以治水为首要。这些都是建设一个良好的居住环境、使人民居家和乐所必不可少的，即所谓“故善为国者，必先除其五害，人乃终身无患害而孝慈焉”。

[5] 中世纪，中国的北魏洛阳、唐长安和北宋汴京三城，均为百万级人口城市，而与之相仿时代的西方最大城市君士坦丁堡人口在其极盛期也仅为 13 万。中世纪，中国几乎所有重要城市均堪称世界最大都市。

[6] 中国城市的成长——中国城市建设有三个阶段：20 世纪 80 年代到 90 年代中期，中国城市以城市建筑和市政工程建设为主，被称作“灰色时代”；20 世纪 90 年代到 21 世纪初，以城市绿地及空间开发建设为主，被称作“绿色时代”；近年来，中国城市开始以城市水环境综合治理和滨水城市建设为主，被称作“蓝色时代”。

[7] 美国人在规划建设自己的首都时，设立了一个权衡多方面利益、主要由业内顶级专家组成的委员会，史称“麦克米兰委员会”。在百年首都建设中，所有的规划提案，无论出自怎样的大家或是最高层的机构，都必须通过委员会的审核，其权力行使只对国家最高机构负责，不受任何一级行政部门的牵制。在此基础上的“麦克米兰”首都规划很好地保持了皮埃尔 · 朗方和美国开国之父们的最初设想。我们今天对于城市滨水综合治理的复杂性类似于当年美国的首都建设，这种统筹管理的模式是值得借鉴的。

第二章

中国历史上的城市水系建设与那些伟大的建设者

水是生命之源，城市之眼，一城风光全在于水的灵性。中国历史上的古都名城无不因水而兴，因水而活，适如〝八水〞之于长安（图 2-0-1）、洛水之于洛阳；宋室南渡，弃六朝建康专营之前沿，转而退居杭州（行在）也因为有这自五代以来就经营不辍的钱塘西湖。同样，水的退去或过于频繁之水患，也是导致中国古都堕化为废都的主要原因。黄河三门峡之低效漕运使长安古都最终陷于东迁，无水运天险之汴京则又毁于洪泛。对于中国古代农业社会而言，治水成效、粮食运转及储备能力，直接决定了中国古都的空间分布结构。相比于陆地运输，漕运因其便捷、运力大、费用低，历来备受重视。自汉以来，中国的粮食物资运输大多仰赖漕运（包括海漕），南北人工水系和东西天然水系的综合运转及管理，漕运畅通程度直接决定了中国古代首都的稳定和发达程度。故而，历代王朝都对提高漕运和水利管理能力不遗余力。

关中平原古称沃野，气候温润，土地肥沃，水系环绕，农业发达，孕育了最早的农耕文明。秦代开挖的郑国渠更加高效地灌溉了关中平原的沃土，促进了农业的发展，孕育了文明古都。随着汉末连年的战乱，关中平原的农耕用地被大量破坏，水土流失严重，已不具秦汉时期的生产能力。关中农耕地力下降、农业过度开发及人口增长，是导致经济中心东移，以及汉代以后两京并列，〝就食〞制度长期存在的三个主要原因。

西汉建都长安，到汉武帝时期，由于京都人口不断增加，同时汉匈战争以及经营西域都对汉帝国粮食供应提出极高要求，关中农业瓶颈矛盾凸显。 西汉政府一方面大修水利，进一步开发关中农业之潜力；另一方面大力开发漕运能力，由东部主要产粮区调运粮食进京。西汉从函谷关以东运粮入京，取道渭河，但渭河水道浅、多沙，运输功能很差，加之封冻和水量不足等原因，年运输量很少，西运入京的粮食只有几十万石。武帝时大司农郑当时建议在渭南凿一条径直的运粮渠道时，汉武帝随即采纳，史称漕渠。武帝元狩三年（公元前 120 年），又在长安西南凿昆明池，周长四十多里，将沣河、滈河拦蓄池内。昆明池除用以操练水兵外，还具有调剂漕渠水量和供应京师生活及景观用水三方面功能。漕渠后来一直作为西汉后期粮食运输的主要渠道，年运输量达四百万石。东汉时期，漕渠因失修而逐渐湮废。

同时，南方长江三角洲地区的经济得到了长足发展。到了唐代，国力的昌盛、文化的繁荣，使得长安作为政治、文化中心发展到空前庞大的规模，随之而来的是人口的日益膨胀，尤其在唐朝鼎盛时期，关中平原的粮食供应已大大不能满足都城的需求，“所出不足以给京师”，[1] 于是出现了“就食洛阳”的现象，皇帝常常要携宫廷及繁冗的政治机构到洛阳“讨食”。洛阳所在的关东地区位于黄河中下游的华北平原，中原腹地农业发达，最为重要的原因是洛阳位于中部，随着隋唐大运河的开凿，漕运交通优势明显，南接江淮，北达北京，成为全国的漕运枢纽。从东南江淮一带运来的粮食和物资能够直达洛阳，而因为三门峡天险的存在，粮食到达洛阳后，运往长安需要大量的人力物力并有很大程度的折损，于是，洛阳作为陪都的城市地位日渐突出。唐中期，武则天在洛阳登基后，大唐帝国的政治中心东移，洛阳作为全国政治、经济、文化中心的地位逐渐超过长安。欧阳修在《洛阳牡丹记》中提到“自唐则天后，洛阳牡丹始盛”，可见一斑。大运河的繁荣促进了全国经济的发展，更成就了洛阳城的繁荣。

北宋建都开封，进一步缩短了漕运的路线。鉴于“国家根本，仰给东南”的方针，北宋的漕运线路比唐朝要近一半，由淮入汴，水道畅通，不需接运，宋朝开创了我国漕运史的最高纪录。到了元代，首都迁移到北京，而原来的大运河要绕到洛阳才能到长江三角洲地区，因此，元代重修了京杭大运河，使得水道缩短了 900 多千米，同时在京城引白浮泉水以利漕运。船只可从南方直达大都城的积水潭，进入城市的核心地区，积水潭成为新的航运码头；像唐时的广运潭一样，商贾云集，南方的物资在此交换，此处成为大都城新的商业中心，促进了元大都和南方的经济交流。明、清两代沿用了京杭大运河，对其淤塞段进行疏凿，保证了这条南北大动脉的畅通。

正是因为大运河的开凿，带动了整个国家上下的经济发展和物质交换，也同样决定了中国古代都城的发展格局由西向东（西安—洛阳—开封—北京）沿河流展开的基本迁移规律。河流为沿岸城市的兴起提供了契机，大运河与海河、黄河、淮河、长江和钱塘江五大水系交汇的地方，杭州、镇江、扬州、苏州、淮安、济南、北京等无一例外成为中国历史上重要的城市。

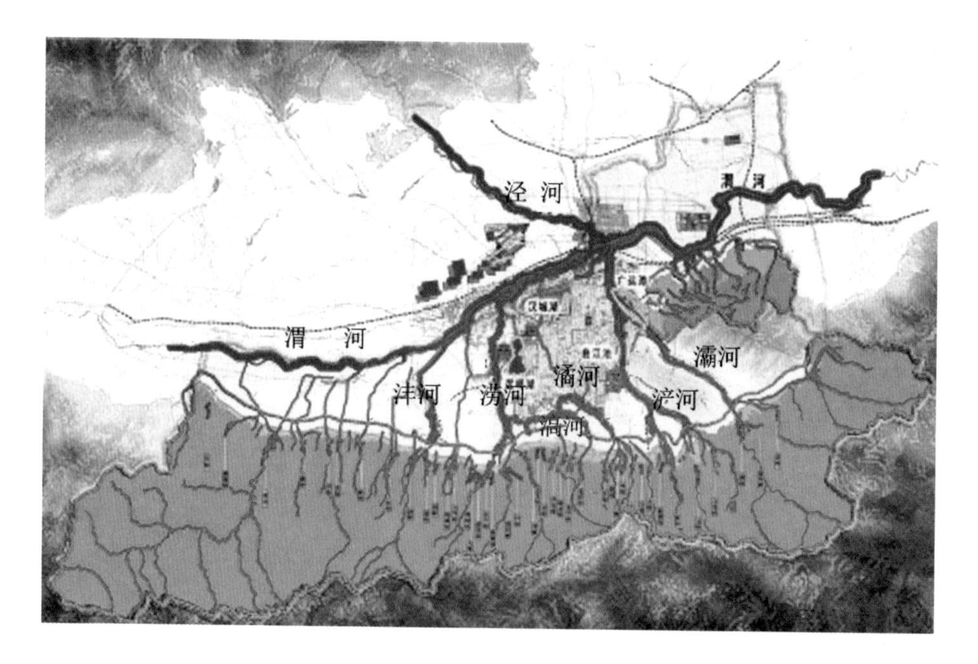

图 2-0-1 “关中八水”

2.1 隋唐长安的水系建设

2.1.1 8世纪的长安：因水而兴的国际花园都市和公共风景区

历史上，长安水资源极为丰富，关中地区气候温润，终南山植被茂密，水源涵养极佳。隋唐长安城所在位置水源充足，泾、渭、沣、滈、涝、潏、浐、灞八条河流环绕周围。司马相如在《上林赋》中以"荡荡乎八川分流，相背而异态"概括上林苑四周发达的水系网络。但两汉以后，关中农业走到极限，南方粮食供应是否畅通直接决定着王朝兴衰，开凿大运河、沟通南北运输成为中世纪中国最大的国家工程。汉武帝时期就已开凿漕渠"发卒数万人穿漕渠，三岁而通，以漕，大便利"。隋炀帝即位第一年便举全国之力开凿大运河，以洛阳、开封为中心，向南开凿通济渠、邗沟和江南河，连通黄河、淮河、长江、钱塘江；向北开凿永济渠，直达涿郡（今北京）。这一宏伟的规划沟通了海河、黄河、淮河、长江和钱塘江五大流域，连接了关中、中原、华北和长江三角洲地区，形成了发达的南北水运系统，极大地促进了各流域经济文化交流，保证了长安的粮食和物资供应，也为数百年的大唐盛世奠定了基础。

《元和郡县志》卷六有一段按语说：大运河建成后，"自扬、益、湘南至交、广、闽中等州，公家运漕，私行商旅，舳舻相继。隋氏作之虽劳，后代实受其利焉"。隋代在汉代长安城的东南建大兴城，唐代在大兴城的基础上继续营建长安城，形成了当时最为壮观的国际化大都市[1]。在城市建设过程中，河流水系发展迅速，形成了发达的城市水网，进而促进了城市的发展。漕运码头成为城市的商业中心，从南方运来的丝绸锦缎、盐酒茶粮经大运河到达洛阳后由渭河经漕渠运往长安，停靠在城市的水陆码头——广运潭。唐玄宗还在此进行过一次水运商品博览会，史载"馀船洽进，至楼下，连樯弥亘数里，观者山积"，形成了大唐长安最重要的城市滨水商业区。2011 年的世界园艺博览会选址于唐代广运潭遗址，因这一系列卓有成效的水系改造与建设，促成了关中历史上第一次古今相望的博览对话。

唐长安城市水系可概括为长安周边的"八水"[2]与穿城而过汇入浐河、渭河的"五渠"所构成的水网脉络。通过隋代三渠（永安，清明，龙首）及唐代新开浚的漕河，黄渠，在宇文凯所建大兴城西部为主的水系基础上形成两横三纵，相互贯通的城市水网结构。通过这一穿越坊里，支流密布的水系，长安南部的滈河、潏河等主要河流与城北主河道——渭河被逐一连通为一个可综合调节的水系统，形成了四通八达的巨大城市水脉。沿线开凿大量蓄水湖泊和支流，勾连千万家官署庭院和贵族宅邸，形成高度发达的城市园林体系和具有高度欣赏价值的独特园林形式——散落在坊曲水滨的千百座山池院。

永安渠，隋开皇三年于南城开凿，引交水自西北流入城，即从今香积寺西南引交水经赤兰桥、第五桥，由丈八沟西北东流入城[3]，自此经流大通、信义、永安、延福、崇贤、延康六坊之西。又经西市之东，又北流经布政、颁政、辅兴、崇德四坊及兴福寺之西，又北流入芳林园，又北流入禁苑，最后注入渭河[4]。永安渠不仅为西市提供水源，同时也为长安增添一片绿意，起着美化环境的作用，王建《春日五门西望》诗句："馆松枝重墙头出，御柳条长水面齐。"这便是对宫城中松树与永安渠渠岸两侧栽植垂柳的实景描写。永安渠除本身有着美化生态环境的作用，也为长安西市开凿池沼增添水景提供了条件（图 2-1-1）。

《西京记》记载了长安西市海池的水景概况，"市西北有海池，长安中，僧法成所穿，分永安渠以注之，以为放生之所。"《宋高僧传》载："长安中，于京兆西市疏凿大坎，号曰海池焉。支分永安渠以注之，以为放生之所。池上佛屋经楼皆成所造。"放生池的开凿不仅为长安西市提供了自然景观，也营造了人文景观，与此同时许多私家宅园中也开凿池沼将水通过永安渠引入庭园中，丰富了这一带地区的生态环境。沿永安渠引水营建的园林有江陵总管贺拔业宅、武侯将军韦和业宅、明轮寺、缘觉寺、融觉寺、贤觉寺、神通寺、慧觉寺等众多的宅邸寺庙。众多私家宅园、寺庙庭院因永安渠而得以享用一片清沼。另一点需要提及的是，永安渠流入西市，开凿池沼形成了城市商业区域重要的疏散和防火空间。根据相关记载，唐长安西市是长安城密度最高，疏散难度最大的一片区域，万家商铺林立，首尾相连，云集在不足两千亩的狭小空间。历史上有关于长安东市一次火情烧毁数千家商铺的记载[5]。长安西市在历史上发生火灾的次数远远低于东市和其他坊里（史载西市火灾仅文宗年间及黄巢之乱两次），很大程度上与永安渠对西市的疏解与防火功能有关。在西市中心引水入市，开凿池沼，在很大程度上缓解了高密度区域的防灾避险压力，也为这座当时世界上最大的商业贸易区，为远自欧洲（大秦或称罗马）、中东、西亚而来的各国商旅提供了珍贵而优越的滨水商业环境。

清明渠位于永安渠东，亦隋开皇初开凿，引潏水西北流入长安，入城点经考证位于北三门口村以东200米处，唐长安城安化门紧西[6]。入城向北流经安乐、昌明、丰安、安（宣）义、怀贞、崇德、兴化、通义、太平九坊之西，又北流经布政坊之东，右金吾卫之东南，又向西南流入皇城，经过大社北，又东至含光门后，又向北流，经尚舍局东，又流经将作监、内侍省东，又北流入宫城[7]，最后注入南海，北海和西海[8]。清明渠为长安外郭城、西城居民供水，同时与龙首渠同为皇城及宫城供水之主要水源，清明渠不仅为宫廷池沼提供了充足的水源，同时靠近皇城的很多官僚贵族的私家山池宅院也从清明渠引水，开凿池沼，其中不乏著名私家园林。唐长安山池园林繁盛，文人墨客流连其中，清明渠勾连的池沼记载便常现于文人诗句之中，李郢《奉陪裴相公重阳日游安乐池亭》诗云："绛霄轻霭翊三台，稽阮襟怀管乐才。莲沼昔为王俭府，菊篱今作孟嘉杯。"记载的便是安乐坊中的池亭。温庭筠《题丰安里王相林亭二首》："西州曲堤柳，东府旧池莲。星坼悲元老，云归送墨仙。谁知济川楫，今作野人船。"记载的则是安丰坊王相宅中的水色时光。宣义坊中王郎中宅园，刘禹锡《题王郎中宣义里新居》题道："爱君新买街西宅，客到如游鄠杜间。雨后退朝贪种树，申时出省趁看山。门前巷陌三条近，墙内池亭万境闲。"白居易《宿裴相公兴化池亭（兼蒙借船舫游泛）》："林亭一出宿风尘，忘却平津是要津。松阁晴看山色近，石渠秋放水声新。孙弘阁闹无闲客，傅说舟忙不借人。何似抡才济川外，别开池馆待交亲。"更是写出兴化坊中裴度池亭的宽广。而位于皇城之中的鸿胪寺所凿池沼则非寻常家人中的池沼所能比拟。鸿胪寺位于大社之东，清明渠入皇城后，经大社北流，温庭筠《鸿胪寺有开元中锡宴堂楼台池沼雅为胜绝荒凉遗址仅有存者偶成四十韵》题到道："画鹢照鱼鳖，鸣驺乱鹙鶬，飐滟荡碧波，炫煌迷横塘。"此诗为温庭筠追忆唐玄宗于鸿胪寺宴请百官繁盛之景，这两句则是描写池水广阔之意，"画鹢"——画有鹢鸟的大船，由此凸显池水之浩渺。描写长安城中园林池沼的诗句不胜枚举，也足见依托于清明渠而开凿的池沼多如牛毛，沿清明渠营建的园林有汉王谅宅、宣化尼寺、宝积二寺、月爱寺、驸马都尉元孝恭宅、李渊宅、实际寺等。而清明渠犹如丝线一般将大大小小的池沼逐一串起，形成丰富的生态水系。清明、永安二渠在环绕东长安以后，都是向北汇入城外的漕渠（汉漕渠）最终汇入渭河。这就形成一条贯连终南山（秦岭）北坡诸水与渭河主河道的连接线，多水之间有堰闸控制水量，使之丰欠互补，同时也使长安免于内涝之苦。

除利用汉故渠（称漕渠）以外，唐代又新开漕河从当时水量较大的潏水引水，西面中间金光门入城，注入西市的池中，储运由南山上运来的木材、木炭，以供长安城内千家万户取暖薪炊所用，西市海池之水也因之更加丰足。此漕河出西市沿东南向，横跨皇城之南，再转而北流，由皇城之东与龙首渠交汇，复向北注入大明宫太液池，再由太液池流出汇入浐水。此即清人徐松的《唐两京城坊考》所述"自南郊分潏河北流，至外郭城西金花门入城，东流经群贤坊至西市西街，凿潭潴水以漕贮木材"之说。唐永泰二年（766 年），又自西市引渠导水继续向东，"经光德坊、通义坊、通化坊，至开化坊荐福寺东街，向北经务本坊国子监东，进皇城景风门、延喜门入宫城，"（《唐两京城坊考》）[9]。此段漕河史载由当时的京兆尹黎干修筑，实质是以疏浚潏水故道，并将其延伸到长安城内形成一条横跨长安中心的一条重要的东西向干渠。而史载运载木炭的漕运之船可以穿城而入，足见其水量之大。但据相关文献记载，这条河流运量不大，主要的运粮和城市供给仍由汉故漕渠承担，这条漕河更多具有景观河道及辅助运输之功效（图 2-1-2）。

龙首渠是隋代三渠中唯一东西向流入长安和城北大明宫的人工水系，其所过之处分布着白鹿原、少陵原、乐游原等多个山岗土塬，地形极为复杂。为节省人力物力，龙首渠就近引水自浐河，渠首筑堰，名龙首堰。其基本引水技术是筑堰壅水至高处，再开渠引水而下，注入城内。为使渠水能够利用自重前行，开挖渠道过程中充分顺应长安城之地形地势，在山岗之间，地势低平地带布设渠道，为避开龙首原高地，渠水北流至城东北长乐坡分为东西二渠。东渠北流，绕城东北角折向西流，入东内苑龙首池，再出池东北流，绕过龙首源头，再西北注入大明宫太液池。西渠曲而西南流，经通化门南入城，又分为三支：一支南流入兴庆宫龙池；一支西南流入皇城，又曲而北流入宫城，注入山水池和东海；一支西北流入大宁坊太清宫[10]。

龙首渠是城东半部以北和兴庆宫、大明宫及皇城，宫城东部用水的主要渠道[11]。南宋程大昌《雍录》中记载："凡邑里、宫禁、苑囿，多以此水为用。"根据张超男《隋唐长安城的河渠体系》一文，文中的"邑里"，即唐长安城东北隅各坊，包括东西面各坊十余处，城墙外的小儿坊及东市的西北隅及兴庆坊中的兴庆宫及龙池，其水源都来自于龙首渠；“宫禁”指的是唐长安城的皇城、宫城和大明宫中的宫殿用水。苑囿指的是长安城东北的东内苑、西内苑、禁苑，还有大明宫中的太液池[12]。可见，龙首渠之水除为皇城、宫城提供用水之外，都城内所有里坊民居的生活及园林用水亦能利用渠水之便。

龙首渠因其独有的地理位置，还成为人们踏青休闲之所。龙首渠北流至长乐坡分为东西二渠，隋文帝杨坚曾在长乐坡建长乐宫，亭台楼榭，桂殿兰宫。龙首渠渠畔杨柳成荫，野趣盎然，吸引了许多达官贵人、文人墨客的驻足。唐代诗人沈佺期《晦日浐水应制》：“素浐接宸居，青门盛祓除。摘兰喧凤野，浮藻溢龙渠。苑蝶飞殊懒，宫莺啭不疏。星移天上入，歌舞向储胥。”描写的则是初春时节，春回大地，龙首渠畔，浐河之滨，双柑斗酒的欢愉之景。

龙首渠水量小于漕渠，且路径艰难，但终究是为了解决长安城东北无水系之尴尬。这条水系的维护成本及难度巨大，唐代至五代、宋、明各个时期，曾数次兴废，最终湮灭。五代以后西渠逐渐干涸，长安东北各坊居民及贵族重新以开凿井水为用，后世宋明各朝亦有多次疏通龙首渠，恢复因龙首渠断流而逐渐干涸的兴庆池等努力，终因地势、地貌等限制，屡兴屡废，终不能持久，足见当时宇文凯开长安水系更偏重于西区，南区生活及园林绿化用水重新仰赖开凿井水。龙首渠除承担唐长安城内的供水功能之外，经过城内进而北上（与唐漕河水系汇合）最终注入渭河和浐河，在一定程度上也与清明渠、永安渠共同担任了城内排水的通道，此为唐长安东区主要泄水渠道。

黄渠规模较小，主要用于供给城南生活用水，并为曲江风景区提供水源，用以恢复隋代以来逐渐荒废的芙蓉池故苑。《新唐书》记载，唐武德六年 (623 年)，“宁民令颜昶引南山水入京城”，黄渠从那时候开始修建。晚唐康骈《剧谈录》下《曲江》条记载：“曲江池，本秦世隑洲，开元中疏凿，遂为胜境”。记载了开元中对曲江池进行的一次大规模疏凿，目的是开辟疏通黄渠以扩大曲江池水面。宋张礼《 游城南记》记载：“黄渠水出义谷，北上少陵原，西北流经三像寺。鲍陂[13]之东北……自鲍陂西北流经蓬莱山，注之曲江。由西北岸直西流，经慈恩寺而西……唐进士新及第者，往往泛舟游宴于此”。

又“太和九年，发左右神策军三千人疏浚，修紫云楼、彩霞亭，仍敕诸司有力建亭馆者，官给闲地，任营造焉，今遗址尚多存者。江水虽涸，故道可因，若自甫张村引黄渠水，经鲍陂以注曲江，则江景可复其旧。不然，疏其已塞之泉，停潴岁月，亦可观矣。”[14]足见引黄渠之水北济曲江之事在唐宋时进行了不止一次，期间亦是屡废屡建，直至宋代以后逐渐湮灭。

黄渠水引自终南山义谷，流经鲍陂，即今杜陵，从城东南角入，流经敦化坊、修政坊，最终入曲江池北端。沿线流程二十里，汇集了多股汇水支流，通过巧妙地选线，使之汇入曲江，解决长安东南用水之缺。曲江经初唐以来两次汇水开掘，总体水量较大，基本满足曲江周边园林宅邸的用水之需。《长安志》称之"有流水屈曲，谓之曲江，其深处不见底"，大体反映了中唐时期的南城水系及景观意象。流入曲江之水为隋代以来的城南风景区（隋芙蓉池）的复兴创造了条件，玄宗以后，随着历年不断营建，曲江成为一处由皇家出资营造的公共园林，也是一处都城人士的游赏胜地。唐代有大量诗文记载了这里踏青、探花、行宴之盛况。此处也成为中国古代最早的城市公共游览胜地。唐康骈《剧谈录》下置《曲江》条，记载曲江都人游春之盛况。"其南有紫云楼、芙蓉苑，其西有杏园、慈恩寺。花卉环周，烟水明媚。都人游玩，盛于中和、上巳之节。彩幄翠帱，匝于堤岸；鲜车健马，比肩击毂。上巳即赐宴臣僚，京兆府大陈筵席，长安、万年两县以雄盛相较，锦绣珍玩无所不施。百辟会于山亭，恩赐太常及教坊声乐。池中备彩舟数只，唯宰相、三使、北省官与翰林学士登焉。每岁倾动皇州，以为盛观。"当时的曲江分为南、北两池。南池芙蓉池，为皇帝专用，北池在今北池头村南侧，官民公用，是开放的曲江池。曲江下游傍乐游原西南流，然后至昭国坊韦应物宅，曲而北流，绕过乐游原头，经永宁坊南门东之永宁园（唐玄宗曾以之赐安禄山为邸，又赐永穆公主池观为游宴处），坊中还有杨凭宅，此宅后为白居易所得，宅中竹木池馆，有林泉之致。北过独孤公宅，宅中有通渠转池，又西北至长兴坊东北隅安德公杨师道山池。唐代城南出现的数十处水木清幽的私家名园，也大多由黄渠所过之处引水（图 2-1-3）。

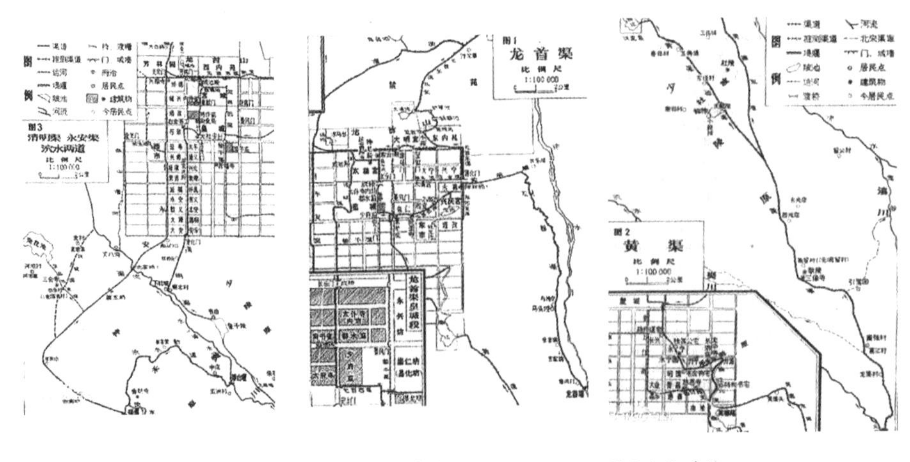

图 2-1-1　永安二渠　　图 2-1-2　龙首渠　　图 2-1-3 黄渠

2.2 后周东京水系治理及城市规划历史概述

2.2.1 后周城市水系治理政策

后周显德二年(955年)，由周世宗柴荣主持，首次对唐代汴州城进行了大规模扩建和整治。首先于州城外围另筑外城，形成周长四十八里的巨大规模。据宋敏求《东京记》记载，其外城于后周显德二年正月开始兴筑，“逾年而成”，形成北宋汴京的基本规模，其后的北宋在太平兴国及大中祥符年间稍有增建，最终形成11世纪世界城市史上最为杰出的、规模最宏大、效率最优的经济大都市。

唐末至五代，随着经济地位提升，人口急剧增长，汴州城市空间日见局促，各种日用及军需品需求日益扩大，城市建设与道路争地（“侵街衢为舍”），大量城市水系被占用为民宅，这座唐代以来的郡城已不堪重负。正如周世宗在扩建诏书里所描述的那样：“都城因旧，制度未恢。诸卫军营，或多窄狭；百司公署，无处兴修；加以坊市之中，邸店有限；工商外至，络绎无穷。僦赁之资，增添不定；贫乏之户，供办实难。”其情形与西汉后期长安城的扩建颇为相像，唯二者采取了不同的方式。前者以宫殿衙署的扩建为主，兼涉昆明湖水系及漕运建设；后者则多以城市发展和经济效率为目标，裁除旧制，发展出一套全新的城市发展与规划原则，在滨水治理、滨水经济发展和市民生活引导等方面都为后世树立了典范。

显德二年，周世宗柴荣扩建汴州之初所下的诏书在世界城市建设史上具有开拓性的地位。所谓：都城因旧，制度未恢。诸卫军营，或多窄狭；百司公署，无处兴修；加以坊市之中，邸店有限；工商外至，络绎无穷。僦赁之资，增添不定；贫乏之户，供办实难。而又屋宇交连，街衢湫隘，入夏有暑湿之苦，居常多烟火之忧。将便公私，须广都邑，宜令所司，于京四面别筑罗城，先立标识，今后凡有营葬及兴窑灶并草市，并须去标识七里外。其标识内，候宫中擘画，定军营、街巷、仓场、诸司公廨院务了，即任百姓营造。

首先是扩建外城，解决城内军营和衙署用地不足、无处兴修、居民住宅用地布局过密导致大量火灾，以及商户邸店规模狭窄、外地商户无法进入和租金上涨等三方面问题；其次是规定了明确的城市功能分区和特殊行业（如丧葬、窑灶、草市等）的用地位置，将这些城市建设中颇为棘手的行业用地，类似今日城市的污染行业，或有碍观瞻的部门用地划在离重要城市区域七里之外（“去标识七里外”），用规划法规的形式规定下来，也为后世垂范；最后，诏书还规定了先整体功能划分、后逐次建造等原则，将军营、街巷、仓场、诸司公廨等重要的政府及公共设施用地先行规划，其余用地则“任百姓营造”。

其先进之处在于先划分好街巷范围及主要功能区域，如军营、仓场、营廨等，对于剩余的城市生活用地则充分发挥规划的灵活性，“任百姓营造”以适应各种城市生活及商业运作的需求。这就从根本上颠覆了中国都城建造史上长期沿用的基本模式，即先划定并筑造“坊”和“市”的围墙，将具有高度灵活性的民宅和商铺均严格限制在“坊”“市”之中，以实现管子所说的那种士农工商“不可杂居”的理想。

显德三年，即建设外城的第二年，周世宗再次下诏书对京师城市建设，尤其是城市街坊的环境及绿化进行指导，此诏书在中国古代城市规划史上亦具有深远意义：“近建京都，人物諠阗，闾巷隘狭，雨雪则有泥泞之患，风旱则多火烛之忧，每遇炎蒸，易生疫疾；近者开广都邑，展引街坊”；“其京城内街道，阔五十步者，许两边人户，各於五步内，取便种树，掘井，修盖凉棚；其三十步以下，至二十五步者，各与三步，其次有差。”[15]

这条诏书的意义在于其先进性与灵活性。它规定了城市主干道和次干道的规制、绿化范围、灌溉水来源及其他管理措施；还规定了主次干道两侧居民的权益和责任分配，如“两边人户”必须在五十步（约 75 米）的范围内，各两侧五步（约 7.5 米）进行绿化，掘井取水灌溉道路行道树，此为沿街居民之责任；同时，可以在这五步之内修盖凉棚，即沿街设铺面，此为获益。将城市管理、城市经营做了一次完美整合，将公益性的行道树种植、管理与商业利益相挂钩。通过规划策略和规划引导，保持了城市绿化的规制、管理以及沿道路的保洁、饮水设施完备等方面的管理一致性和持久性。这些政策与现代城市规划的某些原理几乎如出一辙，在城市街道与绿色空间营造管理方面体现出几乎超越时代的先进性特色，故其亦可被称为世界上第一个具有现代城市规划意义的法规。通过有效的、激励性的管理机制，东京城不仅迅速实现了城市空间扩张，同时，其城市绿化环境也得到极大改善，改变了唐代州城闾里狭隘，空间交错混杂，以及道路泥泞，民宅易发火灾、"易生疫疾"等问题，使汴京成为当时绝无仅有的具有现代商业效率、交通便捷、人口众多的国际最大都市。相比之下，欧洲是在此后五个世纪以后，才开始尝试解决相同的城市问题的。如伦敦，直到 1666 年大火以后，其设计师雷恩爵士才开始关注空间混杂，街巷狭隘，易引发火灾、病疫等问题，而巴黎的环境整治则更晚至 18 世纪中叶。周世宗诏书中，对空间环境、绿化和病疫、火灾相互关系的描述体现出空前的现代性与先进性。周世宗柴荣的一系列充斥理性精神的规划指导文件（显德二年和三年的诏书）在整个中世纪世界城市建设史上都有其独创性和示范价值。在世宗主持下，汴梁日益成为"华夷辐辏，水陆会通，时向隆平，日增繁盛"的国际化都市，"工商外至，络绎无穷"，被征服的七国遗民、各界政商均齐聚东京，其城市扩张速度之快、南北财富集聚之多，"山积波委，岁入万计"都是历代所未曾有过的。[16]

2.2.2 东京沿河的滨水商业空间的形成

后周世宗在扩建外城两年后，便着手对城市的河道、漕运河道以及城市水环境进行综合治理，并且效果显著。显德四年，"诏疏汴水，北入五丈河，由是齐、鲁舟楫皆达于大梁。"次年三月"浚汴口，导河流达于淮，于是江淮舟楫始通。"[17] 汴河修治的主要目的是为了疏通南方运河，实现南北漕运畅通，同时在客观上，为汴京城市水环境发展奠定了基础。唐代后期，由于藩镇割据导致汴水连通江淮的漕运线路阻断，河道长期淤积，周世宗"浚汴口"，导（黄）河"流达于淮"，重开阻断数百年的大运河漕运，使中国南北经济大动脉死而复生。其实质乃是统一大帝国再度形成的基础措施，是一项颇具远见、雄才大略的规划。从此，"淮浙巨商，贸粮斛，贾万货临汴"，使汴京水路四通八达，成为舟车汇聚的中心。周世宗称之"万国骏奔，四方繁会"的世界性都市。

在疏通南方漕运之前，周世宗首先改造了首都城内水系，"诏疏汴水，北入五丈河"，使汴京城形成碧水环绕的水网，即今日所称之"环城水系"。同时，周世宗还采取了非常灵活的滨水管理原则，在疏通东南漕运的同时，鼓励大量兴建临水商业和接待设施、仓储等基础贸易设施，由此保证了汴京城贸易的持久发展，并保证了关系国都安定繁荣的大量军民日用补给品的供应。更重要的是，在这一过程中，有诏书规范，鼓励了民间资本参与开发城市的力度，这些措施在灵活性、先进性等方面，为古代城市滨水开发树立了典范。

大将周景开浚汴水的同时，便大造楼廊，史称"十三间楼"，转租给各业商人，用于居住、存放货物，乃至"岁入数万计"，在改善滨水环境、促进商业贸易的同时，还不增加政府在滨水城市建设方面的开支。北宋初期，官府继续推行鼓励私有资金参与城市滨水空间建设的政策，并允许私人建设者在客商仓储、"房廊，寓所"等项目中收取所谓"规利"，此举无疑大大促进了城市市民尤其是商人参与滨水空间建设的热情。周世宗扩建东京、奖励滨水建设商业设施等政策，适应了经济发展新形势和城市居民生活上的需要，促进了城市建设与外来人口的同步增长，使汴京在不到百年的时间里，便成为人口超过 150 万的当时世界第一大都市。与此相应的是城市滨水空间，尤其是汴河两岸的商业娱乐设施的高度发展，在相当程度上，甚至规范和引导了汴京城市市民生活的风尚。其滨水商业空间的规划形式及运作方式可以在张择端的《清明上河图》中稍加领略；而围绕城市水空间展开的各种各样丰富多彩的城市娱乐活动，如金明池水嬉、游春、琼林苑垂钓等情形，在孟元老的《东京梦华录》中有着极为详尽的描述。[18]

2.3 北宋汴京的水系建设与城市生活

2.3.1 11世纪的汴京城：因水而生的东方商业之都

北宋时期，都城进一步东迁到洛阳以东的汴京（今开封）。汴京自古被称为北方江南，河流环绕，交错纵横，航运发达。战国时期，魏惠王迁都于开封，名“大梁”，开挖了“鸿沟”来促进周边的农业发展，连通了黄河与江淮，这也就是汴河的前身。鸿沟的开挖促进了大梁城的经济发展，“人民之众、车马之多、日夜行不绝。”[19]后来秦国大将王贲进攻魏国，利用汴河灌黄河之水入大梁城，繁华一时的大都市毁于一旦，只剩下一片废墟。此后的千余年，开封一直没有得到大的发展。在明代李自成攻打开封的时候，再一次水淹开封城，繁华的开封城又一次因水害而落幕。水对于城市，既可以利兴，也可以害之，这座沧桑的古城，因水而兴，也因水而毁。可见善于治水、善于利用河流带来的优势，经过引导建设，趋利避害为城市所用，才是以水兴城的根本。到了隋代，隋炀帝杨广开凿大运河，隋唐大运河北段的永济渠和南段的通济渠在汴州交汇，通济渠更是东南长江三角洲经济区与京城的主要运输干线，汴州（今开封）和宋州（今商丘）占尽水运优势，成为大运河上的交通枢纽，大运河作为重要的南北交通大动脉，为汴州带来了前所未有的发展机遇。随着大运河带来的运输便利，汴州经济得到发展，城市规模逐渐扩大，成为四通八达的交通中心（图2-3-1）。

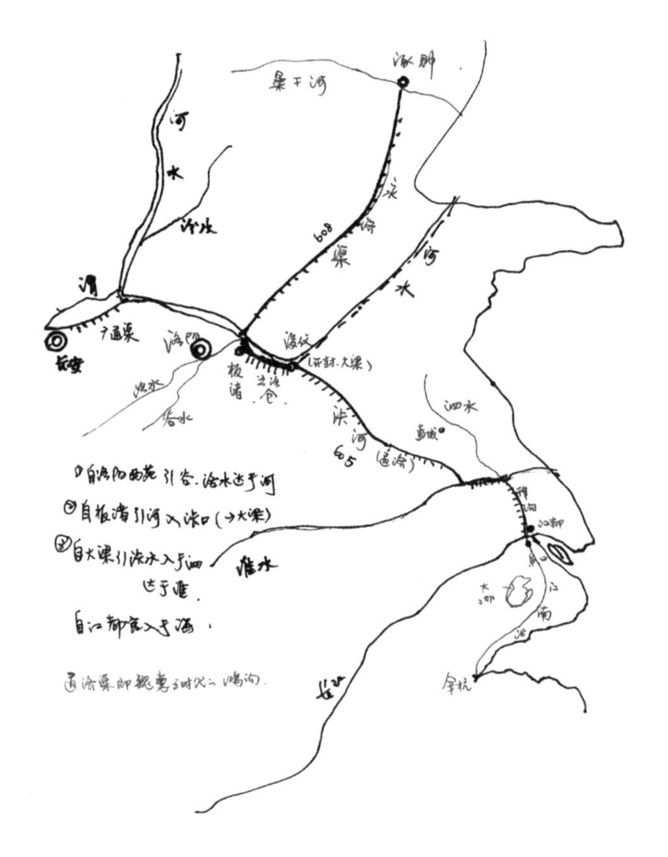

图 2-3-1　北宋汴京依水示意图

通济渠最早是战国时期的"鸿沟"，也称为"汴渠""汴水"，最为人所熟知的便是"汴河"了。这条汴河不仅是一条交通动脉，也是一条南北景观御河，[20]"河畔筑御道，树之以柳。炀帝巡幸，乘龙舟而往江都。"[21]成为汴京八景之一的"隋堤烟柳"，白居易有诗曰："西自黄河东接淮，绿荫一千三百里。大业末年春二月，柳色如烟絮如雪。"[22]汴河两岸杨柳叠翠，随风飘絮，如烟如雪，美不胜收。汴河最重要的城市记忆莫过于临河而建的琼林苑与金明池两座皇家御苑，由于北宋皇家的开明政治，每年春节都容纳大量游人前来赏春。尤其是金明池御殿前后，百业兴旺，各阶层市民均齐聚御园。而每到皇帝驾临（"御马上池"），则几乎万人空巷，共同打造出御园游春的盛世图景。元代以后，汴河因黄河泛滥而湮灭，但作为开封八景之一的"金池过雨"则一直流行至明清时代，千余年来为人津津乐道。

宋以前，汴州不仅是交通枢纽，军事上，汴州也成为都城长安的东部屏障，大量军队驻扎于此，控制住都城长安和江淮的咽喉之地，防止东部的诸侯勾结由东部西侵长安。《全唐文》记载："本朝以浚仪为汴州刺史治所。自隋酾新渠，吸黄河而东行，州含其枢，为天下剧。内屏王室，东雄诸侯。"[23] 可见在唐代，汴州已经成为"天下要冲"，汴州在汴河的带动下，成为交通和军事上的重镇。

唐代诗人王建的《寄汴州令狐相公》有云："三军江口拥双旌，虎帐长开自教兵。机锁恶徒狂寇尽，恩驱老将壮心生。水门向晚茶商闹，桥市通宵酒客行。秋日梁王池阁好，新歌散入管弦声。"[24] 唐代中后期时，汴州已经成为重要的军事和商业城市，三军在此汇集，人员繁杂。汴州远离京城长安，里坊制的限制和对商业的管制并没有像长安一样严格，商业在此迅速发展，酒馆、茶馆在汴河两侧兴起，甚至已经出现了夜市。商业的兴起聚集了大量的当地百姓、游人以及文人墨客，在亭台楼阁中，丝竹雅会等文人活动亦络绎不绝。各种丰富多彩的城市活动依水而设，犹如一幅画卷，次第展开。此时的汴州已然从一座普通的唐代郡城被逐步建设成为一座商业繁华、环境优美的宜居水城。尤其在五代以后，随着周世宗柴荣以及北宋太祖（开宝）、太宗（太平兴国），以及真宗（大中祥符）等各时代不辍之增建，汴京最终超越了历史上最繁华的都市长安，并且以经济都市特有的城市运作方式，彻底改变了自管仲以来的建城制度，首次将城市商业运作效率、生活便捷、市民参与等内容加入正统的城市兴造原则。与打破千年"里坊制"同样具有深远意义的是，城市河道第一次作为主导因素，引导城市建设方向，沿河展开各式城市活动最终代替轴线、分区（如"城""郭""郛"）成为城市区划的主导因素（图 2-3-2）。

从张择端的《清明上河图》可以看出汴河在沟通城乡、塑造城市形象和作为漕粮入点这一经济命脉的支撑作用，以及对汴京市民日常生活、百业展开的引导作用(图 2-3-3)。

汴河带动了汴州城市的发展，城内商业发达，人口膨胀，原来旧有的城池已经不能满足城市发展的需求。唐建中二年 (781 年) 三月，汴州刺史李勉请求扩建汴州城。[25] 扩建后的汴州城将汴河纳入城墙之内，汴河和汴州城血肉相融，更进一步促进了汴州城的商业发展。原来的漕运船只及商船在汴州转运时会遭到抢劫，在城内转运更为安全、便捷，

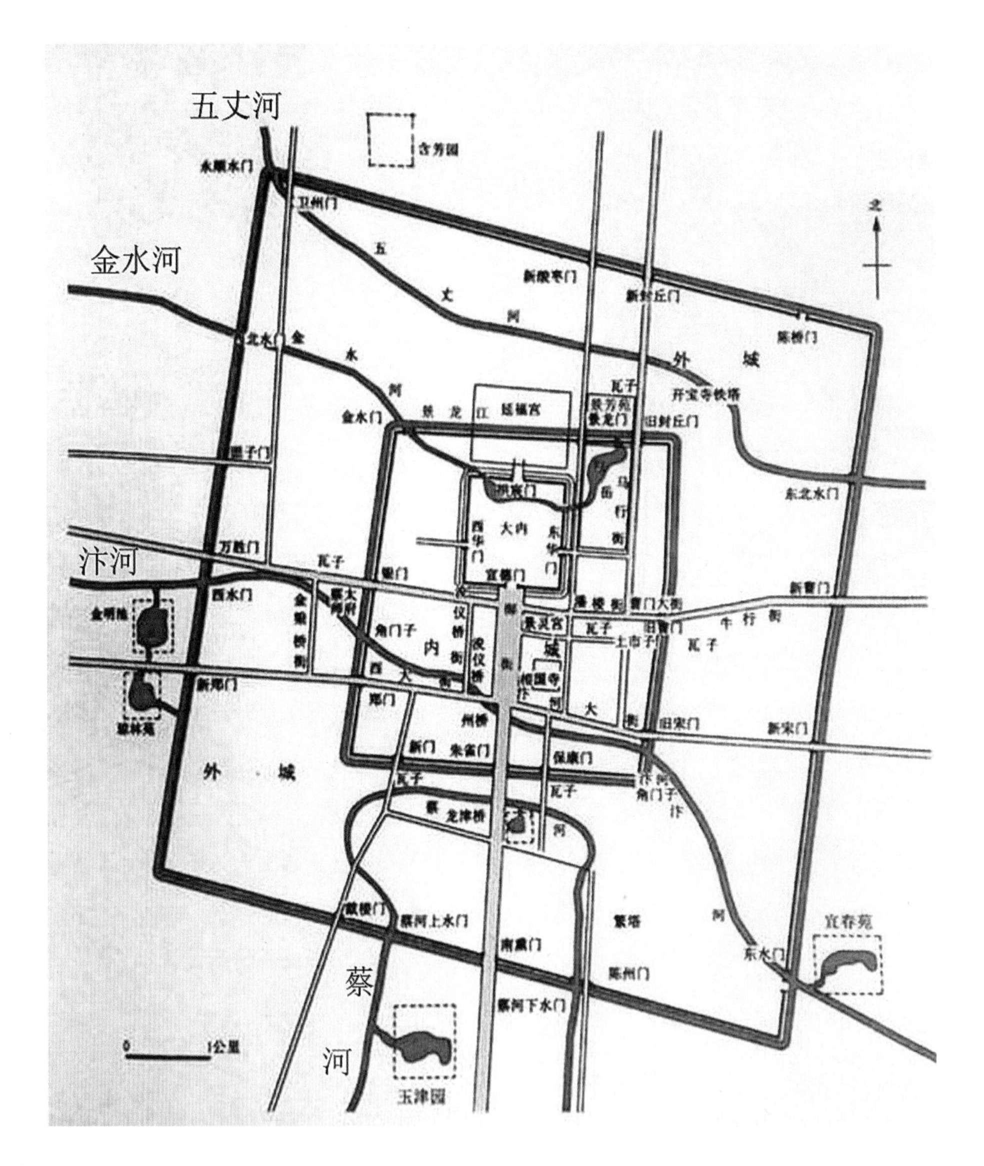

图 2-3-2　汴京四河在城市中的位置

图 2-3-3 《清明上河图》（局部）反映的北宋城市的繁华景象

更重要的是汴河纳入汴州城内以后，汴州成为航运的码头，商贾在此停留，物资在此安全地交换。汴河两岸的酒馆、旅店迅速发展，大量的贸易在此发生。可以说，汴河周围已经成为商业发达的重要港口。

唐末连年征战，关中平原及东都洛阳破坏严重，经济受到沉重的打击，而唐代中后期以来，汴州经济发达，城市繁荣。因此，五代中除了后唐以外，均定都于汴州。后周世宗柴荣在杨广的基础上疏浚了开封周边的河道，并沿河建立了大量交通运转的货运中枢楼。释文莹《玉壶清话》卷三说：“周世宗显德中，遣周景大浚汴口，又自郑州导西郭濠达中牟。景心知汴口既浚，舟楫无壅，将有淮、浙巨商，贸粮斛贾，万货临汴，无委泊之地。讽世宗乞许令京城民环汴栽榆柳、起台榭，以为都会之壮。世宗许之，景率先应诏，踞汴流中要，起巨楼十二间。方运斤，世宗辇辂过，因问之，知景所造，颇喜，赐酒犒其工，不悟其规利也。景后邀巨货于楼，山积波委，岁入数万计。今楼尚存。”这些巨楼就是存放货物并进行转运的中枢，这对汴河的漕运运转起到了很大的促进作用。后周世宗对汴京做了进一步的扩建，并颁布了堪称中国第一部城市规划法规的诏书。柴荣不仅对河道和城市进行了治理和改造，同时还开建了很多园林，金明池、玉津园等均为后周柴荣初建，北宋进行适当的改造、扩建。可以说，后周世宗柴荣为北宋的城市、园林和文化的繁荣奠定了基础。

2.3.2 汴京的城市规划／柴荣的城市规划法——里坊制的崩溃——城市经济的空前繁荣

柴荣执政六年后病逝，其子年幼，赵匡胤“陈桥兵变”夺得政权，黄袍加身后改国号为宋，史称北宋。北宋初期基本延续了后周时期的政策，将都城设立在汴京，这样就需要大量的驻军守备以卫京师。原因一方面由于汴京位于中原腹地，天然地形上无险可守，不像长安、洛阳一样易守难攻；另一方面，赵匡胤由于自己“陈桥兵变”，害怕再次被人取而代之，加强了中央对于军权的控制，即所谓的“强干弱枝”的政策。于是，北宋大量地在汴京屯兵，以保证都城的安全，支持这样大量屯兵可行性的原因就是汴河的畅通。

汴河直达淮河，能够从东南地区运来大量的粮食，才能供应军队使用，“今日之势，国依兵而立，兵以食为命，食以漕运为本。”北宋汴京有汴河、黄河、惠民河、广济河四条漕运河流作为物资运输的渠道，其中最为重要的、运输量最大的就是汴河。由于漕运的便利，北宋汴京的发展不像唐代长安一样受制于粮食和物资，经常“就食洛阳”。汴京粮食供应充足，人口规模少受限制。汴京城在 11 世纪至 12 世纪初，人口已达到百万以上，超过汉唐都城，成为当时世界上最大、最繁荣的城市[26]。

虽然汴河的畅通、漕运的便利是政府为了解决都城粮食和物资所进行的官方活动，但是汴河上私人商旅的船只也是络绎不绝，日本著名僧人成寻在熙宁五年（1072 年）到达汴京，便是从杭州经过江南河、邗沟和汴河直达京城的，这条水脉不仅是官府重要的漕运要道，也是私人货船来往的要道和百姓来往于东南及京城的主要途径。汴河上人与货物的来往给汴河沿岸带来了大量的人流和物资，增加了东南长江三角洲富庶地区和京城的贸易往来、人口和物资的聚集，又促进了汴京的发展。汴河是北宋时期最为重要的河流，“唯汴河横中国，首承大河，漕引江湖利尽南海，半天下之财富，并山泽之百货，悉由出路而进。”[27] 汴河沿线成为汴京最重要的商业街，经济的发展促进了文化活动的繁荣，汴京城出现了“瓦子”，多数为提供文化表演和文娱活动的茶馆和酒楼。北宋张择端的《清明上河图》就切实地反映了宋徽宗时期汴河沿岸商业的繁华景象。

2.3.3 闸口盘车图

汴河由西向东横穿汴京城的中部，为汴京带来源源不断的水源和物资，在御街和汴河的水路交汇处，李勉扩建时建有汴州桥，后来改称“汴桥”，在北宋时称之为“州桥”，正名“天汉桥”，[28]《东京梦华录》记载：“正对于大内御街。其桥与相国寺桥皆低平，不通舟船，唯西河平船可过。”大船在此不能通过，于是货物在此处卸载，这里成了最为繁华的水陆码头，也是汴京城的商业中心。王安石在经历了变法失败、罢相、起用再罢相的宦海沉浮之后，晚年曾抒发自己对于汴京的思念、对于国家的担忧，留下诗作：“州桥踏月想山椒，回首哀湍未觉遥。今夜重闻旧呜咽，却看山月话州桥。”[29] 伟大的改革家在政治失意后虽在江湖仍忧庙堂，汴河这条母亲河及它的标志性景观已经成为文人的精神寄托。此时，州桥已经成为汴河的“代言词”，成为汴京的文化符号，提到州桥就想到繁华的汴京城（图 2-3-4）。

在河流通过的地方，必然会建设园林，在新郑门外，依汴河北建有金明池，汴河南建有琼林苑，是北宋时期极为重要的皇家园林。东水门外则有宜春苑，两座皇家园林在汴河与城墙的交界处，在汴河两岸，城内有商业、酒楼、茶馆，城外西有金明池，东有宜春苑，商业、开放空间、园林在这条河流上完美地契合在一起（图 2-3-5）。

金明池引汴河水入园，初建的目的是为了训练水军，后经北宋王朝的多次营建，功能逐渐完善，宋徽宗年间对金明池进行了增建，增加亭台楼阁和绿化，成为以水上娱乐表演为主的城市园林。[30] 金明池、琼林苑作为北宋历史上最著名的市民郊游园林，其园池金柳承载了北宋汴京最辉煌的一段城市生活记忆。这在南渡遗民孟元老 [31] 的《东京梦华录》

图 2-3-4　五代卫贤所作《闸口盘车图》

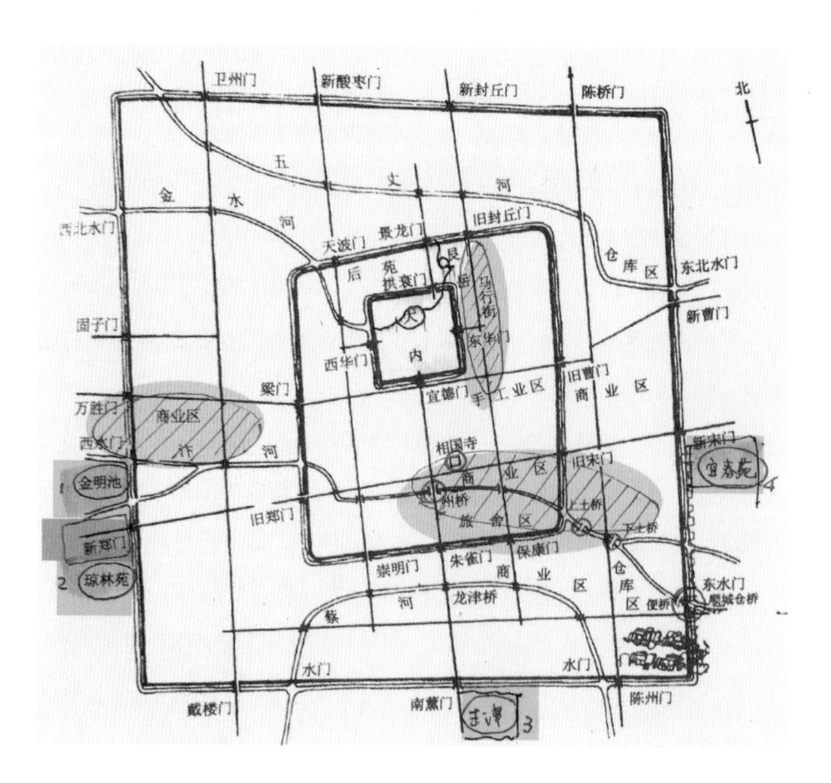

图 2-3-5　汴京皇家的金明、琼林、玉津、宜春“四苑”

中表现得淋漓尽致。每年春季三月至四月期间，金明、琼林两大御苑同时对市民开放，市民老幼相携，"肩摩足累"出汴京西城，来到皇家御苑畅游嬉戏，随意所至。而每至龙舟竞渡，圣驾亲临，汴京城更是万人空巷，数万军民和大宋皇帝、臣僚们欢聚一园，共同在此地游水嬉戏（图 2-3-6）。

虽然金明池为皇家园林，但是在每年开园期间，实质上已经成为城市的公共园林，百姓在开园期间竞相来此处游赏，皇帝与百姓在园林同乐。在皇帝临幸观赏龙舟竞渡的御殿，小商贩可以将摊位一直摆到御殿廊下，百姓可以随意在御殿回廊游览、饮食、甚

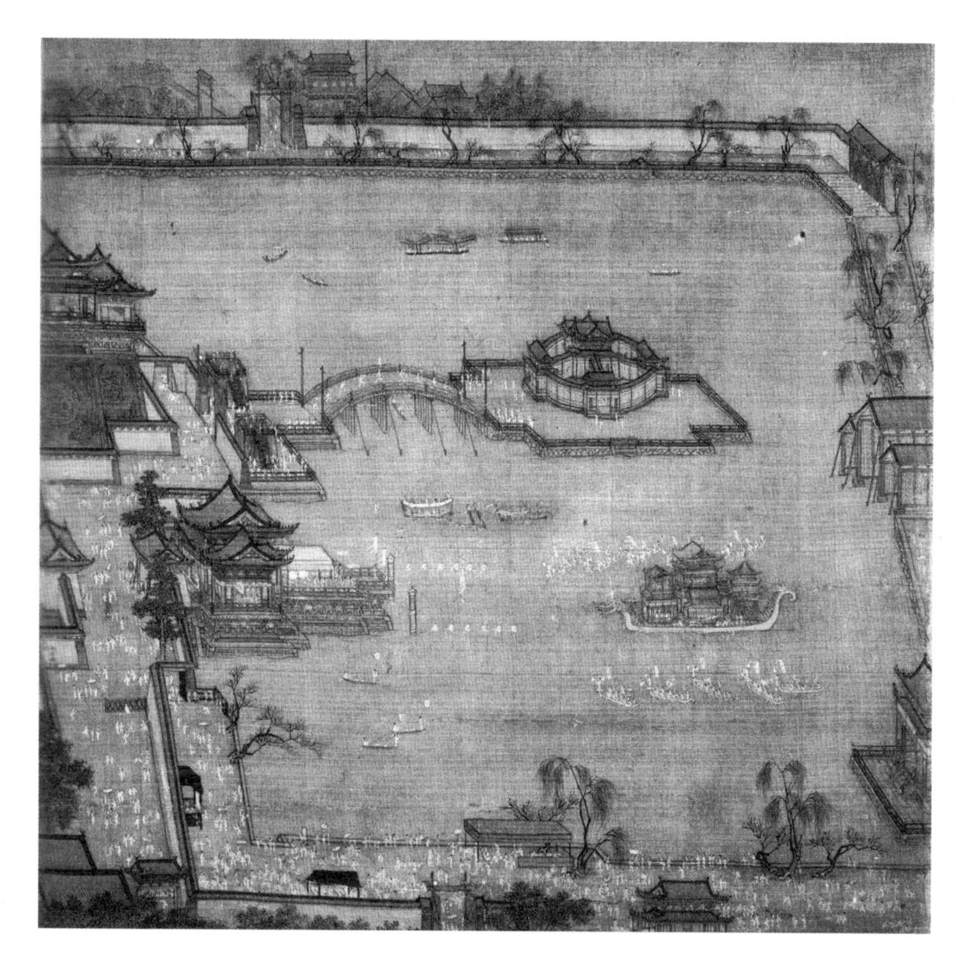

图 2-3-6　张择端《金明池争标图》反映的皇家御苑的开园盛况

至博彩。百姓在园中也进行多种多样的活动："游人还往，荷盖相望。桥之南立棂星门，门里对立彩楼。每争标作乐，列妓女于其上"；"桥上两边用瓦盆，内掷头钱，关扑钱物、衣服、动使"；"(金明)池、(琼林)苑内，除酒家艺人占外，多以彩幕缴络，铺设珍玉、奇玩、疋帛、动使、茶酒器物关扑。有以一笏扑三十笏者，以至车马、地宅、歌姬、舞女，皆约以价而扑之。"[32]

琼林苑与金明池仅一路之隔，两园的活动常在一起。尤其值得一提的是，北宋延续了唐代进士放榜后赐闻喜之宴的传统，琼林苑像唐代曲江池一样，每逢进士放榜，就要在此举行闻喜宴。《玉海》载："琼林苑，在顺天门外道南。乾德二年(964年)置，……上巳，重阳，唯中书，密院或宗室及殿前诸司选胜赐宴。遇放榜，进士闻喜宴于此。"金明池和琼林苑在开园期间就是一座容纳纷繁百姓活动的城市公共园林，和唐代的长安曲江池一样，都为城市的发展、文化的繁荣做出了非凡的贡献，而这一切和汴河、金水河等水利条件优越、水源充沛有着密切的关系。

宜春苑，"汴水之阳，宜春之苑。向日而亭台最丽，迎郊而气候先暖。"[33]宋初，新科进士在此赐宴[34]，后改至琼林苑。宜春苑以花木闻名，"每岁内苑赏花，则诸苑进牡丹及缠枝杂花。七夕中元，进奉巧楼花殿，杂果实莲菊花木及四时进时花入内。"[35]宋代的赏花、簪花等"花文化"很是流行，无论男女老少均爱观赏花卉、佩戴簪花和鲜花，围绕花卉展开的活动成为一种风尚[36]。大小园林中多种有奇花异草，宜春苑尤以花木闻名，皇家园林、私家园林和寺观中多有花园，每当春日向百姓开放，赏花游乐成为北宋重要的游园活动。

金明池、琼林苑、宜春苑等皇家园林和汴河相互依托，共同发展，在北宋这个文化空前繁荣的时代，园林的开放也成为一种必然，这些开放的园林和丰富多彩的游园活动又大大促进了汴京文化的发展。河流与城市及城市的文化就这样相互促进，共同发展。

流经汴京城内的河流共有4条，除最为重要的汴河，还有蔡河(惠民河)、广济河(五丈河)、金水河。其中，惠民河和广济河也是重要的漕运河流，将各地的物资特产带到汴京，与东南汴河运来的精美的南方布帛、特产茶叶在这里聚集，进行商业活动，连接各条河流的城市道路也成为重要的商业街区，汴京城因为这几条河成为物资交换的枢纽。金水河则是直接流入大内宫苑，为宫苑提供用水的河流。汴京城在这4条河流的辅助下展开了城市建设和园林营造。

蔡河也称为惠民河，是汴京城第二大河流，在汴河以南，呈“几”字形穿过汴京城，“蔡河贯京师，为都人所仰，兼闵水、洧水、濮水以通舟。”[37]蔡河也是重要的漕运河流，将陈、颖、许、蔡、寿、光等州的粮食和货物运到汴京，同时也将汴京城来自各地的物资运往这些州县。因此，蔡河周边也有大量的商业兴起，早在后周时就已经引蔡河水在南熏门外建有玉津园，到了北宋，玉津园被纳入皇家的南御苑。

玉津园面积较大，风格朴野，杨侃在《皇畿赋》中对其有记载：“别有景象仙岛，园名玉津。珍果献夏，奇花进春，百亭千榭，林间水滨。珍禽贡兮何方？怪兽来兮何乡……沙禽万类，尽游泳而往来，或浮沉而出处。柳笼阴于四岸，莲飘香于十里。”描述了玉津园内的郊野风光。园中饲养了大量的奇珍异兽，花卉果树，成为北宋的皇家动物园。皇帝还在此处体察农情，在此观看粮食的收割，园中所种的粮食是专门供应给皇家的米粮。[38]清代乾隆整治水系，引西山水，在北京西北郊开辟清漪园，周边的水稻田连绵不断，质量上乘，称为京西稻田，也是供应皇家大内使用。玉津园每年也会定时向百姓开放，[39]实际为北宋汴京的皇家园林、私家园林。

蔡河位于汴京城南，广济河则从城北穿城而过，广济河又名五丈河（因柴荣疏浚时将其拓宽为五丈而得名），主要沟通齐鲁之地与汴京的联系，也是重要的漕运河流，西起城东外郭咸通门，往东注入梁山泊，《水浒传》中的故事就发生在此地。

瑞圣园原名北苑，后又称含芳园，大中祥符三年（1010 年）改名为瑞圣园。“四方异花于是乎见，百啭好鸟于是乎闻。十洲移景，三岛分春。延厩之设，是名天驷。伐大宛以新求，涉渥洼而远致，群驱八骑，队数十骥，虽挽粟之千车，乃尝秣之一费。彼沙台之崔嵬，耸佛刹之千尺，岗阜连延于西南，原田平坦於东北。”瑞圣园也是皇帝经常赐宴之园。[40]

金水河与其他三条河流不同，不是漕运河流，而是一条供应汴京城内生活用水的河流，重在水质的保证。后来元大都建设时也有过类似的做法，将长河和金水河分开设置。前者为保证漕运，后者为保证生活；前者只为水量，后者则注重水质。“金水河一名天源，本京水，导自荥阳黄堆山，其源曰祝龙山。……抵都城西，架其水横绝于汴，设斗门，入浚沟，通城壕，东汇于五丈河。公私利焉。乾德三年，又引贯皇城，历后苑，内庭池沼，水皆至焉。……自天波门并皇城至乾元门，历天街东转，缭太庙入后庙，皆甃以砻甓，植以芳木，车马所经，又累石为间梁。作坊井、官寺、民舍、皆得汲用。”[41] 宫廷大内的景观用水和百姓的生活用水皆由金水河供应，河边两侧广植芳木，水源用来供应后苑、延福宫等大内御苑的景观用水，宋徽宗建艮岳，则引景龙江之水，最终注入金水河。

无论是大内御苑后苑、艮岳、延福宫还是行宫御苑金明池、琼林苑、玉津园等，无一例外是在汴京水系河道治理的基础上进行的增饰。开封的建设不仅考虑到引水、蓄水，更着力于城市排水，而且在保洁、取用等方面均为后世创设了样板，可以说，北宋汴京是中国历史上最早具有现代意义的“海绵城市”。因为开封地势平坦，且水流众多，排水的畅通尤为关键，北宋在汴京建立了一套完整的排水系统，最终排到涡河中，达到“雨潦暴集，无所壅遏”的水准，这在当代也是很难做到的。

北宋的汴京城是因汴河的交通优势促进了商业的繁荣发展，进一步确立了汴京城市的地位，推动了城市的发展和建设。汴京是因水而建、因水而兴的古代都城，同样，北宋末年的战乱和汴河的阻断注定了汴京的没落。河流的发展直接决定了城市的发展，而河流的衰落也反映了城市的衰落。

2.4 南宋杭州西湖的水系

2.4.1 12世纪的杭州：因水而建的山水城市

“欲把西湖比西子，淡妆浓抹总相宜。”其实中国古代有关各地西湖的记载多达三十余处，人们却只记住了杭州的西湖，皆因苏轼的缘故。苏轼那句“三处西湖一色秋，钱塘颍水与罗浮”道出了宋代杭州西湖与颍州（今安徽阜阳）西湖以及岭南惠州西湖三湖并称、不分轩轾的实情。所谓“大千起灭一尘里，未觉杭颍谁雌雄”[42]，这三处西湖究竟哪个更出色，就连苏轼自己也说不清道不明。这三处西湖都是他一路被贬、一路诗情下的产物，可以说，如果苏轼仕途能稍稍平坦一点儿，我们也就看不到这些著名的西湖了。孟兆祯先生所说的“景物因人成胜概”，说的就是这个道理。江山胜景，天地无尽藏，给苏轼无限诗情，苏轼则留给西湖无限风情与人文记忆，西湖为苏轼抚平一路坎坷创伤，西湖也因有苏轼而倍添风流。

没有西湖就没有杭州。杭州从建城之初就是完全依赖西湖之水养育，隋之杨素[43]建城于湖东，湖遂于城西，故得名西湖，杭城之水多咸涩，江河皆为海潮所浸，所有生活用水都来自西湖山泉及地下泉流，没有西湖便没有杭州城，西湖乃杭城之母。然而西湖也是因杭州代代官员的治理而得以存续，没有杭州也就没有西湖。从一个小小的海湾演化为潟湖，再由潟湖封闭，而形成一个与杭州相邻的淡水湖泊，其演化过程就是一个代代不辍的治理西湖水利的过程[44]。如果没有历代地方官员不断进行水利治理，清淤、清理葑草等工程，西湖必然早就泥沙淤淀、葑草蔓生而不复存在。自李泌初开六井以济民，到半个世纪后的白居易为知州，大修西湖水利，筑堤坝于湖西，以为上下重湖，兼具蓄滞和引水济田双重功能，解决唐代以来西湖多捞之弊，再到五代钱镠设专门机构"撩湖兵"负责清理葑草，再到最为著名的苏轼治理西湖和后来的太守杨孟瑛大规模治湖，不仅保住了中国风景和水利史上最著名的风景名胜、世界遗产，同时也在这代代不辍的努力之中，蓄积了最多的传说、记载和人文记忆，这是其他任何风景或水利项目都难以比拟的。

杭州西湖之名，据《汉书·地理志》记载，最早源自武林，"武林山，武林水所到之处出。东入海，行八百三十里。"[45] 武林山即今灵隐、天竺一带群山的总称，由发源于这一带的南涧、北涧等山泉汇合，而为金沙涧，东流注入西湖，是西湖最大的天然水源。故水质甘甜，足堪饮用，隋唐以后，成为杭州城主要的生活用水来源。因此，"武林水"是最早见于记载的西湖之名称。

隋开皇十一年，杨素奉命营建杭州城，在凤凰山依山筑城，"周三十六里九十步"，是为最早的杭州城。因湖在隋城之西，故名。

"未能抛得杭州去，一半勾留是此湖。"

苏轼在他的名篇《饮湖上初晴后雨》中曰："欲把西湖比西子，淡妆浓抹总相宜。"

"西湖十景"，曰：苏堤春晓、柳浪闻莺、花港观鱼、曲院风荷、南屏晚钟、三潭印月、雷峰夕照、平湖秋月、断桥残雪、双峰插云。元人效仿宋代又设"元西湖十景"，此代代相承，而汇为中国古代"十景"之最。

苏堤春晓：苏堤南起南屏山麓，北到栖霞岭下，全长近3千米，是北宋大诗人苏轼任杭州知州时，疏浚西湖，利用挖出的葑泥构筑而成。后人为了纪念苏轼治理西湖的功绩，将其命名为苏堤。苏堤上的6座拱桥，自南向北依次名为映波、锁澜、望山、压堤、东浦和跨虹。苏堤的特点是一柳三桃，飞柳熏风，柳绿桃红。

断桥残雪：断桥，位于白堤东端。在唐朝，断桥就已建成，时人张祜《题杭州孤山寺》诗中就有"断桥"一词。明人汪珂玉《西子湖拾翠余谈》中有一段评说西湖胜景的妙语："西湖之胜，晴湖不如雨湖，雨湖不如月湖，月湖不如雪湖……能真正领山水之绝者，尘世有几人哉！"

2.4.2 西湖风景水利概述

杭州初建于隋代，此前只是一个海湾，后海退人进，由钱塘江泻下的泥沙淤塞海湾口，便成山海之间的一个潟湖。杭州地处钱塘江与海潮故地，虽经沧海桑田，成了陆地，但地下水还是咸苦，不能饮用。据苏轼《乞开杭州西湖状》记载，"杭之为州，本江海故地，水泉咸苦，居民零落。"当地水泉咸苦，不能饮用，直接导致民生艰难，城市凋敝。唐德宗建中二年（781年）李泌任杭州刺史后，组织民工自涌金门至钱塘门分置水闸，掘地为沟，沟内砌石槽，石槽内安装竹管（至北宋改用瓦筒），引西湖水至城内各地，并置6个出水口，即西井、金牛池、方井、白龟池、小方井、相国井，俗称六井。其实质是利用西湖之水来自周边山溪，甘甜可饮，而沿西湖开掘多个出水口，再以暗道输水入城，以为生活用水。后李泌拜相，所开之井遂成为"相国井"[46]。《咸淳临安志六井》详细介绍了李泌所开六井的位置："相国井在甘泉坊侧，西井在相国寺前，方井在三省激赏酒库西，白龟池水口在玉莲堂北，小方井在钱塘门内裴府前，金牛井今废。"

这是杭州历史上第一次以西湖水用于居民生活，这一六井连通水系统类似地下蓄水池，面积大，水量多，保证了城市饮用水源。六井源出山泉，水质较好，水量大，彻底解决了长期以来杭州之水咸苦导致民生凋敝的问题，为杭州城市的继续发展打下了基础，具有重大意义[47]。后世的苏轼称之"民足于水，井邑日富"（《乞开杭州西湖状》）。以后的白居易、钱镠、苏轼等，不断对六井进行疏浚和修缮，使六井的作用继续得以发挥[48]。故，历来杭州多井泉，其水源取自西湖，为山泉溪瀑，而非地下水，与他处不同。

杭州西湖在历史上最大的作用是一座设备齐全、管理完善的灌溉调剂水库，其灌溉效益的发挥和白居易有着密切关系。隋朝国祚虽仅短短30余年，但其开凿大运河，连接五大水系，对南方经济开发意义非凡。唐代杭州因居于大运河之南端，城市经济人口较之前代有了巨大发展。到唐中后期，白居易出任杭州刺史时，杭州人口兴旺，经济发达，已为江南重镇（至北宋，更是粱酒税赋，皆天下第一，见苏轼《乞开杭州西湖状》）。唯苦于湖水之害，尤其是夏秋多雨，涨潮之时，西湖每每泛滥而为汪洋。农业水利与居民生活都深受西湖江潮之害。

唐长庆二年（822年），白居易任杭州刺史。在任的短短3年时间里，白居易排除重重阻力和非议，发动民工重修湖堤，建水闸，修渠道、管道和溢洪道，增加了蓄水量，完善了供水和防洪工程[49]。同时在灌渠沿线设置多道堤坝涵闸用于调节水量，他主持的疏浚水利工程，极大地增加了西湖容量，形成人工水库，并以江南运河为灌溉干渠，与下游一些湖泊联合使用，灌溉钱塘（今杭州市）、盐官（今海宁县）一带土地千余顷，更好地发挥西湖水利的效益，解决了钱塘、盐官之间数十万亩农田的灌溉问题。同时，他还组织军民重修唐代六井。自李泌开六井到白居易任杭州刺史，已逾40余年，水井多淤塞，不堪使用。为了解决杭州市民生活及农田灌溉用水问题，白居易在组织修整西湖堤岸的同时，重新疏浚六井，以改善居民饮水。《唐书·白居易传》称"民赖以汲田"，说明其功效更胜于前代。

白居易在治理西湖、修堤筑坝的同时，还亲自规定了严格的城市用水规范，以使官商、百姓都了解堤坝跟农事之关系。白居易《钱塘湖石记》详细地记载了水利堤坝的功用，以及蓄水、放水和保护堤坝的方法。规定大雨季节要严密防范溃堤，水位过高时由预留的溢水口（"水缺"）泄水，再高时同时启放水闸和水涵[50]（"大抵此州春多雨，夏秋多旱，若堤防如法，蓄泄及时，即濒湖千余顷田无凶年矣。"）。尤其在春夏旱情严重时，要及时放水济田，保证农业生产[51]。"自钱塘至盐官界应溉夹官河田，须放湖入河，从河入田。"《钱塘湖石记》提及一些地方小官以各种借口搪塞刺史，拒绝放水救百姓旱情，说什么放水于父母官不利，或是若放水，这湖里的鱼虾就活不成等为官塘私利而置民间旱情于不顾之错误做法（"决放湖水，不利钱唐县官。"县官多假他词以惑刺史。或云"鱼龙无所托"，或云"茭菱先其利"）。白居易明确指出：到底是你官家的鱼虾、莲藕重要，还是老百姓的口粮生存更重要？这样浅显的道理岂有父母官不明之理呢？（"且鱼龙与生民之命孰急，茭菱与稻粱之利孰多，断可知矣。"）

更有甚者，有些地方小吏玩忽职守，推脱责任，提出若向下放水灌田，则可能导致城里的生活水井（即唐代李泌所开"六井"）枯竭（又云"放湖即郭内六井无水"）。白居易指出，这也是胡说，因为西湖水底高于井管，而且不断会有天然泉水补充，西湖水位一下降，泉水就会自动涌出。此外，湖水释放亦有先后，并非顷刻间就放空，所以根本不至于使西湖枯竭。说什么放水会导致六井枯竭，同样是妄言和借口。（亦妄也。且湖底高，井管低，湖中又有泉数十眼，湖耗则泉涌，虽尽竭湖水，而泉用有余。况前后放湖，终不至竭，而云“井无水”，谬矣。）

白居易还规定，西湖的大小水闸在不灌溉农田时，要及时封闭，发现有漏水之处，要及时修补（“函南笕并诸小笕闼，非浇田时并须封闭筑塞，数令巡检，小有漏泄，罪责所由，即无盗泄之弊矣。”）。详细写明了一寸西湖水能灌溉农田的范围：湖水放低一寸可满足十五顷农田的用水需要[52]。（“凡放水溉田，每减一寸，可溉十五余顷。”）

白居易最后特地指出，他任杭州刺史的3年里，连续发生严重的旱情，所以他深知西湖水利之重要，故而尽究其由，并将这些水利管理的经验用最朴实的文字刻在石头上，以便官民都能通晓这些农业水利的道理[53]。

今之白堤东起断桥，西至平湖秋月，早在白居易之前已有，当时名白沙堤。白居易在诗中屡次提及白沙堤，如“最爱湖东行不足，绿杨荫里白沙堤”，而此白堤并非白居易所筑之堤。白氏有诗称：“谁开湖西西南路？草绿裙腰一道斜。”其下注云：孤山寺路（即白沙堤）在湖中，草绿时望如裙腰，旧志云不知所从始。可见今日白堤并非白居易所筑，而白氏之堤亦早已湮灭无踪。后人刻意将白沙堤附会为白公堤，皆因感念白氏在杭州为官造福一方，同时也因其文风典雅、德行高贵之故。白氏所修之堤，分西湖为内外，使上下之水贯通，并有涵闸控制，形成多级泄蓄水系，颇类似于清代清漪园那种五湖连通、梯级配置的蓄水方式。上湖蓄水，需要时放水，“渐次以达下湖”。既可防止洪水淹没湖下之农田，又可以根据需要酌情泄流灌田，在雨季亦可同时开启上下涵闸泄水，以防决堤。

白居易到杭州做刺史时距李泌修六井不过50年左右，但湖中已经出现了葑田数十顷。白居易十分清楚西湖对于杭州城市的重要性，于是他主持疏浚了西湖，并疏通了六井的阴窦，使之恢复充沛。为了增加西湖的蓄水量，白居易在石函桥附近（今少年宫一带）修筑湖堤，比原来的湖岸高出数尺。这里原是上湖和下源的连接之处，西湖水位本来高于下湖，白居易这一筑堤，造成了上下湖水位的更大差距。西湖自此从一个天然湖泊演变成一个人工湖泊了（图2-4-1～图2-4-4）。

824年，白居易调离杭州，百姓为其送行。白氏有《别州民》一诗：“耆老遮归路，壶浆满别筵。甘棠无一树，那得泪潸然。税重多贫户，农饥足旱田。留汝一湖水，与汝救荒年。” 其下，白居易自注：今春增筑钱塘湖堤，贮水防旱故云。临别，他仍为百姓的负担过重而难过，而老百姓箪食壶浆送别父母官的场景，至今令人动容。

2.4.3 吴越钱镠

西湖全面开浚和基本定型于吴越国时代。吴越王钱镠崇信佛教，西湖周边的大量风景名胜、佛寺、佛窟、经幢多出于此时。所造灵隐寺、净慈寺、保俶塔、六和塔等皆今日名胜。

由于西湖的地质原因，淤泥堆积速度快，西湖疏浚成了日常维护工作，因此，吴越王钱镠于宝正二年（927 年）置撩湖兵千人，芟草浚泉，夜以继日地从事疏浚，才有效地阻止了西湖的淤浅，并且畅通了六井，确保了西湖水体的存在。据《钦定四库全书·西湖志》卷二《西湖水利》记载，五代时西湖岁久不修，湖葑蔓蔽，吴越王钱氏置军千人治湖。[54] 钱镠在位时，还疏涌金池，以入运河新挖水池 3 处，引西湖水入池，增加城市的淡水供应；又修建龙山、浙江两闸，以遏制江潮灌入内河，著名的“钱氏捍海塘”就是他的功劳。

在吴越国的 80 余年中，杭州城市得到了较大的扩展，西湖也获得了较好的整治，城市与西湖的这种唇齿相依的关系，较之前代更为明显。吴越国灭亡后，西湖重新陷入废弃状态，在宋初退化为葑田。所谓“至宋以来，稍废不治，水涸草生，渐成葑田 。”[55]

钱镠治理西湖仅仅是白居易疏浚西湖以后不到一百年，西湖便又被葑淤塞几乎再次化为葑田。

2.4.4 北宋西湖水利

杭州西湖在北宋一朝留下了最为丰富的水利史、风景史资料，这也是杭州西湖人文历史逐步成型的重要阶段，后世虽有太守杨孟瑛筑造杨公堤等大规模治湖活动，但均近于湮灭而不为人知。无论是作为重要的风景区还是著名的人工水利项目，西湖在人们心目中，都一直是苏轼笔下的那个“山色空蒙，水光潋滟”的西子形象。

五代至北宋期间，西湖退化淤积的速度明显加快，吴越王钱氏对西湖水利的高度重视，在一定程度上减缓了它的淤浅。在五代至北宋短短数十年间，西湖又多次淤积，“水涸草生，渐成葑田”，史称之“稍废”。但宋初，每次西湖淤塞，都能及时为当地官员

图 2-4-1　杭州西湖

图 2-4-2　清王原祁描绘的西湖十景——雷峰夕照

所修复，并不至为害于杭州[56]。北宋初期的代代贤牧良守、景德年间的知州王济，通湖沼，设堰闸；仁宗时的知州郑戬，以数万军民清理已为豪强所占之葑田，恢复西湖；沈遘开沈公井，以补六井之缺；再到宋神宗熙宁中的知州陈襄重开六井及沈公井命工讨其源流，有效恢复杭州城的生活和农田供水；直到最为人们看重的苏轼以葑草为堤，变害为宝的西湖治理[57]。后人为纪念苏轼的功绩，将该堤称为〝苏堤〞，如今的苏堤春晓仍然是驰名中外的西湖胜景。

北宋初年（宋真宗），西湖曾作为皇家放生池之用，禁止百姓采菱捕鱼，至庆历年间，西湖逐渐淤塞[58]。到庆历元年，郑戬知杭州时，西湖已经大面积淤塞，退化为葑田，并为附近的寺庙僧侣和豪强所霸占，西湖水面日益减少。郑戬召集本郡数万民夫重新开辟疏浚，使之有所恢复。治理西湖，前有白居易，后有苏轼，郑戬是承前启后。白居易疏

图 2-4-3　清王原祁描绘的西湖十景——苏堤春晓

图 2-4-4　清王原祁描绘的西湖十景——三潭印月

浚西湖 220 年后，郑戬疏浚了西湖。郑戬疏浚西湖 48 年后，苏轼又疏浚了西湖。

宋仁宗年间，知州沈遘曾仿照唐代李泌开沈公井，以补充唐金牛井之缺[59]。又据《宋史沈遘传》："遘知杭州，明于吏治，令行禁止，禁民捕西湖鱼鳖。"

宋神宗熙宁间，唐六井及宋初的沈公井均淤塞废弃，知州陈襄带领工匠仔细研究井水泉源，并重新修葺水井设施，杭城水井遂重新充盈，即便旱季也不致枯竭[60]。

在五代至北宋的历次西湖治理中，以苏轼主持的西湖水利治理最为著名。《宋史·水利志》记载水利事务素来简略，却独独给了苏轼西湖治理浓墨重彩的一笔，称"葑草尽除，湖乃大治"，[61] 并视之为西湖水利史上最重要的民心工程。其间还涉及苏轼如何河湖分治，兼济河槽，以及如何募集资金、发动群众、葑草作堤、变害为宝等多方记述。又，脱脱《宋史》中，对苏轼的这次西湖治理则有着更为详细的记载[62]。

苏轼于熙宁二年（1069年）和元祐五年（1090年）两次在杭州为父母官，每次必以西湖治理为第一要务。熙宁二年，苏轼第一次来杭州任职通判，他被西湖的迷人风景所吸引，写下了很多流传千古的名作，其中最著名的便是那"水光潋滟晴方好，山色空濛雨亦奇。欲把西湖比西子，淡妆浓抹总相宜"[63]的名句。在流连风景的同时，他也注意到西湖已经出现了一定程度的淤塞和葑草蔓延的现象[64]。随后他便开始潜心研究西湖水利，探索疏通杭城六井以及建城不久就淤塞的沈公井方案，并在他离任这一年，由他的上司知州陈襄对杭州六井进行了一次很有成效的修理。

可是，等元祐四年（1089年）苏轼第二次到杭州的时候，原来风景如画的西湖已经出现大面积淤塞。由于人们围湖种田现象严重，西湖的"生态环境"突然恶化，他对比了十余年前他在任杭州通判时的西湖："熙宁中，臣通判本州，则湖之葑合盖十二三耳。至今才十六七年之间，遂湮塞其半，父老皆言十年以来，水浅葑横，如云翳空，倏忽便满，更二十年，无西湖矣。"

仅仅十六七年时间，西湖便因为葑草蔓延，蚕食过半，而导致泥沙淤积，葑田滋生，而湖底不断变浅，春则大雨成灾，夏则大旱成患，水旱灾害又引发疫病流行。苏轼元祐四年向朝廷所上修治西湖事宜的奏折《乞开杭州西湖状》，是迄今了解西湖水利风景史最为重要的资料。苏轼于奏折中写道："杭州之有西湖，如人之有眉目，盖不可废也。"[65]苏轼看到西湖退化严重，也看到西湖在杭城风景以及人民生活中的作用。他从西湖水利对市民生活用水、农业灌溉、河道畅通、有利水运以及国家酿酒利益等五方面论述了西湖不可废弃的理由[66]。

苏轼首先真实描写了西湖退化的严重性。他说从上次我通判任内到这次任职知州，不过十六七年时间，西湖竟"湮塞其半"，"水浅葑横，如云翳空，倏忽便满，更二十年，无西湖矣。"当地百姓都说这西湖湖水一天比一天浅，葑草蔓延如乌云蔽日一般，若再不治理清淤，要不了20年，西湖就将化为葑田，不复存在。而没有了西湖的杭州，就如一个瞎眼的美人一样不可思议。

同时，杭州兴于西湖，生民给养于西湖，没有西湖便没有杭州。所谓"井邑日富"，皆因有西湖之水，而"百万生聚"日后所养也仍在西湖之水。没有了西湖，也就没有杭州的未来。

至于治湖的理由，苏轼不仅只说了饮水、灌溉、水运、酿酒四条，还特意煞费苦心地加上第一条理由，即西湖早已在国初就被指定为放生池，禁止捕捞，里面放养的"羽毛鳞介"数以百万，都是为皇上祈福所用的（"皆西北向稽首为人主祈千万岁寿"），西湖一旦干涸，里面这些"蛟龙鱼鳖"都死了，那臣下怎么向天下交代呀！（"若一旦湮塞，使蛟龙鱼鳖，同为涸辙之鲋，臣子坐观，亦何心哉。此西湖之不可废者一也。"[67]）

这是苏轼自己生加上去的一条理由。这理由本不成立，但皇上却不能直接否认。原因很简单，杭州与北宋都城汴京相距千里，即便为皇上祈福，也轮不到杭州呀。但俗话说，举手不打笑脸，那皇上自己总不能否认这下官与百姓的盛情美意吧，那就只好出钱出力喽。这也是非常重要的一条理由，通过这条，苏轼将西湖疏浚与皇家福祉、国运昌盛联系到一起，这一上升到政治高度，也就有效地堵住了同僚们推诿、抵制的种种借口，任凭你是谁，你总不至于公开跟皇上的福祉过不去吧。想想当年白居易初到杭州，在治湖问题上所受到的来自同僚的阻挠反对，[68]你不得不佩服苏轼的幽默与智慧：用一顶大帽子，不知不觉就把皇上拉到了为民造福的项目里，让所有反对者都难以言说，难以阻挠。这真是一个一心想为民造福，又有方法、有智慧为民谋利的高素质的地方干部。

苏轼最看重的其实还是杭州的民生以及这座水城的未来发展。杭州因水而生，因水而兴，西湖水退，城市必毁。他先言明李泌治湖，促进原本民生凋零的杭州变得"井邑日富"，百业兴旺。宋初由于西湖疏于治理，导致"湖狭水浅，六井渐坏"，如果再坐视不理，20年后，全城之人都将被迫再次引用盐潮之卤水。不仅招致民生之苦，而且城市也必然因缺水而走向衰亡，其未来发展就更无从谈起了[69]（"则举城之人，复饮咸苦，其势必耗散。"）。这是从城市长远发展、长远利益的角度论述治理西湖的必要性。

接着，苏轼讨论了西湖与河漕运输的关系。提出长期以来，西湖水就是杭城河道运输的主要供水来源，一旦西湖湮塞，而被迫改用江潮之水济运河道，则会因海水所带之泥沙而导致运河很快湮塞。就以往经验看，如果河漕用海潮为水源，则不出3年，必然淤塞，那时候朝廷难免要花费巨大人力物力去疏浚，而河道又多穿行于杭州城的闹市区，大规模疏浚河道难免造成城内泥水横流，一片狼藉（"房廊邸舍作践狼藉，园圃隙地例成丘积。积雨荡濯，复入河中”，“员监司使命有数日不能出郭者”）。十万疏水大军在城里也会对杭州居民生活造成极大的骚扰，将给杭州留下巨大隐患。（“不出三岁，辄调兵夫十余万功开浚，而河行市井中，盖十余里，吏卒搔扰，泥水狼藉，为居民莫大之患”）。苏轼提出废西湖不仅会导致都市之毁，还关系到河漕兴废[70]。

苏轼还在奏折中讨论了自唐代以来的放水溉田济旱，西湖水产，如“下湖数十里间，茭菱谷米”等水利效益，以及作为酿酒水源的经济效益等[71]。酒官之盛，在于杭州，“天下酒官之盛，未有如杭者也”，作为关乎国计民生的行业，历来是由官府垄断经营的，而酿酒所用之水，尽皆来自西湖，若西湖淤塞，必然对官府酿酒（国家税收）造成极大损失。

苏轼最后终于说服朝廷采纳了自己的治湖建议，获得一百道僧人“度牒”的资金（一万余贯），其资金远远不敷使用。其后，这位“杭州市长”又想出各种办法筹款，均见于《乞开杭州西湖状》及《宋史》等相关文献，包括取悦太后向朝廷申请追加拨款，减价出售赈灾粮食，出粜常平仓米[72]，以及雇人于西湖上种植菱藕[73]，出售筹款，甚至出卖自己的书画作品，用各种渠道募集疏浚西湖的巨额资金，反映出苏轼过人的智慧和造福一方的拳拳爱民之心。

据《宋史·苏轼传》记载，苏轼通过取救荒余钱万缗、粮万石，请得百僧度牒，以及其他方式募集大量资金，招募民工二十余万工，仅用半年即大功告成，改变了自宋代开国以来，西湖年久失修或久治不成的葑草围湖等问题[74]。

在《乞开杭州西湖状》中，苏轼首先感谢朝廷关怀：“今又特赐本路度牒（为僧人办证收取费用）三百，而杭独得百道。”其实这仅仅一百道僧人“度牒”的资金，离治湖实际所需相去甚多。所以，他接着就称述了开浚西湖的实际费用和用工数量：“辄已差官打量湖上葑田，计二十五万余丈，度用夫二十余万功。”然后再次高度颂扬了朝廷一力赈灾的功劳，使东南之民，所活不可胜计，并建议用这多出来的赈灾钱粮治湖[75]。同时指出，希望太后与皇上都能给予进一步支持，使这做了一半、还剩下一大半的治湖工程能够功德圆满，而不至于前功尽弃[76]。所以特再次申请另外的度牒五十道：“若更得度牒百道，则一举募民。除去净尽，不复遗患矣。”（进一步向朝廷申请资金支持）如果能获准的话，臣一定在半年之间，恢复西湖的唐代旧貌（“使臣得尽力毕志，半年之间，目见西湖复唐之旧，环三十里际山为岸。”而事实上，苏轼所建之西湖远远胜于唐代），而到那时，不仅杭州百姓、父老乡亲，就连那西湖中的鱼儿、湖上的鸟儿也会对皇上的恩德感念不尽的。[77]（“则农民父老与羽毛鳞介，同咏圣泽，无有穷已。”）

其下，苏轼又用两条“贴黄”（补充材料），说明治理西湖水利的时机和经验借取等问题。其一，“目下浙中梅雨，葑根浮动，易为除去。及六七月，大雨时行，利以杀草，芟夷蕴崇，使不复滋蔓。又浙中农民，皆言八月断葑根，则死不复生。伏乞圣慈早赐开允，及此良时兴功，不胜幸甚。”说明治理西湖葑草需要抓住五、六、七几个月的雨季，时机把控对治理葑草的效果至关重要。其二，“本州自去年至今，开浚运河引西湖水灌注其中，今来开除葑田逐一利害，臣不敢一一烦渎天听，别具状申三省去讫。”说明前面的西湖治理已有了很好的效果，下一步的葑草治理是有经验可循的。

据脱脱的《宋史 · 水利志》记载，苏轼设置了一个叫作“开湖司公使库”的机构，专门管理西湖种植菱藕诸项目的利钱收入，用来作为以后西湖清淤的雇工费用，此为历代西湖治理中所未见,在水利工程管理和可持续方面亦颇有特色,足见苏公之远见卓识。[78]

苏轼所主持的这次西湖水利整治实则规模浩大，用工达二十万之巨，在短短的半年内，就清除葑田二十五万丈，恢复了唐代西湖的规模，称之“旧环三十里，际山为岸”，使西湖的边界一直到达湖两岸的南北二山。此次拓湖还拆毁了湖中大量为地方权贵所占的私围葑田（恰如宋初郑戬知杭州时所为），并对全湖进行了挖深，又在全湖最深处即今湖心亭一带建立石塔 3 座，禁止在此范围内养殖菱藕以防西湖再次淤塞。

治湖挖出的大量葑草与泥土被堆成一条纵贯湖面的长堤，不仅方便了杭州百姓的湖上交通，也在景观上连接西湖南北，将西湖分作内外两湖。又于其上建了映波、锁澜、望山、压堤、东浦、跨虹 6 座石桥以沟通长堤两边的湖水。苏堤的西湖水利极大改变了唐代以来西湖风景的格局，极大丰富了西湖风景的层次和韵味，也第一次让人有机会从不同的角度、方向欣赏西湖之美。所谓“四面荷花三面柳，一城山色半城湖”的印象自此开始。当年所造的这座连接南山到北山，勾连六桥烟柳的湖堤，就是后世所称之“苏堤”，苏轼在诗中称之“六桥横绝天汉上，北山始与南屏通。”此后千年，“苏堤春晓”一直作为西湖上最重要的景观，列为西湖十景之首。

苏轼在杭州水系治理的另一方面工作是疏通六井及治理河道，疏六井之事前文已提及，不再赘述。

苏轼治理茅山、盐桥二河之记载，见于《宋史·苏轼传》："轼见茅山一河，专受江潮；盐桥一河，专受湖水，遂浚二河以通漕。复造堰闸以为湖水蓄泄之限。江潮不复入市。"

茅山河即东河（今已失），是钱塘江潮入杭城首侵之河。盐桥河（亦称中河），在茅山河西面，与之平行贯穿城市。据《淳祐临安志》记载，东自保安水门，向西过榷货务桥，转北过茅山井蒲桥，一直至梅家桥与盐桥运河相汇合，出天宗水门，长十余里，是当时杭州的四大河道之一。古时钱塘江水位高于茅山河，茅山河又高于盐桥运河，盐桥运河又高于城北运河，城内河道水位由钱江至西北逐步降低，含沙量惊人的钱塘江潮水也通过这逐次降低的河道，层层入侵杭州，使城内几乎每条河流都咸苦难咽，更兼江潮挟带的大量泥沙常常倒灌淤积在河道里，所谓"江潮所过，泥沙浑浊，一石五斗"，"一汛一淤，积日稍久便及四五尺"，每隔三五年就得开浚一次，既有碍航运，又费人力物力，"居民患厌"。况且，往年浚河挖出的淤泥一经大雨，复冲入河中，又使"漕河失利"。

苏轼上任之初便亲自率领"僚吏躬亲验视"，了解到两河淤塞，在于堰闸废坏（即五代钱镠所修之龙江二闸），于是，他调集捍江兵和厢军 1000 人，用半年时间，修浚城中的这两条河。在串联两河的支流上新建一闸，使茅山河与盐桥河分开，潮水先进入茅山河，待潮平水清后，再开闸放水入盐桥河，以保证城内这条主航道不至于淤塞。茅山河定时开浚，起到沉沙池的作用。自此，"江潮不复入市"，免除杭州河道泥沙一路倒灌的灾害。同时疏浚盐桥河，使之深达八尺，不仅重新畅通河道，利于通航，也使沿河水质有所提升。

在苏轼一路坎坷的仕途上，除了伟大的诗文理想，最值得人们称道的是他无论身处何种艰难甚至冤屈，无论被陷害、被贬谪到天涯海角，他都能以"一蓑烟雨任平生"之坦然面对，都能保持一分豪情满怀的大气胸襟，又时时对一方百姓存有一分悲悯之心。即便是自己陷入极为艰难的境地，也不会妨碍他为民办事，一生所为多是关注民生、为民请命之难事、苦差。这恰如他一路被贬，到了暮年，带着丧妻之痛，来到天涯海角的海南儋州。身处处处漏雨的桄榔之下，仍不忘为落后的海南建书院，教化弟子。这分豁达胸襟在中国文人历史上都是难有比肩的。而他为官一方，最显著的政绩就是为各个城市治水，且次次热情高涨，处事有方。他调任徐州知州，到任刚刚 3 个月，就遇到黄河泛滥。"河决于澶渊，东流入巨野，北溢于济南，溢于泗。"洪水直逼徐州城下，他一面稳定民心，一面成功地组织治水抗洪。他调任颍州，也是上任伊始就陷入开挖八丈沟的激烈旋涡。他据理力争，提出开挖八丈沟不仅劳民伤财，而且会加剧颍河之灾，最终成功阻止了这项害民工程。其后，他又马不停蹄地着手疏浚颍州（阜阳）西湖，为颍州百姓留下了最激动人心的治水记忆。

苏轼不仅是一代文豪巨匠，更是一位伟大的实践家，一生所为，足以使他名列中国古代治水专家之列。苏轼对治水，尤其是水患治理与城市的关系颇有心得，曾专门著文论述治河之理。

苏轼在《禹之所以通水之法》一文中提出："治河之要，宜推其理而酌之以人情。河水湍悍，虽亦其性，然非堤防激而作之，其势不至如此。古者，河之侧无居民，弃其地以为水委。今也，堤之而庐民其上，所谓爱尺寸而忘千里也。故曰堤防省而水患衰，其理然也。"

意思是说，治水的关键是在"水理"和"人情"之间，水害猛于虎，其灾变之发生并不单单是因为水的"湍悍"，如果不是因为"堤防激而作之"，其为害也不至于如此。水害频发当与人们只为眼前利益、一味挤占河道、忘记长远的做法有关，即所谓"爱尺寸而忘千里"。

如果人类的活动过度地压缩自然作用的空间，长期与水争地，水便会"激而作之"，报复于人类。而这一切仅仅依赖修堤筑坝是远远不够的，单纯运用工程防洪措施，都只能是一时救济，而不能持久。"治河之要，宜推其理而酌之以人情。"必须从哲学和生态学的角度去认识治水，着眼于长远大局，本着人与自然和谐相处之道，方可真正收效。苏轼的治水理念对今日之海绵城市、滨水治理，以及正确处理城市发展与河道健康等问题均有启迪。

与唐代李勉扩建汴州时将汴河纳入的城市范围促进城市发展相类似，五代吴越王钱氏对杭州水系的治理和城市的建设也一并进行，扩大杭州城，并将运河纳入杭州城内，使得杭州成为像汴京一样的港口城市，这大大地促进了杭州城市的发展建设（图 2-4-5 ~图 2-4-7）。

我们能够看到，往往在一朝兴盛之时，会对城市进行大规模改造、扩建，并对水系进行治理。而这两者也不是单一存在的，城市的建设和水系的建设是相互依存的，因汴河才有汴京，因西湖和大运河才有杭州，因永定河才有北京。

图 2-4-5　西湖俯瞰

图 2-4-6　今日西湖局部景色

图 2-4-7　今日西湖全景

2.5 元大都水系建设

2.5.1 元大都水系建设概述

金、元、明、清四代，北京一直作为重要的城市进行建设，金代称为金中都，仿北宋汴京进行建设，位置在现今北京城莲花池一带，以莲花池为主要水源供给，进行城市建设。到了元代，忽必烈 1260 年夺得皇位后一直致力于疆土南拓，其首都也随之南移，从和林到滦水以北的开平，进而在刘秉忠、张文谦等汉人的建议下，直接定都燕京，名元大都。在原来金中都的东北离宫大宁宫（今北海公园）的基础上进行元大都的建设，北京作为首都开始了新的历史篇章。

元大都的水系建设从建都之初就被高度重视，一直领先于城市建设，也一直围绕都城建设和立国之需进行。如先通漕渠，稳定国都；再通金水，改善环境。北京城大小水系多由永定河水系延伸。事实上，北京城历史上几乎所有水系、水泡，包括众所周知的西苑三海（元代为北海、中海两处水面）都是在永定河一路西迁改道的进程中逐步形成的，故通水首在联络永定河；其次，永定河上游为北京历史上主要的原材料供应地，[79] 大都建设所需亦多由此出。对于京城水系的首席专家和组织者郭守敬而言，通漕所引白浮山泉之水必经沿途永定河支流接济，方可畅达。元初，郭守敬排除万难，再通金口，本意在于连接通州北运河，输水济城河，还在于借统一的水系改造，稳定这条多次泛滥的“无定河”（永定河原名“无定”，直至康熙时代彻底改造，而永不泛滥，故而更名“永定”），充分利用水资源发达的京西水系。故大都的水系建设在充分认识到金代开拓金口河彻底失败的前提下，必须努力成功的一次冒险。其目标依然是〝通山东、河北之粟〞，解决首都粮食安全问题[80]（图 2-5-1）。

金代于大定十一年首开金口河，因其地势过高，水性浑浊，难以胜舟而通航失败，只能退而为农业灌区；第二阶段通漕、灌溉、引水史则从金章宗泰和五年开闸河始，由瓮山一亩泉引水向东南，接入高粱河上源，而为长河，补水白莲潭。又于高粱河下游白莲潭入口引水，直向南而为高粱河，入中都护城河，再由护城河东引补入闸河。金代闸河工程是大都水利灌溉和漕运史上最重要的基础工程。所谓〝闸河东入潞水五十里〞，

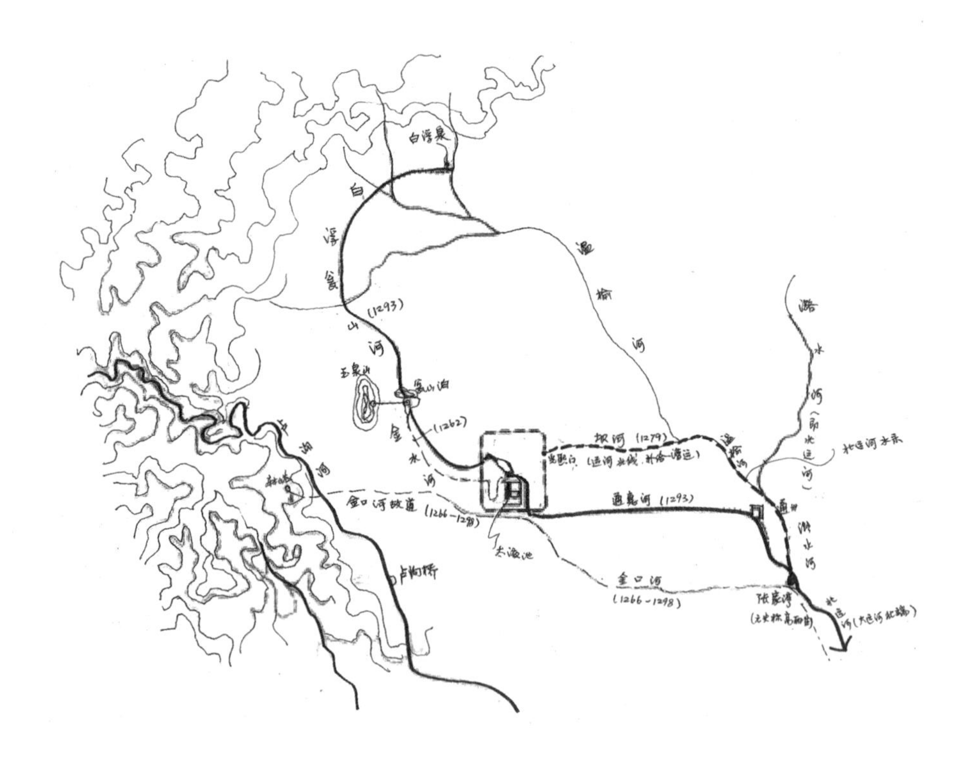

图 2-5-1　郭守敬引水示意图

下接潮白河由海河接通漕运，实际上形成了后来通州段的北运河体系，可见金闸河即为元代通惠河的前身。金代的3次大规模引水工程：大定四年的金漕河、大定十一年金口河、泰和五年金闸河，成败参半，但通过不断探索，最终形成了一系列规模可观的河湖体系。郭守敬大都水系改造的第一阶段——西山引水工程，仅历时一年就能投入使用，其实质是在金代庞大的水利系统基础上，疏浚扩展，并新开玉泉，为金代故河道找到更充沛、可靠的水源（图2-5-2）。

大都水系建设大体分前后两个阶段：一是通漕和生活水系，从世祖中统三年（1262年）到至元八年前（1271年）完成，包括疏浚建设西山长河水系济漕、为城市建设和皇家用水服务的金口河、金水河。二是至元三十年（1293年）开通通惠河，实现南北漕运贯通。

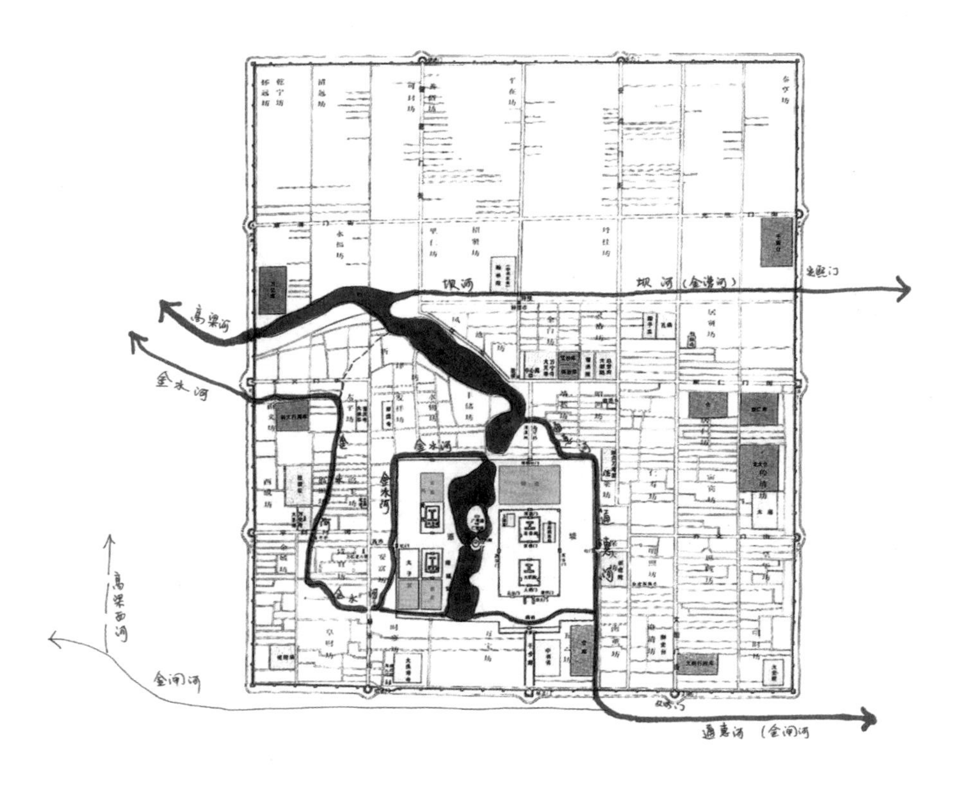

图2-5-2　元大都城市水系图

2.5.2 金口河

金口河在金世宗时，曾作为引浑河（永定河）水的渠道，补充下游运河的水量，开通了东至通州的漕渠，《金史》称之，引卢沟河（浑河）水向东直入大运河。据《金史·河渠志》：金主曾对此河的开通寄予极高的期望，世宗完颜雍于动议之初，曾兴奋地对臣下说："如此，则诸路之物可抵达京师，利孰大焉。"此河若能开拓成功，必定造成天下珍稀辏泊、财货两丰、官民两便的效果，对京师市民和皇家生活将产生深远的影响。但新开金水河终因地势落差巨大、泥沙含量过高，很快淤塞闸坝，并对京城造成严重的洪泛威胁，只能填塞河口，罢除航运。自此以后，卢沟河引水只能灌溉而不可通漕的观念几乎深入人心，元末所称"卢沟河，自（卢沟）桥（向下）至通州合流处，自来未尝有渔舟上下，此乃不可行船之明验"[81]，说的就是这种情形。

至元四年（1267年），在大都水系水量严重不足、大都宫苑建设运力吃紧之时，被迫重开金代金口河故道。与前代不同的是，郭守敬开金口河之初，便预设溢流口，每"夏秋猛涨"之时，于城外泄洪分流，保证了引水安全。直到1298年金口河废弃，在30多年的运营期间，金口河未发生前代那种危及京师的水灾。《元史·郭守敬传》记载了这位水利天才当时的设想：首先，开渠之初就清醒地意识到卢沟水患之烈，想出"当于金口西预开减水口，西南还大河，令其深广"，对"涨水突入之患"及早防治。如此，则尽皆其利：一则燕北农田灌溉之利，二则西山之利，三则京畿漕运之利。尤其是后两者，大都营建之初，大都宫苑建设的木石转运都仰赖于此。而这条河在服务期工作完成之后，为了帝都的长治久安，必须退出大都水系，这一点也是郭守敬所预计到的。《元史·河渠志》用"帝善之"三个字，言简意赅地表达了忽必烈对此建议的赞许。北京城建史上，金元两代三次由永定河引水济漕，唯有此次引水，基本达到了规划之初的目标。金口河于元初安全运营三十二年，不仅表现出元代在水利建设、技术能力等方面已达到较高水平，在工程统筹、水利设施维护管理方面也达到前所未有的高度。作为一条暂时性的"工作河道"，金口河的重新开通，在元大都建设史上功不可没，西山木石之运送，多仰赖此河（图2-5-3）。

郭守敬重开金口河的主要目的也只是为了满足大都建设高潮期的短期运输需求，并兼及农灌，而非长期漕运使用。故通惠河开通不久就主动放弃了金口河。后来孛罗帖木儿亦有重开金口河之倡议，建言一出，不仅引起朝内哗然，甚至市井万民也众口一词地

图 2-5-3 卢沟伐运图（表现了连接永定河水系的金口河在元大都建设时期繁忙的水运景象）。卢沟桥附近是北京郊区最重要的一个水运中转站。尤其是金口河开通，大都日常所需的大量木柴薪炭及其他建设生活物资也多由此水路运进元大都

反对，引元初郭守敬弃金口、远借白浮之议，[82] 指出重开金口断不可行。此动议能够实施，主要因为宰相脱脱力排众议，但金口开闸之初就造成"毁民庐舍坟茔，夫丁死伤甚众，又费用不赀"的后果，建成之后同样"沙泥壅塞，船不可行"。最终连建言者也因行事草率、靡费甚巨，而遭弹劾、诛杀。《元史》称"附载其事于此，用为妄言水利者之戒"，足见卢沟洪祸之烈，教训之惨痛[83]。

2.5.3 金水河

至元八年（1271 年），金水河[84] 的开通是大都城市建设的一系列水景观工程中最重要的一步。由玉泉山别开新渠，直接引水入大都城，并蜿蜒北注入太液池，已而为禁苑专用河道，称之"金水"，[85] 开渠的主要目的包括禁苑用水和城市景观两方面。

金水河则几乎是一条城市景观河，金水河由和义门水关入城，经山义坊，向东入太平坊，折向南入福田坊，由咸宜坊向东入安富坊。在此分为两股，一支由安福坊直入大内西苑，过太液池南，形成大内宫前御河；另一支由安富坊折向北，绕宫墙由太液池北注入，在大都城西半部形成一个巨大的"U"形水环。金水河入城后，主要供给皇家使用，并为皇家园林最主要的景观用水来源，在此意义上，它是一条专用水道。而观其在城中曲折围环，流经十余民坊，由北至南再折而向北，然后方注入宫苑，这种设计显然不是水利或地形需要，更不可能只是为了皇家用水之便，其中更重要的意义还在于提升城市景观[86]。

就现存的《元大都城垣图》（引自《北京历史地图集》）看，金水河在流入和义门水门后，所经城市区段多达十余坊，几乎占了大都西部一半的区域，所谓大都因水而兴，绿水绕城的独特景观，多由此金水河而来。绿水九曲回环于闹市坊里，形成处处街巷临水、家家门前垂柳的景观，对城市水环境的提升作用是不言而喻的，由此形成元大都碧水绕城、高柳瞰水的典型景观，甚至到今天也未曾退去。

金水河与大都北面白浮瓮山河为源头的高粱河水系，同入和义门，一南一北，共同构成了北京城市水系的骨架。两条水系功能各有侧重，一则为大内用水和城市用水，二则主要为漕运补水，但共同营造了元大都绿水绕城、万商皆聚的城市景观和城市商业。至此，元大都城市水系营造的第一阶段基本告竣。其营造特点是：因地制宜，长短期结合，城市优先。第一阶段金水河、高粱河水系的疏浚改造，成功利用玉泉山优质水源和金代高粱河、西河故道，保证了元代建城之初，城市景观和市民、皇家用水之需，为建成绿水绕城的大都人居环境奠定了基础[87]。其次，至元三年，在元大都兴工在即[88]，西山木石亟待运输，不得不重开金口河的条件下，郭守敬未雨绸缪，综合规划创造了用淤积严重的浑水河持续航运30年的奇迹。郭守敬重开金口河是大都建城史上至为重要的一步。开河时间定在大都宫苑全面建设的前一年，这一年的燕京，百废待兴，大量建设材料堆积如山，西山木材、石料急待转运大都。在忽必烈的支持下，郭守敬力排众议，重开金口河，实现了都城建设史上少有的"安全运输30年"而未有一年洪泛入京之奇迹。到至元三十六年金口河废弃时，大都建设已经完成，通惠河也已通航6年，南北两线漕运总量已突破三百万石，成功实现了大都水系建设史上长短期结合的漕运典范。大都是典型的边建设边使用的城市。在近20年的建设期间，南面的旧中都城一直在持续使用，形成所谓"南北二城"格局，加之至元二十二年诏令，对大都新城迁入者的身份严格限制，实际上使大都新城成为宫室、王府和贵族府邸的专属区域，客观上对大都的居住生活环境提出了比以往更为苛刻的要求，故而金水河入城后由北向南，又转而向东，再由南向北，几乎是九曲回环之后才流入皇城为禁水河，本身就说明其城市生活优先、景观环境优先的设计思想。加之日后历代统治者对环城水系的管理倍加关心，在相当程度上保证了大都城市水环境的持续发展。

2.5.4 坝河

大都水系第一阶段在完成城市饮用及景观用水的同时，只是部分解决了漕渠用水问题，其漕运缺水问题始终未能得到较好解决。从至元十六年到至元三十年，是大都水系建设的第二阶段，主要围绕漕运北线的坝河及南部运河通惠河贯通。

坝河漕运早在元代开国之初就已经运行，所利用的河道就是前述的金代北线漕河，郭守敬于中统三年（1262年）便向世祖提出"请开玉泉水以通漕运"之建议[89]，所通之水，即坝河。具体措施即，利用金代"旧漕河东至通州，引玉泉水以行舟"，实质是一项逐级抬水、人力引舟的漕运方案。其选线由通州经温榆河入坝河，过七道坝抬水引舟，最终到达大都光熙门。沿途经王村坝、郑村坝等七道坝抬升，用水量极大，所用之水，全部由玉泉山引入，常常造成南线运河缺水。坝河漕运运量极大，据《元史·河渠志》，至大德年间，坝河"日运粮四千六百余石"，全线用工过万，漕运总量达百万石之巨，俱载于《元史·河渠志》坝河条[90]。

坝河漕运从修堤保水到粮船牵引，全仗人力，倍尽艰辛。但由于运量极大，为大都粮漕之骨干，终元一朝，虽苦却昼夜不废。在通惠河开通前30年，大都粮漕，几乎全部依赖坝河，即使在通惠河开通以后，坝河漕运仍然没有废止，直至元末，仍动用军民万人疏浚，以图维持坝河运输。至元十六年大修坝河，是作为元初大规模漕运开始的一个信号（如果以元大都全部建成、市民全部入住的至元二十二年算，至元十六年应当是大部分居民和军队已经入住对粮食需求猛增的时间）[91]。大德三年，对坝河的疏浚筑堤，以至于“岁增漕六十万斛”，是元晚期继续维持坝河运力在水利方面所作出的努力[92]。

2.5.5 通惠河

开通通惠河的动议，早在至元十三年就已经提出。当年元帝国灭南宋，实现南北统一，丞相伯颜上奏元世祖，“今南北混一，宜穿凿河漕，令四海之水相通，远方朝贡京师者，皆由此至达，诚国家永久之利。”[93]得到元世祖认同。通惠河由昌平白浮村山泉引出，下至通州高丽庄（今北京张家湾）入白河。全长一百六十余里，沿途闸坝六十余座，至元二十九年春开工，至次年秋通航，历时一年有余，役军夫过万，总用工量达到两百八十万，堪称元初水利世纪工程。世祖甚至令丞相以下各级官员都参与其中，以鼓舞军民士气。所谓“役兴之日，命丞相以下皆亲操畚锸为之倡。”[94]通惠河全面通漕，每年运粮多达两百余万石，使元初南北通漕的粮食总量达三百万石以上，超过元代全国粮食征收量的三分之一，基本满足了大元帝国国都军民生活之需。其运力实际已超过下游运河转运能力，大都水系的发展走在了整个大运河水系的最前列。往日陆路运粮，自通州到大都六十里，用工过万，全凭人力牵引的状况得到极大改善，大都漕运缺水自此得以阶段性解决。完工之时，适逢世祖由上都南归，于海子上看到粮船云集之胜景，兴而为之题“通惠”。

至此，形成大都水系漕运供水、城市供水两套较为可靠的城市水系。一是白浮—瓮山河为源头的高粱河水系，注入积水潭，由水闸控制东连坝河，南通通惠河两路漕运；二是以玉泉山为源头的金水河水系，注入皇城太液池。两套水系各有源头，几乎在相同位置流入大都，在城市中发挥的作用也不同。

元初大都水利的兴建过程可谓在不断摸索中前进。从中统三年首开玉泉水济漕，后因水量不足、不敷运力而求诸卢沟河引水，又因泥沙过重而终废，直至引昌平白浮、一亩诸泉水入京，漕运才最终获得相对丰沛的水源。正如《元史·河渠志》所述，“开挑通惠河”，“全藉上源白浮、一亩诸泉之水以通漕”。

从北京水系发展的历史看，自三国时刘靖造戾陵堰，修车箱渠[95]，拦湿水（永定河）入蓟城，到北魏重修戾陵堰，北齐引高粱河入潞水灌溉农田，唐幽州都督裴行方引卢沟河，开稻田千顷。金大定十一年，世宗从麻峪引卢沟河水，东出西山而为金口，直至元初。近千年间，北京城市水系一直以永定河及西郊玉泉引水为主，而前者泥沙淤积，后者水量不足，一直成为掣肘北京城市水系发展的重要因素。元朝因其特殊的政治形势，对于京师漕运用功尤深[96]。历经30年探索，终于解决北京漕运缺水及部分解决城市用水问题[97]。

元初水系治理奠定了北京建城800年来城市滨水区域的景观风貌，并在相当程度上引导了北京的城市生活。大都城是因水兴城的典型，元代建国之初，弃中都而在其东北郊金代大宁宫一带另建新都，很大程度上因为这里水源充足，景致优美，也正因如此，大宁宫区域能够极大发展，而成为金中都郊外首屈一指的皇家避暑胜地，时称“山南避暑宫”[98]，为世宗、章宗数朝的夏宫。金朝在大宁宫三苑首开一池三山，对白莲潭，琼华岛进行大规模开发，初步奠定了琼华岛一带湖光山色、稻香十里的景观基础和生态基础。金代太液池北有琼岛广寒，中对瑶光蕊珠（今团城），其南有长松诸岛（元犀山台），三岛之上，皆宫殿林立，湖石嶙峋，此即清人高士奇所谓“辽金元三朝游宴之地”[99]。当时的白莲潭广植莲荷，绿云遮日，优越的生态环境，为皇家园林打下了良好的环境基础。所谓“花萼夹城通禁御，曲江两岸尽楼台。柳荫罅日迎雕辇，荷花分香入酒杯；遥想薰风临水殿，五弦声里阜民财”描写的正是金代大宁宫西苑楼台临水，金碧参差，高柳掩映，荷花熏香的绮丽景色[100]。金人直接将万宁宫比作长安的曲江池，实在并非夸饰金代大宁宫西苑，只是在此优美的山水环境基础上稍加楼台点缀而成，实虽由人作，宛自天开。世宗和章宗均酷爱大宁宫、白莲潭，视为瑶池仙境。每遇炎夏，必驻跸于此，召对臣工，林下听讼。“秋气平分月正明，蕊珠宫阙对蓬瀛……圣朝不奏霓裳曲，四海歌讴即乐声”，（赵沨《中秋》）金中都的琼岛瑶台不仅堪比唐代曲江，而且比之唐代的霓裳笙歌，中都琼岛大宁更透出一种四海升平、万民所仰的绮丽之色。

金代大宁宫周边的农业景观也一样壮丽。据《金史·张仅言传》，琼岛湖区周边水量丰沛，生长着大片的稻田，“引流泉溉田，岁获万斛”。在兼顾漕运的同时，充分发挥了白莲潭作为水系核心、在农业和景观环境两方面的提升作用。

元代以水系带动整个城市发展，以琼岛西苑和积水潭为中心，形成碧水绕城的城市景观，其影响程度和范围，远非金代离宫可比。大都水系先于城市建设，于城市建设之初就快速建成了以积水潭为中心的城市水景观体系，其后大都的城市建设均以此为中心，向外拓展，南部工程以琼岛太液为中心，东大内、西隆福、北兴圣，形成三宫围绕太液琼岛的众星捧月格局。在金代大宁西苑的基础上又增饰万岁山、建圆坻（金瑶光台）、犀山台（金松岛），形成奇石玲珑，“峰峦隐映，松桧隆郁，秀若天成”[101]之景观。由琼华岛鸟瞰全城，足可以感受到马可·波罗笔下“最宏伟壮丽的城市”，在金碧琉璃的映衬下，一连串开阔的“海子”，将视线从层层叠叠的“壮丽的宫殿”，方方正正的“庭院苑囿”，越过有如“棋盘一样”整齐的街道和河流，一直引向郊外翠黛逶迤的西山。所谓“银屏重叠湛虚明，朗朗峰头对帝京。万壑晶光迎晓日，千林琼屑映朝晴。”[102]自然与人工相映之美在元大都城市景观中达到最完美的和谐。

通惠河全线贯通以后，各地漕运的船只直抵积水潭码头，形成水上“千帆竞泊”，“舳舻蔽水”，岸上商贾云集，四方奇珍汇聚，百业兴旺的商业区，其情形宛然一幅元代版的《清明上河图》。这种楼台映画、市肆凑泊之城市景观，有元一代，一直保持长盛不衰，与高粱河水系、金水河水系提供的洁净丰足之水源密不可分。及至明初新都建设，拓展皇城，将通惠河上段包入皇城之中，漕运之船再无直入积水潭的可能，而改泊于东便门外，坝河上游并入护城河北段，金河淤塞而变为城市暗渠。积水潭周边的市肆中心也随之南移，城市环境及水景观较元大都大为逊色。此外，在通惠河南出之文明门（今崇文门），北入之和义门（今西直门）周边也因市易繁兴，而发展成为独具特色之所在。元人李洧孙《大都赋》描写了这种四方商贾云集的场景，“凿会通之河，而川陕豪商、吴楚大贾，飞帆一苇，径抵辇下。”“往适其市，则征宽于关，旅悦于途。”[103]。全国各地，甚至包括马可·波罗笔下那些西亚、中东的商旅齐聚都下，往还任意，宽于赋税，悦于旅途。大都成为继11世纪的汴京之后，又一个汇集四方奇珍、万商云集之城。八百多年前，金世宗（完颜雍）开金口河之初的那分殷殷期待，“若果能行，南路诸货皆至京师，而价贱矣”，终于在元初出色的水利漕运和水城建设中得以实现[104]。

2.6 明清北京西山水系建设

2.6.1 明清京西水利建设历程

北京西郊玉泉山一带泉眼密布，有玉泉、裂帛、龙泉等，自金代起便是京郊著名的风景名胜区。元郭守敬引昌平白浮山泉入北京，至元二十九年昌平白浮引水工程全线贯通，形成通惠河成为大都城市水系最主要的水源。但西山引水工程及至元末一直疏于管理和修缮，白浮泉断流，仅剩下玉泉山之水灌注，西湖“仅存一漫陂而已”[105]。尤其是明初立国于南京，北京漕运废止数十年，以致永乐迁都后，西山水系几乎无水可用，加之明代中期，随着一系列园林建设[106]，这里成为皇家、官宦乃至北京市民郊游采春最为集中之地，时称“环湖十里，为一郡之胜观”[107]。每至春日景明，都人游湖熙熙攘攘，夏天荷花盛开，则西湖游人更多：“每至盛夏之月，芙蓉十里如锦，香风芬馥，士女骈阗，临流泛觞，最为胜处矣。”[108] 明代蒋一葵《长安客话》卷三《西湖》对明代西湖风景名胜有所记载：“西湖去玉泉山不里许，即玉泉龙泉所潴。盖此地最洼，受诸泉之委，汇为巨浸，土名大泊湖。环湖十余里，荷蒲菱芡，与夫沙禽水鸟，出没隐见于天光云影中，可称绝胜……万历十六年，今上谒陵回銮，幸西山，经西湖，登龙舟，后妃嫔御皆从。”明代后期，随着大量水田开发，西湖亏水严重，在出现大片水田风光、犹如北国江南的同时，西湖水面严重缩减，其水色天光的景观意向有所减弱。明代后期文人笔下的西湖意向，多着墨于世事变迁、景观兴废的感叹，如明人何景明《功德寺》诗：“宝地烟霞上，珠林宵汉间。宣皇留殿宇，今日共追攀。御榻临丹壑，行宫锁碧山。帝城看不远，时见五云还。"[109] 对明初皇家西湖巡游之盛况多有感慨与兴叹。

清代北京西郊园林发展迅速，圆明园（长春园）于乾隆初年扩建，随着大量的私家园林于万泉河截流，加之圆明园扩建后，亟须寻找新的水源，若不能从水利开源方面取得突破，将严重影响北京城市供水，更会使京东漕运受阻。故而，乾隆在《万寿山昆明湖记》中开篇即指出："夫河渠，国家之大事也。浮漕利涉灌田，使涨有受而旱无虞，其在导泄有方，而潴蓄不匮乎！是不宜听其淤泛滥而不治。"[110] 对水利给予重视，并于乾隆十四年冬，开始大规模的西郊水系整治工程。这是自元代开国郭守敬大规模引水工程八百年以来，国都经历的规模最大、速度最快的一次国家水利和滨水景观改造和农田增辟工程。从乾隆十四年至二十年，通过对北京西郊的一系列河湖体系的连通扩展，修建多级蓄水湖以及南北泄水河等工程，使北京西郊形成以农业水田风光为基质，以皇家园林、"三山五园"为核心的大范围自然风景区域。这种水田风光与园林景观互映的大地镶嵌结构，至乾隆时代完全形成，并从此成为京西园林最为突出的景观与文脉背景（图 2-6-1）。

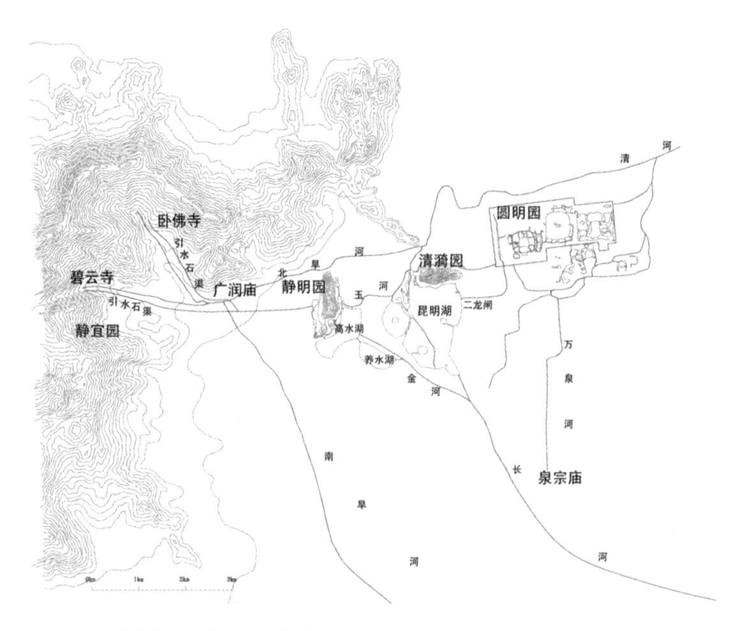

图 2-6-1 清代中期水系治理示意图

乾隆十四年的《麦庄桥记》正是西郊水系治理之前地理勘察后的总结，其中详细地记述了西山的水资源情况，以及乾隆亲自统筹规划玉泉诸水、拓展昆明湖等工程的情况。当时许多官员担心大规模扩展西湖（即元瓮山泊）会导致供水量过大，玉泉诸水难以满足，同时也担心在水系连通后，汛期湖水猛涨以致形成泛滥，故而对扩湖工程瞻前顾后，进展缓慢[111]。乾隆在深入了解情况后，力排众议，大刀阔斧地开挖昆明湖，导流玉泉山的泉水汇而成水库，"为牐、为坝、为涵洞"[112]，终使得河水盈、水田辟[113]。其间通过乾隆十四年冬的昆明湖扩湖，及其后数年间的分区蓄水、西堤景观建设，引西山水入园，扩大农田灌溉范围，修整长河水系输水入城等综合水利建设，将明代西湖和长河诸水发展成为集多种功能为一体、具有强大调节能力的人工河湖体系，并由此带来昆明湖两岸、长河沿线大面积水田增辟和江南水乡风景的日益成熟。在此"湖以水成"、"湖山之胜"前提下，点缀亭台，创设园林，最终成就乾隆盛世造园历史上最后一座大型山水园——清漪园。

清初西湖基本保持了明代西湖的天然湖泊状态，由于上源白浮段明代初期就因开皇陵而废弃，北京城市用水济漕以及周边至明代后期大量开发的农田灌溉，使西湖一源之水严重不敷使用。康熙畅春园建成，开"避喧听政"之先河，大量皇家园林和私家官宦园林陆续在海淀附近建成，园林用水除少量依赖万泉河两条支流向北供水外，主要从西湖东引至各个园林。乾隆九年，随着圆明园的大规模扩建完成，长春园的建设开始，皇家园林用水与周边农业灌溉的矛盾进一步突出，为保证圆明园等皇家园林用水需求，必须进一步开发西山水系。另外，明代中后期以来，西湖及长河水系长年失修，淤塞严重，导致西湖堤经常决口，威胁到周边农田以及畅春园、圆明园的安全。在此背景下，乾隆十四年冬月开始了大规模的西山水利及河湖体系整治。扩湖初成于乾隆十五年，同年万寿山湖上各项园工亦于第二年展开；乾隆十六年至十九年，长河疏浚完成，由西直门直达玉泉山小东门，形成十余千米的水上游线；乾隆二十一至二十四年，玉泉山三湖蓄水工程，以及昆明湖内部改造分区蓄水工程，西堤建设工程，直至乾隆二十九年各工程完竣（乾隆二十六年《万寿山清漪园记》标志昆明湖水利、园林建设基本完成）（图 2-6-2 ~图 2-6-6）。

图 2-6-2 清代中期《都畿水利图》反映的京西水系治理完成后，玉泉－昆明－长河诸水系相互贯通，直达西直门的沿途风光（资料来源：中国国家博物馆．中国国家博物馆馆藏文物研究丛书．绘画卷．风俗画 [M]．上海：上海古籍出版，2007.8）

图 2-6-3 玉泉山养水湖、高水湖现状

图 2-6-4 昆明湖泄水湖遗迹

图 2-6-5 《京都水利图》高水湖、养水湖和昆明湖段

图 2-6-6 《畿都水利图》长河段

2.6.2 乾隆命名昆明湖——“师古有前闻，锡命昆明湖”

通过 10 年整治，北京西郊水系初步形成了由玉泉山、玉河、昆明湖、长河、玉河闸、青龙闸、二龙闸、绣漪闸、广源闸、高梁闸组成的调节能力极强的西山供水体系，而出西直门，自高梁河、长河入万寿山昆明湖的皇家水上游线也大体在这一阶段形成（乾隆十六至十九年）。

西堤建设是清代京西水利建设的又一个重点。作为万寿山清漪园建设的枢纽，西堤的景观西连玉泉、静明，将京西三山五园连为一个统一的风景区域，乾隆称之〝吾意非东，重在西〞，所重者恰恰是作为一个依附水利工程，点缀亭台宫苑而形成的完整的视觉整体和连续的风景区域——一个类似杭州西湖的自然风景区。事实上，早在元代，瓮山西湖就模仿杭州西湖，至明代直称〝西湖景〞，但明代以来之瓮山西湖与今日昆明湖，形态差异极大，山形与水系之间关联度差。湖西北岸线突于瓮山以西，远较今日靠北，而前山水面与万寿山麓之间有大片陆地沼泽，其水岸北线止于龙王庙，十七孔桥至玉带桥一线，其北直抵山麓均为水田，整体水面呈一集中的弯月形。西岸随水势大小或东进或西退，湖西岸的水量和岸线皆不稳定，历代文献记载的西湖大小悬殊，小则如数顷池塘，大则称十里碧浸。故乾隆时代水利建设最主要的目标是扩大蓄水面积，增加供水源流。

乾隆时代的山水改造亦以模仿西湖景观为目标[114]。乾隆扩湖过程中，首在完善山形水系，及〝湖山之胜〞下的〝亭台点缀〞，但昆明湖毕竟〝湖成以便治水〞，山水形态的完善在相当程度上受制于水利改造中的来水量、堤岸形态等因素。故不太可能像小型山水园那样，完全依据设计规划一次成型。事实上，前湖东扩一次成型，是利用了康熙东堤，一下子将湖区面积扩大到原来的两倍（其间为坝、为涵、为闸，皆是昆明东堤）如乾隆《昆明湖记》所述“新湖之廊与深两倍于旧”，实际利用了明代黑龙潭等处的水泡，沟通形成连续的水面，以受玉泉之水。同年又于东堤上“为坝，为涵，为闸”，以待涨续，以“济沟塍”。乾隆十四年《昆明湖记》可视为当年水利开拓之初之情况，当时昆明西堤六桥诸闸未建，东扩后，昆明湖成为一个200余公顷东西贯通的巨大水面，加之东堤开闸放水灌田，“济沟塍”，很快就出现了当时“司事者”所担心的水量不足问题，以致开湖第二年便出现了昆明湖水位下降、西部湖区水面东移等问题。

对建设者总设计师乾隆而言，最重要的是保住昆明湖主湖的水量及风光，以应对来年太后六十岁庆典。所以，除了继续开源之外，尽快建成湖面分区蓄水机制是保证昆明湖水位正常的必要措施。这一工程最终完成至少在乾隆二十四年[115]。其间清漪园湖上分区蓄水工程（西堤建设，六桥涵闸）当为第一阶段，西堤建设是整个西山水利的枢纽工程，直接关系到全局六湖间的水量平衡。其水利建设时间最长，期间或经多次改作和调整。涉及水量分配，进水口设置，及相应的街景形成，多种因素，最终形成之西堤景观亦可为水利与园林景观结合之典范。以入水口为例，主湖入水玉带桥（前置耕织图，蚕种，形成浅沼泽蓄），后山入水口柳桥及西南湖入水口镜桥，柳桥之水，水东注后山，形成大小5个湖面，其间多置景点，沿途之绘芳堂、嘉荫轩、构虚轩、买卖街等沿后湖建筑皆于20年后建成，显然是为了配合西堤及玉泉引水之建设[116]。

2.6.3 昆明湖水利建设与皇家园林景观的一体性

昆明湖上一道西堤将水面一线分为东西三湖（大湖、西湖、后湖），前湖小岛长桥（南湖岛十七孔桥）又将主湖分出南北主次。于山上俯瞰，则可见一纵一横两道堤岛将浩瀚昆明湖与周边万亩水田平畴，与山寺村舍分开。西则寿山壮丽、玉泉锦绣与湖光绿野相映，图几无边界，直视无碍，多方胜境，俱在眼前；东则村舍浮屠。左畅春、圆明，右玉泉、香山，尽在昆明一湖一堤为枢纽。

乾隆十四年扩湖改造，将湖区范围由明代西湖扩展至瓮山东南，并沿用了康熙时代为保护地势较低的畅春园而设的堤，因堤在畅春园之西，故名“西堤”。乾隆二十九年《御制西堤诗》描述了新建西堤和东堤之间的关系，所谓“西堤此日是东堤”，乾隆在诗下注：

"西堤在畅春园西墙外，向以卫园而设，今昆明湖乃在堤外，其西更置堤，则此为东矣。"[117] 表明乾隆时代昆明湖东堤即利用康熙畅春园西堤改建而成，而在其西面又新筑大堤，故曰"西堤此日是东堤"，而原康熙畅春园西堤以西六郎庄的大面积土地再次被开垦为水田，这就是所谓"堤与墙间惜弃地，引流种稻看连畦"。[118]

此诗成于乾隆二十九年，大体是清漪园完竣之时，此时包括万寿山诸景、昆明湖六桥景观，及沿岸的堤设闸水利工程均已完成，实际上是 15 年来对西山、西湖水利改造一系列工程最终形成的湖景和园景意向的总结。考其原文："昆明湖东西为长堤，西堤之外为西湖，其西南为养水湖……东堤设闸及涵洞，随时启闭……西堤有六桥（桥下亦设闸）。"[119] 西郊水利改建后，东西两堤之间形成的巨大水面实际上被分为昆明湖、西湖、南北湖等三块水面，分区管理。昆明湖以西堤到玉泉山之间的大面积浅水区，也被分为养水湖、高水、泄水湖等数个巨大水面，最终形成从昆明湖东堤到玉泉山下，自西向东，梯次下落的 6 个大小湖泊，水深亦由西向东，渐次深广。在巨大的水面之间，有两山相映，万亩平畴穿插，村寺烟柳掩映其间，共同构成了一幅壮阔绮丽的山水田园画卷。

所谓"畅春以奉东朝，[120] 圆明恒以莅政"，万寿，玉泉二山，一水可通，乃万几清暇，"散志澄怀之所"，乾隆于此，将两山四园之间功能上的一体化，视觉上的互补性和连续性，山地园、平地园、山水园、集锦园的统一性表达得至为透彻，并将清漪营园与当年萧何营建未央宫的史例相比较，充分表现了乾隆对这个最晚建成的皇家园林的期待和意愿，将清漪园万寿山的建设比作宫殿建设史上未央宫的建造是恰如其分的。"奉东朝""恒莅政"表达了乾隆的勤政之心，孝亲之情，山水之乐，农桑之念，俱在其中。这样的园林足可堪称无双风月，也足以令后世无以迄及。

乾隆三十年《畅观堂诗》对西堤及昆明湖西的景观描述较全面地反映了清漪园、静明园与周边山水、农田景观相互映衬的关系。"左俯昆明右玉泉，背屏治镜面溪田，四周应接真无暇，一晌登临属有缘，骋目不遮斯畅矣，栖心为静总宜焉，设于风地观意向，未曰怡然先悚然。"综合反映了乾隆的造景观、借景观、"风水"观，大大丰富了元明以来瓮山西湖左田右湖的简单格局。正如他在玉泉山《界湖楼诗》中所述"面面辟溪田"，既是指玉泉静明之"溪田课耕"景观（静明十六景之一，用以与清漪园的治镜阁对仗），又是指满眼水田的园外风光，万顷绿漪，由此放眼极目，寿山昆明，近水远山，玉泉西山与平畴万里交相辉映，俱奔来眼底，得景四十，无分内外（园内园外），恰如计成《园冶》所述："平畴绿野，村舍浮屠，无论町畽，尽为烟景。"

经过 15 年的不懈努力，北京西郊水利工程最终完成，不仅成就了后来数个世纪著名的京西水稻，还造就了京西独特的田园风光（图 2-6-7）。

明清以来，以农业水田风光为基质，在景观上将"三山五园"为核心的大范围皇家园林群联系为一个统一的整体，这种水田风光与园林景观互映的大地镶嵌结构，至乾隆时代完全形成，并从此成为京西园林最为突出的景观与文脉背景。凸显出乾隆盛世造园中，关切农桑、重视水利的理性精神，乾隆眼中的山水之乐，民生之念，无双风月，画里江南被完美熔于一炉，铸成真正具有盛世风貌、深刻内涵的皇家园林。

古时伟大的城市建设者们在建设城市时总会将水系的治理一并考虑，城市与水脉永远是血肉相连的，在治理水系的同时，园林的建设也必不可少。当代城市建设中水系的治理，因水而建的园林，像唐山青龙河、南湖与唐山世园会、郑州园博会，这些水系的治理、城市的建设以及园林的兴起与古人治水、建城的智慧一脉相承。

图 2-6-7　民国时期玉泉山下的水田

注释

[1] 隋高祖开皇二年(582年),在总设计师、鲜卑人宇文恺的主持下完成。城市因隋文帝曾经被封为大兴公得名。建城之初城市人口仅25万,直到盛唐开元时期,长安才发展成当时世界上最大最繁华的国际大都市,极盛时城内人口近百万。所要说明的是,即便是人口最多的盛唐时期,长安人口也未达到原规划设定之规模。长安南部的坊里一度无人居住,陷于荒废。

[2]“八水”指长安城周围主要有八条河流,它们分别是南面的滈河、潏河,北面的泾河、渭河,西面的沣河、涝河和东面的浐河、灞河。八水可以被理解为关中平原天然河流系统的总称,正是在这八条天然河流基础上通过人工改造,形成了穿越唐长安,联络终南山和南部渭河的城内四渠及与渭河平行的汉代漕渠,统称“八水五渠”。

[3]〔清〕徐松《唐两京城坊考》卷四。

[4]〔宋〕宋敏求《长安志》卷十。

[5]〔日本〕圆仁《入唐求法巡礼行记》卷四:“夜三更,东市失火,烧东市曹门以西十二行,四千余家,官私钱物、金银绢药总烧尽。”。

[6] 杭德州,旌忠如,田醒农 . 唐长安城地基初步探测资料 [J]. 人文杂志 ,1958(1):85-95.

[7]〔宋〕宋敏求《长安志》卷十。

[8]〔清〕徐松《唐两京城坊考》卷四。

[9] 唐长安城官员贵族住宅逐渐向街东集中,并没有相应水利等基础设施建设背景。隋唐长安城东区居民生活用水,主要靠井水,唐代大规模开凿漕河水系,一方面解决城市木材蓄积和冬季柴薪供应,另一方面也使大量东移的贵族宅邸的生活与花园供水拥有了更丰足稳定的来源。

[10]〔清〕徐松《唐两京城坊考》卷四。

[11] 马正林 . 中国城市历史地理 [M]. 山东:山东教育出版社,1998.

[12] 张超男 . 隋唐长安城的河渠体系 [J]. 宜宾学院学报,2009,9(11):17-20.

[13] 鲍陂,隋代称杜陂,即唐代以后之杜陵。

[14]〔宋〕张礼《游城南记》。

[15]〔清〕董诰等编《全唐文》卷一百二十五《周世宗一 · 许京城街道取便种树掘井诏》。

[16] 东京在中国古代城市史上保持了人口与经济的巅峰地位,其人口总数与商业规模不仅远远超过汉唐长安,也大大超过后来的元大都及明清北京。

[17]〔宋〕司马光《资治通鉴》卷二百九十三、卷二百九十四。

[18]〔宋〕孟元老《东京梦华录》卷二《宣德楼前省府宫宇》:“至州桥投西大街,乃果子行。街北都亭驿,相对梁家珠子铺,余皆卖时行纸画、花果铺席。”卷三《天晓诸人入市》:“如果木亦集于朱雀门外及州桥之西,谓之果子行。”在(汴河)州桥一带地方,各业商铺云集,形成百业兴旺的滨水商业空间。这是以往历朝所未见之繁兴景象。

[19]〔汉〕司马迁《史记》卷六十九《苏秦列传》。

[20]〔唐〕李吉甫《元和郡县图志》卷五《河南道》:“隋炀帝大业元年更令开导,名通济渠……亦谓之御河”。

[21]〔唐〕李吉甫《元和郡县图志》卷五《河南道》。

[22]〔唐〕白居易《隋堤柳》。
[23]〔清〕董诰等编《全唐文》卷六百〇六《汴州刺史厅壁记》。
[24] 古诗文网（http://so.gushiwen.org/view_15965.aspx）。
[25]〔后晋〕刘昫等《旧唐书》卷十二《德宗本纪》：“汴州以城隘不容众，请广之。”
[26] 李路珂．古都开封与杭州[M]．北京：清华大学出版社，2012．
[27]〔元〕脱脱等《宋史》卷九十三《河渠志》。
[28]〔宋〕孟元老《东京梦华录》。
[29]〔宋〕王安石《州桥》。
[30]〔宋〕王应麟《玉海》卷一百四十七：“太平兴国元年，诏以卒三万五千凿池，以引金水河注之，有水心五殿，南有飞梁，引数百步，属琼林苑。”太平兴国三年二月，宋太宗赐名“金明池”。宋廷随后又在池西北岸开渠，引汴河水入池，为金明池注入了新的水源。宋神宗元丰二年（1079年），又引伊、洛河清水入汴河，注入金明池，从而避免了池内泥沙淤积之害，使之成为北宋最受欢迎的公共游览胜地。
[31] 孟元老，号幽兰居士，开封人，宋代文学家，曾任开封府仪曹。北宋末叶在东京居住二十余年。金灭北宋，孟元老南渡，常忆东京之繁华，于南宋绍兴十七年（1147年）撰成《东京梦华录》，自作序。该书成为今人研究北宋城市生活和民俗的重要文献。
[32]〔宋〕孟元老《东京梦华录》卷七《池苑内纵人关扑游戏》。
[33]〔宋〕杨侃《皇畿赋》。
[34] 周维权．中国古典园林史[M]．北京：清华大学出版社，1990．
[35]〔宋〕王应麟《玉海》卷一百七十一《宜春苑》。
[36]〔元〕脱脱等《宋史》卷一百五十三《舆服志》：“中兴，郊祀、明堂礼毕回銮，臣僚及扈从并簪花，恭谢日亦如之。”“太上两宫上寿毕，及圣节、及赐宴、及赐新进士闻喜宴，亦如之。”
[37]〔元〕脱脱等《宋史》卷九十四《河渠志》。
[38]〔宋〕孟元老《东京梦华录》卷七：“半以种麦，岁时节物，进贡入内。”
[39] 周维权．中国古典园林史[M]．北京：清华大学出版社，1990：289．
[40]〔宋〕曾巩《上巳日瑞圣园锡燕呈诸同舍》：“北上郊原一据鞭，华林清集缀儒冠。方塘春先渌，密竹娟娟午更寒。流渚酒浮金凿落，照庭花并玉阑干。君恩倍觉丘山重，长日从容笑语欢。”
[41]〔元〕脱脱等《宋史》卷九十四《河渠志》。
[42]〔宋〕苏轼《轼在颍州与赵德麟同治西湖未成改扬州三月十》：“太山秋毫两无穷，钜细本出相形中。大千起灭一尘里，未觉杭颍谁雌雄。我在钱塘拓湖渌，大堤士女急昌丰。六桥横绝天汉上，北山始与南屏通。忽惊二十五万丈，老葑席卷苍云空。揭来颍尾弄秋色，一水萦带昭灵宫。坐思吴越不可到，借君月斧修朣胧。二十四桥亦何有，换此十顷玻璃风……”
[43] 杨素，字处道，陕西华阴人。隋朝权臣，杰出的统帅，也是古代著名的哲匠。据史书记载，杨素贪图财货，营求产业，在东京、西京多建宅院，建筑侈丽，营缮无已，全国城市及山水名胜都有他置的田地和庄园别墅。隋文帝兴建仁寿宫，以杨素为总指挥，杨素举荐宇文恺为总设计，封德彝为总监理。《资治通鉴·隋纪二》：“于是夷山堙谷以立宫殿，崇台累榭，宛转

相属。役使严急，丁夫多死，疲顿颠仆，推填坑坎，覆以土石，因而筑为平地。死者以万数。”。

[44] 《西湖历史演变》（杭州网 http://www.hangzhou.com.cn/20050801/ca1173100.htm）：“对于一个天然湖泊，因为注入这个湖泊的河流的泥沙冲积，在地质循环和生物循环的过程，必然要发展泥沙淤淀、葑草蔓生而使湖底不断变浅的现象，而最终由湖泊而沼泽，由沼泽而平陆，这就是湖泊的沼泽化的过程。但西湖从其成湖之日起直到今日，仍然一湖碧水，这当然是由于它的沼泽化过程受到了人为遏制的结果。也就是竺可桢在他的《杭州西湖生成的原因》一文中所说的‘人定胜天’。”西湖演化很大程度上是因为代代不辍的治理。

[45]〔清〕梁诗正等《钦定四库全书 · 史部 · 西湖志纂》卷二《西湖水利》，引《汉书 · 地理志》。

[46]〔唐〕《白居易集》卷六十八《钱塘湖石记》：“其郭内六井，李泌相公典郡日所作，甚利于人，与湖相通，中有阴窦，往往堙塞，亦宜数察而通理之，则虽大旱而井水常足。”

[47]〔清〕梁诗正等《钦定四库全书 · 史部 · 西湖志纂》卷二《西湖水利》：“唐代宗时，李泌刺杭州，悯钱塘濒海，市民苦江水卤恶，难以安土，始凿六井，开阴窦，引湖水以资民，汲民甚利之。”〔宋〕潜说友《咸淳临安志》卷三十三：“西国井在甘泉坊侧；西井一名化成井，在安国罗汉寺前，水口在李相国祠前；方井俗呼四眼井，在三省激赏酒库西；白龟池（此水不堪汲饮，止可防虞）水口在玉莲堂北；小方井俗呼六眼井，在钱塘门内裴府前，水口在菩提寺前；金牛井今废。”

[48]〔清〕梁诗正等《钦定四库全书 · 史部 · 西湖志纂》卷二《西湖水利》：“长庆初，刺史白居易重修六井，甃函笕锺，泄湖水溉濒河之田。”

[49]〔宋〕宋祁等《新唐书 · 白居易传》：“居易虽进忠，不见听，乃丐外迁，为杭州刺史。始筑堤捍钱塘湖，钟泄其水，溉田千顷。复浚李泌六井，民赖其汲。”

[50]〔唐〕白居易《白居易集》卷六十八《钱唐湖石记》：“又若霖雨三日已上，即往往堤决，须所由巡守预为之防。其笕之南，旧有缺岸，若水暴涨，即于缺岸泄之；又不减，兼于石函、南笕泄之，防堤溃也。”

[51]〔唐〕白居易《白居易集》卷六十八《钱唐湖石记》：“往往旱甚，即湖水不充。今年修筑湖堤，高加数尺，水亦随加，即不啻足矣。脱或水不足，即更决临平湖，添注官河，又有余矣。”

[52]〔唐〕白居易《白居易集》卷六十八《钱塘湖石记》。

[53]〔唐〕白居易《白居易集》卷六十八《钱塘湖石记》：“余在郡三年，仍岁逢旱，湖之利害，尽究其由。恐来者要知，故书之于石。欲读者易晓，故不文其言。”

[54] 此事同载于〔元〕脱脱等《宋史》卷五十《河渠志七》：“临安西湖周回三十里，源出於武林泉。钱氏有国，始置撩湖兵士千人，专一开。至宋以来，稍废不治，水涸草生，渐成葑田。”

[55]〔宋〕吴自牧《梦粱录》卷十一《池塘》：“涌金池在丰豫门里，引西湖水为池，吴越王元大书‘涌金池’三字，刻石记之。”〔清〕梁诗正等《钦定四库全书 · 史部 · 西湖志纂》卷二《西湖水利》：“钱氏归命后，废撩湖兵士，湖复不治。”

[56]〔清〕梁诗正等《钦定四库全书 · 史部 · 西湖志纂》卷二《西湖水利》：“宋景德初，王济以工部郎中知杭州，命工开浚。《宋史 · 王济传》：‘郡城西有钱塘湖溉田千余顷，岁久湮塞，济命浚治，增置斗门，以备溃溢之患，仍以白居易旧记刻石于侧。’”

[57]〔元〕脱脱等《宋史 · 苏轼传》：“取葑田积湖中，南北径三十里，为长堤以通行者。”

[58]〔清〕梁诗正等《钦定四库全书 · 史部 · 西湖志纂》卷二《西湖水利》：“（宋真宗）天禧时，王钦若奏请西湖为放生池，禁民采捕。庆历时，湖葑日塞，郑戬知杭州，复浚之。《宋史 · 郑戬传》：‘庆历元年，戬知杭州时，钱塘湖葑土湮塞，为豪族僧坊所占冒，湖水益狭，戬发属县丁夫数万辟之，事闻诏本郡，岁治如戬法。’”

[59]〔清〕梁诗正等《钦定四库全书 · 史部 · 西湖志纂》卷二《西湖水利》：“嘉祐中，知州事沈遘作南井，以补金牛之缺，人称沈公井。《咸淳临安志 · 沈文通》：‘尝作南井，引西湖水入城以便民汲，人呼为沈公井。按南井在三桥西、金文河酒库北，水口在丰豫门外龙王堂前。’”

[60]〔清〕梁诗正等《钦定四库全书 · 史部 · 西湖志纂》卷二《西湖水利》：“熙宁中，六井及沈公井俱废。知州陈襄命工讨其源流，渫而甃之，岁旱不能为害。《咸淳临安志》：‘杭虽号水乡，而其地斥卤，可食之水尝不继。唐相国李长源旧为六井，引西湖以饮民，井久废不修，水遂不应民用，襄命工讨其源流，渫而甃之，井遂可食，虽遇旱岁，民用沛然。’”

[61]〔清〕梁诗正等《钦定四库全书 · 史部 · 西湖志纂》卷二《西湖水利》：“元佑四年，龙图阁学士苏轼知杭州，奏请救荒，馀钱万缗、粮万石及百僧度牒，募民开湖，葑草尽除，湖乃大治。”

[62]〔元〕脱脱等《宋史》卷九十七《河渠七 · 东南诸水下》：“元祐中，知杭州苏轼奏谓：‘杭之为州，本江海故地，水泉咸苦，居民零落。自唐李泌始引湖水作六井，然后民足于水，井邑日富，百万生聚，待此而食。今湖狭水浅，六井尽坏，若二十年后，尽为葑田，则举城之人，复饮咸水，其势必耗散。又放水溉田，濒湖千顷，可无凶岁。今虽不及千顷，而下湖数十里间，茭菱谷米，所获不赀。又西湖深阔，则运河可以取足于湖水，若湖水不足，则必取足于江潮。潮之所过，泥沙浑浊，一石五斗，不出三载，辄调兵夫十余万开浚。又天下酒官之盛，如杭岁课二十余万缗，而水泉之用，仰给于湖。若湖渐浅狭，少不应沟，则当劳人远取山泉，岁不下二十万工。’因请降度牒减价出卖，募民开治。禁自今不得请射、侵占、种植及脔葑为界。以新旧菱荡课利钱送钱塘县收掌，谓之开湖司公使库，以备逐年雇人开葑撩浅。县尉以‘管勾开湖司公事’系衔。轼既开湖，因积葑草为堤，相去数里，横跨南、北两山，夹道植柳，林希榜曰‘苏公堤’，行人便之，因为轼立祠堤上。”

[63]〔宋〕苏轼《饮湖上初晴后雨》。

[64]〔宋〕苏轼《乞开杭州西湖状》：“陂湖河渠之类，久废复开，事关兴运。……熙宁中，臣通判本州，则湖之葑合，盖十二三耳。至今才十六七年之间，遂堙塞其半。父老皆言十年以来，水浅葑合，如云翳空，倏忽便满，更二十年，无西湖矣。”

[65]〔宋〕苏轼《乞开杭州西湖状》：“杭州之有西湖，如人之有眉目，盖不可废也。唐长庆中，白居易为刺史。方是时，湖溉田千余顷。及钱氏有国，置撩湖兵士千人，日夜开浚。自国初以来，稍废不治，水涸草生，渐成葑田。……使杭州而无西湖，如人去其眉目，岂复为人乎？”

[66]〔宋〕苏轼《乞开杭州西湖状》：“臣愚无知，窃谓西湖有不可废者五。……若一旦堙塞，使蛟龙鱼鳖同为涸辙之鲋，臣子坐观，亦何心哉！此西湖之不可废者，一也。杭之为州，本江海故地，水泉咸苦，……若二十年之后，尽为葑田，则举城之人，复饮咸苦，其势必自耗散。此西湖之不可废者，二也。……今岁不及千顷，而下湖数十里间，茭菱谷米，所获不赀。此西湖之不可废者，三也。西湖深阔，则运河可以取足于湖水。若湖水不足，则必取足于江潮。……

辄调兵夫十余万工开浚，而河行市井中盖十余里，吏卒搔扰，泥水狼籍，为居民莫大之患。此西湖之不可废者，四也。天下酒税之盛，未有如杭者也，……而水泉之用，仰给于湖，若湖渐浅狭，水不应沟，则当劳人远取山泉，岁不下二十万工。此西湖之不可废者，五也。”

[67]〔宋〕苏轼《乞开杭州西湖状》：“天禧中，故相王钦若始奏以西湖为放生池，禁捕鱼鸟，为人主祈福。自是以来，每岁四月八日，郡人数万会于湖上，所活放羽毛鳞介以百万数，皆西北向稽首，仰祝千万岁寿。若一旦堙塞，使蛟龙鱼鳖同为涸辙之鲋，臣子坐观，亦何心哉！此西湖之不可废者，一也。”

[68] 其实最初杭州地方同僚反对白居易放水救济百姓，也阐述了这条理由，说官家池塘的鱼鳖会因西湖水减而受损。白居易明知其为推诿、借口，但只是本着科学精神，大谈地下水之补给功能，勒令官员放水，其效果可想而知。这一点上，苏轼市长的智慧远胜于他的前辈白居易。

[69]〔宋〕苏轼《乞开杭州西湖状》：“杭之为州，本江海故地，水泉咸苦，居民零落，自唐李泌始引湖水作六井，然后民足于水，井邑日富，百万生聚，待此而后食。今湖狭水浅，六井渐坏，若二十年之后，尽为葑田，则举城之人，复饮咸苦，其势必自耗散。此西湖之不可废者，二也。”

[70]〔宋〕苏轼《乞开杭州西湖状》：“西湖深阔，则运河可以取足于湖水。若湖水不足，则必取足于江潮。潮之所过，泥沙浑浊，一石五斗。不出三岁，辄调兵夫十余万工开浚，而河行市井中盖十余里，吏卒搔扰，泥水狼籍，为居民莫大之患。此西湖之不可废者，四也。”

[71]〔宋〕苏轼《乞开杭州西湖状》：“白居易作《西湖石函记》云：‘放水溉田，每减一寸，可溉十五顷；每一伏时，可溉五十顷。若蓄泄及时，则濒河千顷，可无凶岁。’今岁不及千顷，而下湖数十里间，茭菱谷米，所获不赀。此西湖之不可废者，三也。”“天下酒税之盛，未有如杭者也，岁课二十余万缗。而水泉之用，仰给于湖，若湖渐浅狭，水不应沟，则当劳人远取山泉，岁不下二十万工。此西湖之不可废者，五也。”

[72]〔宋〕苏轼《乞开杭州西湖状》：“近者伏蒙皇帝陛下、太皇太后陛下以本路饥馑，特宽转运司上供额斛五十余万石，出粜常平米亦数十万石，约敕诸路，不取五谷力胜税钱，东南之民，所活不可胜计。今又特赐本路度牒（为僧人办证收取费用）三百，而杭独得百道。臣谨以圣意增价召入中，米减价出卖以济饥民，而增减耗折之余，尚得钱米约共一万余贯石。”

[73]〔元〕脱脱《宋史 · 苏轼传》：“吴人种菱，春辄芟除，不遣寸草。且募人种菱湖中，葑不复生。收其利以备修湖。”

[74]〔元〕脱脱《宋史 · 苏轼传》称之：“取救荒余钱万缗、粮万石，及请得百僧度牒以募役者。堤成，植芙蓉、杨柳其上，望之如画图，杭人名为‘苏公堤’。”

[75]〔宋〕苏轼《乞开杭州西湖状》：“近者伏蒙皇帝陛下、太皇太后陛下以本路饥馑，特宽转运司上供额斛五十余万石……东南之民，所活不可胜计。……而增减耗折之余，尚得钱米约共一万余贯石。臣辄以此钱米募民开湖，度可得十万工。”

[76]〔宋〕苏轼《乞开杭州西湖状》：“臣伏见民情如此，而钱米有限，所募未广，葑合之地，尚存大半，若来者不嗣，则前功复弃，深可痛惜。若更得度牒百道，则一举募民除去净尽，不复遗患矣。”

[77]〔宋〕苏轼《乞开杭州西湖状》：“伏望皇帝陛下、太皇太后陛下少赐详览，察臣所论西湖五

不可废之状，利害较然，特出圣断，别赐臣度牒五十道，仍敕转运、提刑司，于前来所赐诸州度牒二百道内，契勘赈济支用不尽者，更拨五十道价钱与臣，通成一百道。使臣得尽力毕志，半年之间，目见西湖复唐之旧，环三十里，际山为岸，则农民父老，与羽毛鳞介，同泳圣泽，无有穷已。”

[78]〔元〕脱脱《宋史》卷九十七《河渠七》：“因请降度牒减价出卖，募民开治。禁自今不得请射、侵占、种植及脔葑为界。以新旧菱荡课利钱送钱塘县收掌，谓之开湖司公使库，以备逐年雇人开葑撩浅。”

[79] 北京建城多由京西出木，自唐代蓟州、辽南京、金中都及此后的明、清莫不如此。北京周边的林木资源因之几乎消耗殆尽，由此造成大量水土流失，永定河水患频发，多次改道西迁，皆与此有关。

[80]〔元〕脱脱《金史》卷二十七《河渠》：“金都于燕，东去潞水五十里，故为闸以节高良河、白莲潭诸水，以通山东、河北之粟。”

[81]〔明〕宋濂、王祎《元史》卷六十六《河渠三》。

[82]〔明〕宋濂、王祎《元史》卷六十六《河渠三》：“且郭太史初作通惠河时，何不用此水，而远取白浮之水，引入都城，以供闸坝之用？盖白浮之水澄清，而此水浑浊不可用也。此议方兴，传闻于外，万口一辞，以为不可。……丞相终不从，遂以正月兴工，至四月功毕。起闸放金口水，流湍势急，沙泥壅塞，船不可行，而开挑之际，毁民庐舍坟茔，夫丁死伤甚众，又费用不赀，卒以无功。继而御史纠劾建言者，孛罗帖木儿、傅佐俱伏诛。今附载其事于此，用为妄言水利者之戒。”

[83] 永定河历史上的五次引水工程，前两次三国与唐代的引水，以农灌为主要目标，基本保证了引水工程的长期使用，后三次引水以通漕为主要目标，其中除了郭守敬在元初的尝试基本成功以外，其余的两次引水均因淤塞、洪泛以及上下游高差过大不能行船等问题，开河不久即告废止。

[84]〔明〕宋濂、王祎《元史》卷六十四《河渠一》：“金水河，其源出于宛平县玉泉山，流至和义门南水门入京城，故得金水之名。”

[85] 金水河因其河道西来，方位属“金”而得名。

[86]〔明〕宋濂、王祎《元史》卷六十四《河渠一》：“昔在世祖时，金水河濯手有禁，今则洗马者有之。比至秋疏涤，禁诸人毋得污秽。”以往研究多以此为禁河之证，不将其列为城市河流范围。笔者认为，金水河总体上是一条城市景观河和市民用水河，只是部分区段（宫墙以内）设为禁区。其一，作为一项普遍的管理条例，元代高度重视城市河流管理，设“提领”之职“专一巡护”，对京师河道管护及相应的惩戒措施，在《元史》中频频提及，并非专指金水河，其核心思想是为了保持城市水清河畅、漕运安全。其二，此语出于“隆福宫前河”条，是英宗引用世祖成例，告诫“诸人”，隆福宫前河与太液直接相通，不得污染。这里的“诸人”抑或为“宫人”，其“秋疏涤”（即秋后疏浚清理）工作，也是由军队而非民夫完成，似与京城百姓和官府无涉。

[87] 至元元年（1264 年）忽必烈进“中都”时，仍居于大宁宫内，宫室的建设直到至元四年才开始，其建成期晚至至元二十二年。大都水系建设的第一阶段早在许多重要建筑，如大内、隆福、兴

圣诸宫兴造之前就已经完成，这为元大都的建设奠定了极佳的景观和生态环境。而这快速规划、快速建成的主要原因是因地制宜地利用了场地现有河道。

[88]〔明〕宋濂、王祎《元史》卷六《世祖三》：“（至元三年）诏安肃公张柔、行工部尚书段天祐等同行工部事，修筑宫城。”另，至元四年正月，成立提点工程所，正式开始修筑新都。

[89]〔明〕宋濂、王祎《元史》卷五《世祖二》。

[90]元朝初年，为了解决大都—通州间的粮运问题，在至元十六年（1279 年），采纳郭守敬的建议，在旧水道的基础上，拓建成一条重要的运粮渠道——阜通河，以玉泉水为水源，向东引入大都，注于积水潭。再从潭的北侧导出，向东从光熙门南面出城，接通州境内的温榆河，下通北运河。玉泉水的水量太少，运河沿途比降过大，郭守敬于四十多里长的运河沿线，修建了 7 座水坝，称“阜通七坝”，这条运河也被称为坝河。坝河的年运输能力为一百万石上下。在元朝，它与稍后修建的通惠河，共同承担由通州运粮进京的任务。

[91] 至元十六年（1279 年）的坝河大修，还有一方面原因是大都新城开始大量入住，上游大量截水供应城市，造成坝河水量锐减，长期处于浅涩状态，使“漕运益艰”，虽经大修，仍然不足以根绝缺水。乃至于至元二十八年（1291 年），元帝国痛下决心，提出了纵跨一百六十四里远引昌平白浮山泉济漕的通惠河宏伟计划。

[92] 至元十六年坝河的大修，还有一个原因是源于金水河的开通，上游大量节水供应城市，造成坝河水量锐减，长期处于浅涩状态，使“漕运益艰”，虽经大修，仍然不足以根绝缺水问题。

[93]〔元〕苏天爵《元朝名臣事略》卷二

[94]〔明〕宋濂、王祎《元史》卷六十四《河渠一》

[95]〔北魏〕郦道元《水经注》卷十四：“魏使持节、都督河北道诸军事、征北将军、建城乡侯沛国刘靖，字文恭，登梁山以观源流，相瀔水以度形势，嘉武安之通渠，羡秦民之殷富。乃使帐下丁鸿，督军士千人，以嘉平二年，立遏于水，导高梁河，造戾陵遏，开车箱渠。”

[96] 元朝统治者从遥远的上都草原和漠北，来到“人烟百万”的大都，其“百司庶府之繁，卫士编民之众，无不仰给于江南”，对漕运的依赖程度为历代所未有。元初，全国粮食征集总量为九百余万石，其中一半来源于大运河另一端的江浙。漕运即为元帝国的生命线，故有元一代，对运河和海运粮道建设均不遗余力。

[97]元代为保证漕运用水，虽大力禁止由白浮—瓮山河上源取水，但历代民间私决水渠、西郊皇家及贵族园林大量取水现象屡禁不止，城市与漕运争水现象贯穿元朝始终。至明初，通惠河淤塞停运，大抵与此有关。

[98]〔元〕耶律铸《龙和宫赋》：“布金莲于宝地，散琼华于蓬邱”句下有注曰：“金莲川即山北避暑宫，琼岛即山南避暑宫。”金莲川草原地处内蒙古与河北省闪电河地区，忽必烈建上都于此。金代此地为金主传统的消夏圣地，后随着北方战事吃紧，从金世宗开始，多就近在中都西郊避暑，大定十九年，大宁宫落成后，金世宗、章宗时期，皇帝消夏几乎年年都安排在大宁琼岛，故耶律铸将琼华岛与金人传统的避暑胜地金莲川并列，称为“山南避暑宫”。

[99]〔清〕高士奇《金鳌退食笔记》。

[100]〔金〕赵秉文《扈跸万宁宫》。

[101]〔明〕陶宗仪《南村辍耕录》。

[102]〔清〕乾隆《西山晴雪》诗。

[103]〔清〕于敏中等《日下旧闻考》卷六《大都赋》。

[104]〔元〕脱脱《金史》卷二十七《河渠》。

[105]〔元〕熊梦祥《析津志辑佚》。

[106]明代西山园林建设大体三项：宣德于瓮山西北青龙桥附近捐建大功德寺(元代护圣寺)；弘治七年，于瓮山南坡正中修圆静寺；正德时，武宗于旧元代名园好山园，修建好山园行宫，建钓鱼台。

[107]〔清〕于敏中等《日下旧闻考》卷八十四："西湖在玉泉山下，环湖十里，为一郡之胜观。"

[108]〔明〕袁中道《西山十记之一》。

[109]〔清〕于敏中等《日下旧闻考》卷一百。

[110]〔清〕于敏中等《日下旧闻考》卷八十四《御制万寿山昆明湖记》。

[111]〔清〕于敏中等《日下旧闻考》卷八十四《御制万寿山昆明湖记》："司事者咸以为新湖之廓与深两倍于旧，踟蹰虑水之不足，及湖成而水通，则汪洋漭沆，较旧倍盛，于是又虑夏秋泛涨，或有疎虞。"

[112]〔清〕于敏中等《日下旧闻考》卷八十四《御制万寿山昆明湖记》。

[113]〔清〕于敏中等《日下旧闻考》卷八十四《御制万寿山昆明湖记》："昔之城河水不盈尺，今则三尺矣；昔之海甸无水田，今则水田日辟矣。"

[114]乾隆早在开工之初（乾隆十五年）就让董邦达绘《西湖图卷》，乾隆十六年，第一次南巡归来，便仿惠山凤谷、梁溪黄埠而造清漪园，后来多首昆明湖御制诗都体现了效法江南、移天缩地在君怀的思想。

[115]〔清〕于敏中等《日下旧闻考》卷八十五《国朝苑囿》："乾隆二十四年，御制《影湖楼》诗有序：迩年开水田渐多，或虞水不足，故于玉泉山静明园外接拓一湖，俾蓄水上游，以资灌注湖之中，筑楼五楹，惟舟可通适，因落成，名之曰'影湖'。"又于湖北岸建"溪田深耕"景区，将院内外水田景观融成一体，所谓"偷闲于此亦开颜"，其"空澄百顷"之美，又岂止于"烟波"，而更在于"溪田"。

[116]〔清〕于敏中等《日下旧闻考》卷八十四《清漪园》

[117]〔清〕于敏中等《日下旧闻考》卷八十四《清漪园》

[118]〔清〕于敏中等《日下旧闻考》卷八十四《清漪园》："乾隆二十九年御制《西堤诗》：'西堤此日是东堤，名象何曾定可稽，展拓湖光千顷碧，卫临墙影一痕齐。刺波生意出新芷，踏浪忘机起野鹭，堤与墙间惜弃地，引流种稻看连畦。'"

[119]〔清〕于敏中等《日下旧闻考》卷八十四《清漪园》

[120]〔清〕乾隆《万寿山清漪园记》。东朝，汉制谓长乐宫，为太后所居，后世以此指称太后，这里指乾隆母后崇庆太后。

第三章

中国当代城市滨水地区面临的问题与挑战

城市滨水地区的重要性在于其丰富的环境景观资源。比如水岸能提供最大的城市景观视域，对于城市尺度的空间，河流往往能提供最为恰当的视距和景深，提供最为丰富的景观边界（Edge）和水岸边际线（Skyline），由此提供完整的城市天际线和整体城市意象（City Image）。[1] 对于城市景观而言，地处水岸边际的城市区域提供了城市高密度人工环境伸向自然区域的通道和窗口，按通常的话说，是一个地区景观信息量最大、特色最集中、景观层次最丰富，同时也是人工与自然风景相交融的区域。

滨水区域的绿色基础设施建设决定了一座城市的基本环境风貌和环境质量，在进入工业化时代以后，滨水区域功能由廉价航运转向提供舒适环境的过程中，滨水区域规划在空间上的适宜性（尺度）、功能上的亲水性（交通，人车分流）和环境上的舒适性（景观风貌）等方面提出了极高的要求。同时，大量的现代城市功能的加入，使滨水地区亦成为城市功能最为集中的区域，城市的标志性街区、建筑、大众娱乐休闲和文化建筑，城市的传统风貌区往往都沿着水岸线布局，使之成为环境资源矛盾最为突出的地区。在满足现代城市生活的同时，在空间上也会造成功能叠加、面貌杂乱、人车混流等诸多问题。

因此，滨水区域的规划难度远远不止于水岸风貌的塑造和功能的便捷舒适性，更应包括水利的安全性，生态的可持续性，市民使用方面的连续性、开放性和整体城市风貌的一致性、独特性等方面。

20 世纪 80 年代后，随着城市的扩张，河流被传统水利的单一功能取向所〝绑架〞，单一的蓝线规划、简单粗暴的处理手法，使大量具有丰富生境和蓄滞洪能力的天然河道被硬化、渠化，成为僵硬板直、毫无自净能力的泄水渠；河流被过度开发、过度截流，导致天然河流弱化为节点性的湖沼，河段大面积断流，自然生境急剧缩减，对季节性洪水的抵御能力大大下降，许多城市河流因此退化为季节性水洼，难以形成与现代城市相适应的水面；工业时代直接向城市河流排污的做法依然延续，大量污染物的流入使河流难以自净，最终沦为永久性的城市弃物垃圾填埋场和市民避之唯恐不及的藏污纳垢之所；河流因城市建设用地紧张而被无情地覆盖，成为地下暗流，这种做法甚至从中国封建社会的后期就已经开始蔓延，最典型者，如清代后期苏州城市河道的大面积占用，最终导致原有具有极强的防涝、自净能力的环城水系统崩溃。由此，我们倡导挣脱混凝土河岸对自然的束缚，恢复河道的自然流程；掀开〝盖子〞，让河流重见天日，让河流与现代城市重新携手。

3.1 安全的滨水 ——河流景观与水和安全的协调与兼顾

3.1.1 简单粗暴的河道治理模式

误区解析：安全不等于全面渠化，修堤筑坝；直线河道不等于有效率的河道。

城市河道在功能上往往兼具排洪、排涝等作用，传统水利部门控制洪水的工程手段主要是对自然的城市河道进行裁弯取直，加深河槽，通常采用混凝土浆砌驳岸，加之上下游之间层层堰坝水闸，将一条条自然河流层层捆绑。封闭硬化的堤岸改变了河道的自然流程，停止了自然河道的沉积和切削的水动力过程，浆砌、缺乏渗透性的驳岸隔断了护堤土体与其上部空间的水气交换和循环，窒息了河道的自然过程，剥夺了生物多样的家园；对于河岸生态系统的完整性和水系净化作用的发挥构成严重阻碍。同时由于河道的植物充氧、微生物降解等水体自净能力的丧失，也进一步加剧了河水的污染程度。

另外，用垂直陡峭的浆砌护岸将人与水分割开来，使城市滨水区域成为可望而不可即的"遥远"水面，这一做法严重影响了城市滨水休闲的生活空间和各种滨水交互功能的发挥。而在单一水"安全"价值取向之下，将自然形成的梯级河道系统简单粗暴地裁弯取直，并视之为"效率"，则无异于暴殄天物，无论是水生态效率，还是景观艺术和市民游憩使用，从各方面来看，这种"效率"都是短暂且无法持续的。由于削弱了天然河床的滞蓄能力，反而加速了洪水的流速，增大了瞬间洪水的峰值和对岸线的冲刷，迫使城市水岸进一步提高设防标准，从而进一步阻断了人与水的联系，最终使城市的人水关系完全对立。

造成这种单一价值取向的简单治理模式的原因：

一是过分强调防洪功能、机械的功能部分和蓝线划定。

二是单纯依赖工程技术，掠夺式地侵占（上部河床）。

后果：

一是水岸美学功能丧失——附属水面枯竭，丰富的自然水系退化为无表情的工程水渠。

二是生态功能丧失——滨水栖息地丧失，河道自净能力降低，季节性断流和超高峰值的洪水频发。

三是城市服务功能丧失——成为失去灵性、没有面目、没有活力的水岸与河流。

安全的滨水区域，其核心思想是充分发挥河岸与自然水体之间的交换调节功能、实现天然自净能力；创造有利于多种生物尤其是两栖类、鱼类生存的空间；保证上游河道对于季节性洪水的蓄滞能力，减缓下游城市的泄洪压力；用多层立体水岸设计代替单一岸线，增强对季节性水面变化的适应性，同时增加市民亲水的机遇，提供城市亲水休闲活动的多样性空间。

3.1.2 基于城市河道管理与实施的几点讨论

第一，过高的城市河道设防与过低的乡村甚至基本农田的水岸设防，二者形成外在难看的对比和规划伦理的错乱。在笔者受委托规划的华北某城市滨水岸线改造规划中，水利部门明确提出一河两岸拟采取两种不同标准的岸堤设计：在面向城市一侧要求采用百年一遇的堤防标准建设，而在河道的另一侧，面向农村和厂矿的广大地区，同样是人口众多的城郊区域，竟然建议采用低于五年一遇的堤防标准建设，而把本属于水利蓝线以内的蓄滞洪区域的高堤防一侧的堤外土地（仍属蓝线区域内）划作城市地产，并称之为“明确重点保护区域的水利安全，确保中心城市的百年大计”。这种情况在许多城市堤防改造和生态化建设中并不罕见：对河道蓄滞区和上层水岸的大面积土地肆意侵占，随意修改河流的中心线和流程，蓝线管理混乱，以牺牲乡村和农业用地，换取城市的水安全和所谓的“额外”河岸用地利益。这种借蓝绿线综合管理、上层堤岸的生态化改造为名，行侵占河道之实的做法，不仅是短视与无知，而且还会给城市河流的生态安全造成极大隐患。这种舍卒保车的做法与有规划的人工引导洪水、就地蓄滞等生态河道改造措施在本质上是完全不同的。

第二，单一价值取向的蓝线管理同样严重阻碍了城市滨水区域的科学发展。城市水岸长期以来由水利部门独家管理的传统，以及单一的水安全价值取向直接导致当前城市水岸发展中“千河一面”的尴尬状况。事实上，我国城市滨水区域规划中面临最严重的问题并不完全在于水害，而更多体现为水岸面目可憎。数十年来，由水利部门主导的单一形式的浆砌大坝，严重阻碍了城市与水系的交流、人与水的亲近。实施蓝绿线综合管理统筹规划，实现城市滨水区域治理的多价值取向，让城市亲近水，这些理想的实现将理顺水利与城市建设各部门之间的关系，明确水利、规划、景观各部门的工作范围和程序，在水岸区域亲水活动、水利安全、城市美观等目标取向之间取得良好的平衡，这是从体制层面改变城市滨水单一面貌的必然步骤。

第三，灵活处理大型滨水地区的上层驳岸，科学合理地确定城市河道的堤防标准和岸线宽径。在当前许多城市的滨水区域治理中，针对堤防岸线的标准设置往往脱离实际，许多县级城市在确定堤防高度和洪水蓄滞区域范围时，动辄以百年一遇甚至更高标准作规划依据，不仅加大了不必要的投资，也造成城市土地资源严重浪费。在蓝线划定与上部河岸的多样性利用方面，政策掌握又往往趋于僵化，这种现象在北方城市尤为严重。在许多大河治理中，片面强调河槽深度和宽度，将两岸堤顶扩大到数千米之多，而由于水量严重不足，河床在一年中 90% 以上的时间都是素面朝天、黄沙滚滚，严重影响环境质量。中国北方大河的治理难度和矛盾主要集中于调水和蓄水，即如何塑造一个多生境、蓄水能力更强的弹性海绵体，而非将宝贵的水资源一泻千里，即便是百年一遇的洪水对于北方干渴的大地而言，都不该以一句简单的水安全为由，将宝贵的资源一放了之。恰如我们曾经对于密云等北方大型水库所作出的轻率的放水决定，几乎使北京陷入数十年无法恢复的缺水困境。事实上，通过上游的适度调蓄、定点蓄滞区域划定以及城市区域有步骤的生态湿地区建设，中国北方地区完全可以摆脱任何形式的瞬时洪水的威胁。可喜的是，我们今日所大力倡导的海绵城市建设理论从对待城市空间水安全、水生态和水文化的综合高度，确立了源头控制、弹性利用等重要的可持续原则。

对于大规模河床，尤其是百年洪水位上下的上层岸线的土地规划应本着实事求是的原则，因地制宜地做好多功能、宽口径规划。比如规划建设多层次的立体水岸系统，将 20 年丰水线甚至 10 年丰水线以上的岸线解放出来，回归城市使用。只要我们坚持正确的开发原则，如严格控制构筑物比例，控制大乔木数量，控制深根系植物等要素，上层驳岸对于中国北方城市而言，是最佳的城市客厅和市民生活的天堂。而对于下部岸线，在 10 年丰水线之下、5 年丰水线之上部分，应该大力推广可淹没、低成本、少维护的灵活岸线设计，使之进入常态化。根据笔者以往的经验，即便是年峰值以上的岸线，每年也至少有 90% 以上的时间完全可以开展各类城市亲水活动。

从水岸为人服务、城市为人服务的立场出发，我们需要重新审视新城镇化时代的人水关系，其核心环节是科学发展观和实事求是精神，最关键的一步必然是也必须是坚决打破以往以水安全为由，行行政垄断之实的、僵化错误的单一价值取向的蓝线管理模式，这也是当前海绵城市建设之初我们面临的最重要的课题。即如何建立一个跨城建、园林、水务多部门，涵盖投融资以及总体规划、设计、施工、运营维护的一体化的全流程城市海绵体建设维护机制。让海绵城市理论在技术层面引领、指导城市绿色基础设施建设，最终能够为新一轮内涵式中国城镇化发展保驾护航。这是一个远远超越了单纯技术考量的全新方向。

3.1.3 案例：迁西滦水湾生态规划

迁西滦河治理和大坝生态化改造项目启动于 2009 年，整个建设周期跨越 3 年，项目最终形成以滦河大坝生态化改造及滨河公园建设为核心，包括“一岛两带三区”等多个节点的生态滨水规划项目。一岛，即河心岛。河心岛占地面积 13 公顷，建有步行桥、五彩泉、中央草坪、荷香苑等节点景观建设。两带，即南北岸景观绿化林带。南岸景观绿化林带占地 40 公顷，主要有入口的栗乡画境广场、跳跃的木平台、健康乐园、浮水码头等节点景观建设；北岸景观绿化林带占地 70 公顷，主要有沙滩浴场、观鱼池、荷塘园等节点景观建设。三区，即通过兴建两座溢流堰、一座橡胶坝，形成湿地生态景观区、浅水观光游览区、水上休闲娱乐区 3 个景区（图 3-1-1）。

规划设计团队与地方政府共同谋划，共同解决了诸如上游湿地改造、城市段硬质大坝软化、中央湖区水质维护及中央岛市民天堂打造、标志区设置等一系列难题，最终滦水湾公园项目摘取“2012 国际风景园林师联合会（IFLA）管理类优秀奖”和中国风景园林学会“优秀园林绿化工程金奖”两项大奖。

图 3-1-1　迁西滦河自然河道规划鸟瞰

该项目的重要意义在于把水利和园林、防洪和生态、亲水与安全、历史与现代结合起来，恢复了滦河悠远宁静、自然宜人的风姿，真正实现了生态自然、人水合一。

该项目在滨水岸线开发、上层岸线综合利用及多层次的游步道和河床景观塑造方面进行了有益尝试，具体表现在如下方面：

第一，滨水规划为市民滨水休闲活动提供多种选择和机遇，并通过多层步道和快捷应急通道的合理配置，增大了城市河流的可达性，随之增加了河岸空间的日常使用效率。

第二，复式立体河床设计，将河道对于水位的季节性变化的适应能力大大提高，岸线全程的游憩设施同样对应于多种水位高程，市民可以从上、中、下3个层次上认知风景，瞭望对岸，由此拉近了两岸距离，在迁西城市的核心部位打开了一扇通往自然水域的窗口。

第三，上下游之间河道按流程分级，逐段控制滨水空间尺度。上游段保持河道自然尺度，大量插入自然间歇性湿地，保持河道的自然郊野风光和生态功能；中游城郊段拓展上部河床，增强堤内外绿色系统的连接度，并提供大量休闲运动空间；下游城市段让大尺度水面成为新城之窗、城市前景和市民客厅。

第四，沿途所有游憩场地采用分级处理，适应了城市庆典和市民日常休闲运动两方面需求，侧重近人尺度的空间营造（图 3-1-2 ~ 图 3-1-19）。

发挥自然力作用，采取低冲击开发、低成本维护是现代滨水改造的可持续之道。

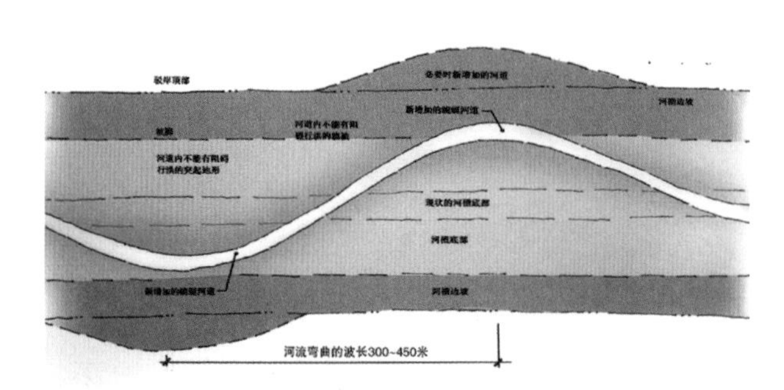

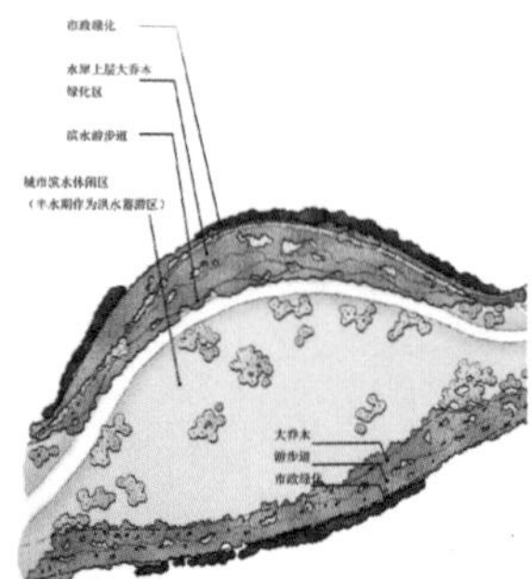

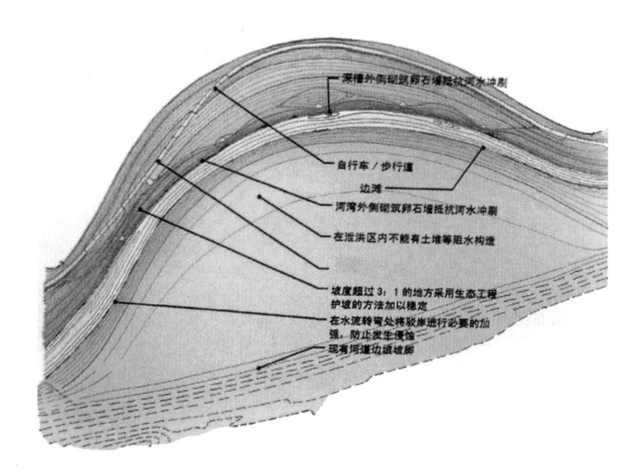

图 3-1-2　恢复河道的自然流程

图 3-1-3　建立多样性的梯级水岸系统

图 3-1-4　渠化硬化的“裸奔”河道，成为垃圾、扬沙遍布的藏污纳垢之处

图 3-1-5　新型三维土工格栅

图 3-1-6　在原有的被硬化的水利大堤基础上利用三维土工格栅进行以草花、灌木为主的复绿工程（河北迁西滦河大坝改造）

图 3-1-7　建成后效果。层次下跌的滨水驳岸，提供了城市亲水休闲、运动，甚至庆典活动所需要的大量怡人的场地

图 3-1-8　与自然软化后的驳岸对比图——迁西滦河迁西段施工前的原貌，原有的夯土与浆砌大堤。项目最引人瞩目的特点是在不破坏原有浆砌混凝土大坝的同时，利用土工隔室、生态植草袋和局部覆土等多样性的措施实现了在硬质基层上进行一定限度的栽植养护，同时，水岸栽植对坝体结构本身不构成任何影响

图 3-1-9　改造后的滦河中央岛城市客厅成为市民感受滦河、感受新迁西的重要窗口

图 3-1-10 滦河迁西段水体整治。滦河迁西段中游城郊段拓展上部河床，增强堤内外绿色系统的连接度，并提供大量休闲运动空间，为城市河道创造自由呼吸的驳岸。包括恢复河道自然流程、创造可渗透性自然驳岸系统、改变单一形态的河槽截面等方面。通过自然流程和自然性驳岸的恢复，逐步实现河道的自然生态过程。如用景观生态手段表达河道的冲刷和沉积岸相分布，恢复河道的自然竖向，多层立体特征和适地原生的植物配置，恢复河床的自然交换和滨水植物群落的自然演替功能，将滞蓄区水域逐步改造为间歇性生态湿地，使之成为市民休闲活动和生物多样性的家园（资料来源：北京正和恒基滨水治理有限公司）

图 3-1-11 滦河迁西段岸线处理。滦河迁西段将水利工程岸线软化、城市滨水空间界面、生态提升以及城市客厅塑造等多方面规划设计诉求相结合，以滨水空间改造实现城市空间的综合提升。上层水岸在保证水利安全的前提下，为城市提供了丰富多样的休闲运动空间（资料来源：北京正和恒基滨水治理有限公司）

图 3-1-12　原始砂壤地貌

图 3-1-13　河道开挖

图 3-1-14　多种生态驳岸措施综合使用、膨润土、防水毯基础处理（资料来源：北京正和恒基滨水治理有限公司）

图 3-1-15　多种形式的生态自然岸线设计

图 3-1-16　河流生态岸线与生境小区域恢复采用驳石护岸、仿木桩护岸等方法，稳定河床，装点环境。立体河床与岸线设计，分别为水生两系类动植物提供了丰富的生境系统，多样化贴水、滨水栈道和游步道系统将游憩设施对河流水位的适应性充分发挥

图 3-1-17　丰富多变的水岸线

图 3-1-18　滨水栈道与游步道

图 3-1-19　完成后的生态滨水公园景观　（资料来源：北京正和恒基滨水治理有限公司 ）

3.2 生态的滨水
——发挥自然力，减少人工建设低维护成本是可持续之道

生态滨水设计的核心理念主要有以下几点：

立体分层的河床与岸线设计——最大程度地适应水位的季节性变化；合理利用上部河床的广阔空间；提供多样的绿道，接入生态游步道，提供市民休闲的多种机遇。

多样化自然水岸恢复——恢复河道自然流程及岸相，恢复自然水岸生境；发挥自然河道的蓄滞洪作用，降低流速和水位瞬间峰值，缓解洪水威胁。

完善的原生植物群落——建立从市政堤顶路直至浅水湿地区域完整的乔、灌、草立体搭配的原生植物群落系统，完善水岸动植物系统，最大程度地实现滨水植物群落的自我演替过程。

3.2.1 立体分层的河床与岸线设计

在城市滨水区域的生态化改造过程中，一个最重要的核心是滨水河床和河道岸线的生态恢复，这里的恢复既有前文所述的对已有硬坝应用合理的技术思路和现已成型并批量化生产的土工格栅、植草带、砖等成熟材料的技术对单一硬化、浆砌的驳岸进行“松绑”、软化，同时更为重要的是借助多层驳岸的设置恢复驳岸应有的活力和生境。具体而言，包括上部驳岸的游憩生境和下层驳岸的水生和两栖类动植物生境。其中涉及的技术包括多层滨水道路，可淹没底层游步道的技术和材料应用，也包括诸如抛石、石笼等底层岸

线的材料技术的应用。另外，滨水区浅水湿地的生境恢复等项目涉及的主导思想是建立一个上下贯通、连续自如的人与动植物混合使用的空间。其中，核心环节是滨水的交通设计，在游步道系统内如何通过丰富、多样的停驻点、观景点及小型休闲运动空间的设置，留住游人。同时通过快速、应急及工作通道的完备设置，保证场地对于各种城市功能冲突及自然灾害发生的抵御能力，即我们通常所说的弹性化设计（Resilient Design）。

第一，多样化自然水岸恢复——恢复河道自然流程及岸相，恢复自然水岸生境；发挥自然河道的蓄滞洪作用，降低流速和水位瞬间峰值，缓解洪水威胁。多样化的水岸恢复核心点在于生境恢复，包括恢复河道的自然流程，主要是通过河道原有中心线的重新标定，并依据自然水流，尤其在峰水位期间稳定的切削与沉积规律，对自然运动着的河流进行活的设计，除中央疏水区域需要确保河道数十年（20 年左右）洪峰通过的总容量以外，剩余河床原则上均可采用弹性化设计，将之规划为具有多样化功能的自然性、间歇性湿地。在此类湿地的设计中，应注意不同水生植物的适应性高度以及按照根系发育程度和净化要求进行植物群落的排序。一般而言，接近于中央主河道的污染区域应使用以芦苇为主导的根系发达但欣赏性欠佳的植物（图 3-2-1）。

第二，观赏性植物应结合游人的活动和两栖类生境的营造，大量采用原生观赏草和湿地草本以及浅水漂浮植物组成具有观赏价值的群落系统，并配合抛石和石笼的设置，将多种类的两栖类生境容纳于其中。这种岸线的核心是为低于 60 厘米水深的间歇性湿地留下通往主渠道的连通通道，保证河流在枯水期的自由运转。

第三，结合河流蓄滞区的设置建立有一定规模的自然性河流湿地，这种湿地本身就具有一定的净化和曝气充氧功能，同时也能够接纳一部分湿地休闲、科普、参观活动。关于这方面，国内同类设计中一个明显的缺陷在于许多设计师会根据此一区域的尺度将之设计为观鸟平台，笔者认为在河流城市段进行这样的设计，除非具有足够的人鸟尺度距离，如永定河那样的宽达数公里的大河可以实行，一般中小型城市河流均不宜使用。使用恢复河道中心线、恢复河道自然流程的方式所进行的生态河道改造有一个明显的优势在于河流的自然弯曲和糙度增加会在相当程度上缓解高峰值流水的威胁。事实上，洪水并不如我们所想象的一泻千里才是最佳的排泄方式。对自然河流通过城市的区段，最佳的岸线设置是利用糙度和弯曲度来缓冲河流，比如迁西滦水湾生态规划案例，在河流

图 3-2-1　分层立体河床示意图

城郊上游段使用具有极高粗糙度的河床设置，用大量的浮岛、植床、水泡，帮助滞留过量洪水，中下游城市段将主河道的粗糙度变小，使过水速度加快，配合下游橡胶坝、滚水坝的自动调蓄，不仅可以顺利地错峰通过洪峰，而且使原河道通过多层的水利跌水方式，做一次充分的人工曝气充氧。每过洪峰，河流的内环境则被完整清洁一次，水质得到明显提升，前提是必须配套以河流上流段完整的截污、稳定池、沉淀塘等一系列设施。如果上游生态治理改造未达标、不具备相应生态设施的情况下，将达不到此效果。

第四，完善的原生植物群落——建立从市政堤顶路直至浅水湿地区域完整的乔、灌、草立体搭配的原生植物群落系统，完善水岸动植物系统，最大程度地实现滨水植物群落的自我演替。

水岸规划的植物设计核心问题在于完整和本土两个关键点。首先，完整的植物群落所指是从顶层岸堤开始的乔灌草的立体化搭配，具体而言，在 20 年一遇洪水线以上的上部驳岸，均可以采用绿色公园的立体模式，其密度和郁闭度均不受水岸设计影响。唯一需要控制的是深根系乔木在极端洪水期对洪水形成的阻碍，在中下层，以灌草为主，构建完整的并富有野趣的植物群落，浅水区植物需兼具观赏和植物净化两方面功能。其次是本土，在以上所有的植物配置当中，最核心的思想是尽可能使用本土适生植物和完全驯化的品种。因为河道规划的空间尺度一般较大，对整个河道景观影响最大的实质是植物群落的总体生存状况和生态发挥状况，而并非一花一木的奇异与夺目，所以植物选择的低成本、本土化，不仅可以大大降低河道生态改造的建设费用，更重要的是，在河道实施管理维护阶段，可以极大地节省人工维护费用。所以应该大力地去研究、找寻本土适生的，最好是能够实现完全自我演替的品种和群落。在此方面，以野草为名，完全不顾植物所在地域的适生情况以及可控性的单一设计方式是错误的。比如相对于先锋类的芦苇和某些观赏草而言，如果不加选择地滥用，其结果是绝大部分人工维持费用必须会花在几乎是常年的除草、修正方面，这就变成了另一种形式的以野草廉价为名，对每个城市的园林管理机构造成沉重负担。总之，在植物选择和搭配的工作中，需要秉持的逻辑是既适合于城市，也适合于地域的乡土伦理，而非单一目标取向的模式化的生态伦理（图 3-2-2）。

图 3-2-2　唐山凤凰湖滨水植物景观配置观（资料来源：北京正和恒基滨水治理有限公司）

3.2.2　滨水绿地植物生态群落的设计

植物是恢复和完善滨水绿地生态功能的主要手段。以绿地的生态效益作为主要目标，在传统植物造景的基础上，除了要注重植物观赏性方面的要求，还要结合地形的竖向设计，模拟水系形成自然过程所形成的典型地貌特征（如河口、滩涂、湿地等），创造滨水植物适生的地形环境。以恢复城市滨水区域的生态品质为目标，综合考虑绿地植物群落的结构。另外，应在滨水生态敏感区引入天然植被要素，比如在合适地区建设滨水生态保护区以及建立多种野生生物栖息地等，建立完整的滨水绿色生态廊道。

绿化植物品种的选择方面。除常规观赏树种的选择外，还应注重以培育地方性的耐水性植物或水生植物为主，同时高度重视水滨的复合植被群落，它们对河岸水际带和堤内地带这样的生态交错带尤其重要。植物品种的选择要根据景观、生态等多方面的要求，在适地、适树的基础上，还要注重增加植物群落的多样性。应利用不同地段自然条件的差异，配置各具特色的人工群落。常用的临水、耐水植物包括垂柳、水杉、池杉、云南黄馨、连翘、芦苇、菖蒲、香蒲、荷花、菱角、泽泻、水葱、茭白、睡莲、千屈菜、萍蓬草等。

城市滨水绿地绿化应尽量采用自然化设计，模仿自然生态群落的结构。具体要求：一是植物的搭配——地被、花草、低矮灌木与高大乔木的层次和组合应尽量符合水滨自然植被群落的结构特征；二是在水滨生态敏感区引入天然植被要素，比如在合适地区植树造林恢复自然林地，在河口和河流分合处创建湿地、转变养护方式培育自然草地以及建立多种野生生物栖身地等。这些仿自然生态群落具有较高生产力，能够自我维护、方便管理且具有较高的环境、社会和美学效益，同时，在消耗能源、资源和人力上具有较高的经济性。

河道水质污染严重，缺乏科学有效的治理手段。很多城市由于工业和生活污水缺乏严格管理，直接排入城市内部河道，使本来清澈的河水变成黑水河、臭水沟，这样的河道不仅不能改善城市环境，如果不加治理，反而会变成新的污染源。目前，我国利用滨水植物治理水质污染的技术已经得很大发展。四川成都活水公园就是一个成功的范例，它利用府河、南河河道改造出大面积滨水浅滩，栽植大量水生、沼生植物，通过植物吸收、过滤和降解水中污染物。这种利用滨水湿地植物净化水质的方法相对于普通的污水处理厂具有成本低、效果长、多效兼顾等特点。这种思路对于城市滨水绿地的改造值得借鉴。

3.3 市民的滨水
——造就有潜力、开放、连续的滨水空间

误区解析：过度设计不等于多种选择、多种机遇；过宽的河道难以聚拢人气。过大的滨水广场，利用率极低，缺少日常活动空间。

3.3.1 增强水岸的活力与人气

1.建设多层次水岸带，增强承载力，提供多种城市活动机遇

相关的内容包括：上下部河床、堤内外绿地结合度，提供舒适、方便、吸引人的游览路径，创造多样化的活动场所。绿地内部道路、场所的设计应追求舒适、方便、美观。其中，舒适要求路面局部相对平整，符合游人使用尺度；方便要求道路线形设计尽量做到方便快捷，增加各活动场所的可达性，现代滨水绿地内部道路考虑观景、游览趣味与空间的营造，平面上多采用弯曲自然的线形组织环行道路系统，或采用直线和弧线、曲线结合，道路与广场结合等形式串联入口和各节点以及沟通周边街道空间，立面上随地形起伏，构成多种形式、不同风格的道路系统；而美观是绿地道路设计的基本要求，与其他道路相比，园林绿地内部道路更注重路面材料的选择和图案的装饰以达到美观的要求，一般这种装饰是通过路面形式和图案的变化获得的，通过这种装饰设计，创造多样化的活动场所和道路景观。

2.可达的水岸——提高滨水区域使用效率

相关的内容包括：多层次分级道路系统与快捷通道设置、步行优先、安全滨水路网。

应提供人车分流、和谐共存的道路系统，串联各出入口、活动广场、景观节点等内部开放空间和绿地周边街道空间。这里所说的人车分流是指游人的步行道路系统和车辆使用的道路系统分别组织、规划。一般步行道路系统主要满足游人散步、动态观赏等需求，串联各出入口、活动广场、景观节点等内部开放空间，主要由游览步道、台阶登道、步石、汀步、栈道等几种类型组成；车辆道路系统（一般针对较大面积的滨水绿地考虑设置，一般小型带状滨水绿地采用外部街道代替）主要包括机动车（消防、游览、养护等）和非机动车道路，主要连接与绿地相邻的周边街道空间，其中非机动车道路主要满足游客利用自行车、游览人力车游乐、游览和锻炼的需求。规划时宜根据环境特征和使用要求分别组织，避免相互干扰。例如苏州金鸡湖滨水绿地，由于湖面开阔，沿湖游览路线除考虑步行散步观光外，还要考虑无污染的电瓶游览车道，满足游客长距离的游览需要，做到各行其道、互不干扰。

3.亲水性空间设置——可淹没的多层亲水平台

应提供安全、舒适的亲水设施和多样的亲水步道，增进人际交往与地域感。滨水绿地是自然地貌特征最为丰富的景观绿地类型，其本质的特征就是拥有开阔的水面和多变的临水空间。对其内部道路系统的规划可以充分利用这些基础地貌特征创造多样化的活动场所，诸如临水游览步道、伸入水面的平台、码头、栈道以及贯穿绿地内部各节点的各种形式的游览道路、休息广场等，结合栏杆、坐凳、台阶等小品，提供安全、舒适的亲水设施和多样的亲水步道，以增进人际交流，创造个性化活动空间。具体设计时应结合环境特征，在材料选择、道路线形、道路形式与结构等方面分别对待，材料选择以当地乡土材料和可渗透材料为主，增进道路空间的生态性，增进人际交往与地域感。

3.3.2 驳岸设计

传统控制洪水的工程手段主要是对曲流裁弯取直，加深河槽，并用混凝土、砖、石等材料加固岸堤、筑坝、筑堰等。这些措施产生了许多消极后果，大规模的防洪工程设施的修筑直接破坏了河岸植被赖以生存的基础，缺乏渗透性的水泥护堤隔断了护堤土体与其上部空间的水气交换和循环。采用生态规划设计的手法可以弥补这些缺点，应推广使用生态驳岸。生态驳岸是指恢复后的自然河岸或具有自然河岸"可渗透性"的人工驳岸，它可以充分保证河岸与水体之间的水分交换和调节功能，同时具有一定的抗洪强度。

生态驳岸一般可分为以下三种：

一是自然原型驳岸：主要采用植物保护堤岸，以保持自然堤岸的特性。如临水种植垂柳、水杉、白杨以及芦苇、菖蒲等具有喜水特性的植物，由它们生长舒展的发达根系来稳固堤岸，加之柳枝柔韧，顺应水流，可增加抗洪、保护河堤的能力。

二是自然型驳岸：不仅种植植被，还采用天然石材、木材护底，以增强堤岸抗洪能力。如在坡脚采用石笼、木桩或浆砌石块等护底，其上筑有一定坡度的土堤，斜坡种植植被，实行乔、灌、草相结合，固堤护岸。

三是人工自然型驳岸：在自然型护堤的基础上，再用钢筋混凝土等材料，确保大的抗洪能力。如将钢筋混凝土柱或耐水圆木制成梯形箱状框架，并向其中投入大的石块，或插入不同直径的混凝土管，形成很深的鱼巢，再在箱状框架内埋入大柳枝、水杨枝等；临水侧种植芦苇、菖蒲等水生植物，使其在缝中生长出繁茂、葱绿的草木。

驳岸形态论：作为"水陆边际"的滨水绿地，多为开放性空间，其空间的设计往往兼顾外部街道空间景观和水面景观。人的站点及观赏点位置处理有多种模式，其中具有代表性的有以下几种：外围空间（街道）观赏，绿地内部空间（道路、广场）观赏、游览、停憩，临水观赏，水面观赏、游乐，水域对岸观赏等。为了取得多层次的立体观景效果，一般在纵向上，沿水岸设置带状空间，串联各景观节点（一般每隔 300 ~ 500 米设置一处景观节点），构成纵向景观序列。竖向设计考虑带状景观序列的高低起伏变化，利用地形堆叠和植被配置的变化，在景观上构成优美多变的林冠线和天际线，形成纵向的节奏与韵律；在横向上，需要在不同的高程安排临水、亲水空间，滨水空间的断面处理要综合考虑水位、水流、潮汛、交通、景观和生态等多方面要求，所以要采取一种多层复式的断面结构。这种复式的断面结构分成外低内高型、外高内低型、中间高两侧低型等几种。低层临水空间按常水位来设计，每年汛期来临时允许淹没。这两级空间可以形成具有良好亲水性的游憩空间。高层台阶作为千年一遇的防洪大堤，各层空间利用各种手段进行竖向联系，形成立体的空间系统。滨水绿地陆域空间和水域空间通常存在较大高差，由于景观和生态的需要，要避免传统的块石驳岸平直生硬的感觉，临水空间可以采用以下几种断面形式进行处理：

自然缓坡型：通常适用于较宽阔的滨水空间，水陆之间通过自然缓坡地形，弱化水陆的高差感，形成自然的空间过渡，地形坡度一般小于基址土壤自然安息角。临水可设置游览步道，结合植物的栽植构成自然弯曲的水岸，形成自然生态、开阔舒展的滨水空间。

台地型：对于水陆高差较大、绿地空间又不很开阔的区域，可采用台地式弱化空间的高差感，避免生硬的过渡。即将总的高差通过多层台地化解，每层台地可根据需要设计成平台、铺地或者栽植空间，台地之间通过台阶沟通上下层交通，结合种植设计遮挡硬质挡土墙砌体，形成内向型临水空间。

挑出型：对于开阔的水面，可采用该种处理形式，通过设计临水或水上平台、栈道满足人们亲水、远眺观赏的要求。临水平台、栈道地表标高一般参照水体的常水位设计，通常根据水体的状况，高出常水位 0.5 ~ 1.0 米。若是风浪较大区域，可适当抬高，在安全的前提下，以尽量贴近水面为宜。挑出的平台、栈道在水深较深区域应设置栏杆，当水深较浅时，可以不设栏杆或使用坐凳栏杆围合。

引入型：该种类型是指将水体引入绿地内部，结合地势高差关系组织动态水景，构成景观节点。其原理是利用水体的流动个性，以水泵为动力，将下层河、湖中的水泵到上层绿地，通过瀑布、溪流、跌水等水景形式再流回下层水体，形成水的自我循环。这种利用地势高差关系完成动态水景的构建比单纯的防护性驳岸或挡土墙的做法要科学、美观得多，但由于造价和维护等原因，只适用于局部景观节点，不宜大面积使用。

3.3.3　建立密度合宜的连续滨水岸线

1. 杜绝极端线性的滨水建设区

应控制一条由滨水区伸向腹地的梯度天际线，严控滨水开发密度。

在我们前一阶段的城市滨水区域规划中有一个比较普遍的现象，即将一河两岸所形成的围合性空间视为滨水空间的全部，如此形成的空间，必然是沿河一直展开，类似于线性的开发模式，这种模式对于环境的承载力以及城市天际线的变化、未来城市土地的极差及有效使用都会产生不利影响。当然，这种逻辑最直接的后果是我们所熟知的单一、无变化、无厚度、无层次的城市天际线设计。这种情况在我国二线城市的集中开发建设中屡见不鲜。而对一线滨水开发以及政府收储土地等常规步骤方面，需要再次强调的仍然是杜绝大盘站点，杜绝一线滨水的占地，但这又不是依靠呼吁就能解决的，其中涉及非常复杂的近期与远期规划、市民与地产商等方面的错综复杂的博弈。对此，笔者认为还是应该本着平衡兼顾的原则，而不宜过度强调某一方面，如民生需求或政府需求等。对于不同性质的城市与开发，政府应采取不同的措施，其中根本原则就是一条，即避免单一形式。比如对于财力雄厚的城市，在政府收储方面应该更多地考虑民生需求以及土地价值健康稳定增长的需求；对于用土地收益反哺城市基础设施建设的大多数城市而言，至少要率先划定出公众介入滨水所必须的通道和一定比例的公共绿地；同时在城市建设用地与生态平衡方面，建议借鉴美国经验，也就是在滨水一线的规划中，充分利用行政杠杆，尽可能多地将城市公共性质的文化、教育、科普宣传等功能向一线滨水倾斜。比如深圳在最近一期的前海规划中就明确划定了商业住宅以及区域文教机构在一线滨水的比例，人们可以畅想这样的规划建成以后，中小学生可以在美丽的校园里面晨练、苦读，推开窗户就能看到蔚蓝的大海。当然，其背后所涉及的诸如土地价值补偿、资源公共占有等方面的矛盾，也都有赖于政策杠杆的作用，纯粹的市场化运作实难达成以上目标。

2. 从公共政策角度划定滨水开放空间

应用规划调控滨水用地功能，并保持滨水规划的连续性。

滨水开放空间从第一步的蓝线划定上层岸线的尺度，到有目的地划定兼具湿地和蓄滞洪功能的蓄滞区，都带有着浓厚的行政规划色彩，应属于城市运营过程中的公共政策部分。前一阶段的城市建设的实践中，对于这一问题，讨论的核心点在于滨水区域的功能划定、土地置换以及每年的建设用地放量等方面。如果没有相关政策的配合，这些问题对于滨水规划的持久、健康仍将是一个掣肘。简单而言，就是要充分利用有效的公共政策引导滨水规划，其优势集中体现在滨水区域的产业切入，短期商业利益与永久性的城市滨水人居空间的维持、维护以及地域性、文化的传达等方面。公共政策的导向完全可以从根本上直接地一次性改变任何城市的滨水区域空间品质与改造方向。这种政策的规范往往不是设计团队和地方政府单方面所能控制的，而我们前一阶段的滨水规划中，长期采用的以房地产先行、以城市土地出让来维持城市基础设施建设及运营的做法，在相当程度上直接导致了滨水规划政策在长期利益和短期利益之间选择失衡，甚至失去理智。用普通市民最感同身受的一句话说就是：对城市高价值风景资源杀鸡取卵式的掠夺。站在全面、客观的立场上我们可以这么理解，即我国十多年以来的城镇化建设很大程度上站在了大规模房地产开发和土地出让金反哺城市事业这样一个巨人的肩膀上。换言之，如果没有这样一个粗放式的以土地换空间、以土地换资本的运作过程（当然，这其中不包括某些地方官员对国家资源的滥用），在中国城镇化起步阶段几乎没有任何一个社会力量可以滚动中国城镇化建设这一硕大无比的雪球。但是在下一阶段的内涵式城镇化发展阶段，公共政策必须为城市滨水规划做出相应理性的调整。下一步城市滨水规划，应该是通过对高质量、高价格的土地出让，为城市发展谋求更持久的利益。在这一阶段，公共政策可以更有效地影响滨水产业空间的更新换代，影响滨水人居环境的更新换代，并最终影响城市综合功能的升级。笔者认为这是一个多次循环的持久过程，滨水环境品质的提升，会极大地推动城市土地价值的进一步提升，最终为城市基础设施尤其是未来的绿色基础设施的提升提供充足的资金和推力。总之，我们已经走过了需要立竿见影、快速发展的城镇化阶段，新一轮的城镇化，尤其是对于东部地区而言，国际化大都市的发展目标需要我们更多地用长线式政策、伦理思维去做判断，更多地利用人与自然、社会与服务等广义伦理的概念去建立更持久的政策。

3. 用好城市设计过程

相关的内容包括：防止城市干道大型水利设施切分滨水岸线，适度功能疏散（图3-3-1、图3-3-2）。

在城市滨水规划的过程中，越来越多的城市采用了城市设计这样的体系外规划设计过程。这作为传统的省市一贯制的规划院体系所做工作的补充，对促进城镇化过程、建设具有国际化水平的都市起到了不可小视的作用，尤其是在塑造多样化城市空间和新型城市综合体的建设过程中，我们有必要强化并完善这一过程。以滨水规划为例，对于滨水区密度层次的划分，体系内规划往往只规定指标，控制性规划往往只规定特定街区的风貌、密度、占地等机械的量化依据，而对于其中涉及的大量的有关整体风格形式以及同一容量下不同密度的街区综合体的具体布局方式均属于空白。城市设计的过程可以在这些方面很好地补充不足[2]。

另一方面，涉及密度问题，可考虑用梯度控制原则去综合平衡滨水区域的综合密度率。总体原则可考虑大疏大密，即在总控阶段综合考虑到投资运作以及地价提升等多方面因素，能够在总体的收储公共型用地、出让建设性用地以及协调公益性文教用地之间做到比例平衡。这一步需要专业的团队以科学的态度得出结论，但总体指导原则宜考虑让出一线滨水，不仅仅是让出滨水的那片绿，还在于建设一座弹性规划的城市所必须的、为未来发展留下的空间。次级滨水区域（一般指一个街区以外并且在大型交通线内侧的街区）一般而言是重点的发展区域，在保持总体高密度建设的同时，需要考虑产业的选择与一定程度的有机疏散，这一部分内容，美国纽约在过去一个世纪的长期实践中，得到了很好的解决，其关键就是被称为容积率补偿的规划政策。即不反对建造摩天大楼和城市标志体，但在鼓励城市向上生长的同时，也一定要配合相应的绿色政策，使整个街区的整体密度达到适合人居的整体目标。通过这项补偿政策，有效地推动诸如街边花园、屋顶花园、口袋绿地等公共项目的实施。此外，这也是在行政规划的实施之外，通过市场杠杆对高密度城市有机疏散的一种变相支持。而以上所述的这些方面，都具有在规划和管理政策方面的综合性和灵活性要求，就其适用范围而言，大多已经超过了传统城市规划的范畴。在国家规划指导政策未发生重大改革之前，城市设计作为对体制性规划的一种补充，将继续存在，并在城镇化的第二阶段——内涵式城镇化发展（比如海绵城市的综合改造和提升）中，起到更重要的作用。

4. 为未来城市发展和重大城市活动留有余地

当前城市滨水规划中另一个重要的趋势是规划的阶段性缺乏弹性。实际上，任何一座滨水城市的改造和治理时间都会长达数十年，在这一漫长的历史进程当中，规划的许多要素如产业、人口和地价都会经历巨大的变化和反差。这种情况下，留有余地的设计，借鉴景观生长的理论，看待城市的生长，将更有利于滨水规划。关于此方面最惨烈的教训就是美国波士顿滨水的大开挖项目。大部分景观从业者和城市领导看待大开挖时，更多地着眼于它的惊人的投资规模和令人炫目的景观效果。大开挖作为一项世纪滨水工程

图 3-3-1 北京环路交通体系犹如巨大的堑壕，是造成城市空间割裂切分的主要原因，由此形成的基础设施系统也很少具有弹性和余地，在容量饱和的情况下很难实现二次发展

图 3-3-2　北京环路

留给我们的是深刻的教训，这项投资 500 多亿美元的项目，本质上只是为了当年（也仅仅是 20 世纪 70 年代）不留任何余地的波士顿一线滨水规划的失误埋单。可以说这一条通往剑桥小镇、通往哈佛大学的希望之路如果能本着留有余地的思想，哪怕稍稍退离滨水 1 千米，对于波士顿而言就可以省出 500 亿美元的投资。负责此工程的波士顿地方官员马修在回答中国《瞭望》周刊的记者提问时，特别提出了有关北京正在修建的六环以及更大的其他基础设施对于城市滨水和绿色基础设施的阻隔等问题。当记者问及北京是否也会像波士顿一样在未来的某一天不得不花费更大的投资，将巨大的环路系统埋入地下，以便实现北京公共开放空间的真正自由时，马修的回答相当肯定——"Of course."

5. 滨水绿色规划的优势

何谓留有余地的滨水规划？就目前情况看，万能式的滨水产品是绿色规划，即多种树，少建永久设施。绿色规划可以做到启动资金少，面貌改动大，同时可以应对以后任何形式的土地置换与功能更改。以市场价格为例，一般中国二线城市的普通滨水地区，在未开发之前，市场价值应该在每亩 100 万元以内，但是开发后，价格往往会达到 300 万元至 400 万元，甚至更多。以一个县区级政府投资 20 亿元为例，如果其中一半的资金用于收储，另一半资金用于提升改造，这样所产生的土地利用可以达到 1000 亩至 2000 亩。这一部分土地如果在规划中留有相当部分作为滨水规划的绿色休闲公园用地，所需要的开发资金，也基本会维持在 5 亿元之内。这样一笔经济账算下来就不难发现，我们只要用 15 亿元至 20 亿元的资金（不论是自筹还是贷款）就可以启动上千亩滨水区域用地，并且第一轮的滨水绿色用地的改造在其功能上既可以作为市民休闲，同时也可以加入苗圃、湿地等功能，为未来区域内的土地利用做好储备。此类公共开发和连续性的土地政策，可以为未来城市空间品质提升和城镇化健康发展打下坚实的基础；在开发初期，绿色导向的开发对单一地产项目的依赖不大。政府基础建设投资则可更大程度上用于公共设施改造与环境提升，使滨水开发在空间品质、灵活性和抗风险能力方面均体现出宝贵的“弹性”，即适应性。这远比“毫无保留”的立竿见影的规划要有效和长久得多。

3.4 引领城市复兴的滨水
——创造有型的、有身份的滨水空间

3.4.1 随水而变，让河流成为现代都市化之魂

水是文化的载体，城市河流曾经孕育了灿烂的城市文明，现代城市河流承载了城市发展的记忆，这种存在于城市历史之中的集体记忆在设计过程中必须加以凸显。滨水规划设计如果忽略了这种地域性特征，与地方文化脱节，其滨水景观必然缺乏个性，导致〝千城一面〞，无法表现景观的生命力。这种情形持续已久，归根结底在于地域文化的缺失，大一统的规模，一窝蜂地抄袭，模仿所谓样板案例，完全不切实际地照搬国外设计等。河流地域特色、文化身份的丧失，导致〝千河一面〞，继而〝千城一面〞，是目前的主要症结所在。

如今的城市河流治理，不仅要实现其水利功能，发掘其经济功能，更要开发其文化功能。滨水区域的复兴，既是水利安全、城市更新、景观提升等价值的实现，也是地域文脉植入和城市文化身份认同的过程。河流作为城市的文化名片和城市特色风貌汇集区，对城市意象形成具有决定性作用。做足滨水文章，往往成为城市功能开发与更新中的点睛之笔。20 世纪 90 年代，钱学森提出的〝山水城市〞设想，很快得到我国建筑学界泰斗吴良镛的赞同，并从人居环境整体发展的高度总结出全新的人居环境理论。其本质也是在满足功能、生态等条件下，进一步提升城市综合山水环境和人文地域线索。此例足以说明，创作有地域文化特色的、有身份的滨水越来越成为滨水再开发、城市区域复兴

的焦点和着力点。

有型的滨水的特点具有国际化都市的标志形象，同时又与当地的文化、历史有着不可分割的联系，我们称之为有身份的滨水。河流在时间和空间两方面所表现出的联系性，就是一个城市母亲河的身份所在。河流是有生命的，每一条城市河流流淌中，都有自己独特而有魅力的故事，这些故事往往已经融入城市的个性当中。城市功能的演绎必须〝因水而变〞，在治理河流的时候，我们不仅不能把这些故事湮没，而且要创造新的故事，为河流增添新的风采。到时候，人们坐船行驶在河上，看到的是旖旎的景观风光，听到的是一个个彰显这座城市、这条河流性格的故事。没有此方面特征的景观规划，或随意抹去这两方面的既有特征，都会造成风貌、特色的丧失，文化的缺失，最终造成无个性、无表情、无身份的〝三无〞河道。正如上海的黄浦江、天津的海河、重庆的嘉陵江等，没有了这些母亲河，便没有了对这些城市的文化记忆。新一轮滨水开发理应运用技术、艺术手段重新寻回那些缺失的集体记忆，这是我们提出重回母亲河、重回精明增长的重要出发点之一。

3.4.2 活力、人气和“有身份”的滨水——“世界最美的客厅”

面向亚得里亚海的威尼斯圣马可广场，这是一座没有任何〝装饰〞或刻意设计过的广场，却被拿破仑誉为〝世界最美城市客厅〞。其美好在于历代设计师都把最美的舞台留给大海、留给参与的公众，空间的主角是亚得里亚海的阳光、海鸥、鸽子，还有如潮水般来来往往的人流，每个人都能在空间中找到自己的兴趣所在，这是真正的属于滨水空间的丰富性，现实的力量、使用者的创造力超过任何设计师的想象(图3-4-1 ~ 图3-4-3)。

威尼斯城的形状像一条在海水中酣游的鱼，圣马可广场是它腹部一颗光彩的明珠。广场位于大运河入圣马可湖河口的左岸，东边宽约 80 米，西侧宽约 55 米。它是由教堂、钟塔、总督府、图书馆、法官官邸和铸币厂等围合而成的一个楔形空间。东南侧另有一个面向大海的入口，称作小广场。圣马可广场是威尼斯的象征，建筑史学家认为，它既是水域的客厅，又是剧院和招待贵宾的荣誉庭院。当年拿破仑占领威尼斯后，将广场东侧临海的原总督府改作行宫，至今仍有人称它为拿破仑宫。在威尼斯共和国时期，所有重大节庆仪式均在这里举行，例如耶稣圣体游行、海洋统帅就职仪式，以及著名的威尼斯狂欢节等。

图 3-4-1　从空中俯瞰圣马可广场。除了人流、座椅，这几乎是一个谈不上任何专门设计的广场（资料来源：bbs.godeyes.cn）

图 3-4-2　广场上永不停息的人流，用鸽子的想象开发着各种各样奇思妙想的空间活动

图3-4-3　水中的圣马可广场。威尼斯人的乐观幽默不知感染过多少来自世界各地的游客，即便是水淹广场、大雨滂沱，也丝毫不会影响游客、商家对空间的利用
（资料来源：bbs.godeyes.cn）

广场周围集中了水城最美的宗教、商业、政府、司法和文化建筑。它不愧为展现威尼斯城市建筑之美的大舞台。圣马可广场初建于9世纪，当时只是圣马可大教堂前的一座小广场。马可是圣经中《马可福音》的作者，威尼斯人将他奉为守护神。相传828年，两个威尼斯商人从埃及亚历山大将耶稣圣徒马可的遗骨偷运到威尼斯，并在同一年为圣马可兴建教堂，教堂内有圣马可的陵墓，大教堂以圣马可的名字命名，大教堂前的广场也因此得名〝圣马可广场〞。

每天，当亚得里亚海上第一缕阳光照进广场，这里就开始热闹起来，像一座永不冷场的舞台：等着看日出的各地来的摄影爱好者，清晨早起觅食的鸽子，冈朵拉小船里奏出的琴声开始广场热闹的一天；迎着朝阳，第一批游客从圣马可码头上岸，奔向大教堂、总督府，小乐队开始搬出各样的大小提琴，登台演奏，鸽子们一群群从四面飞来，与海鸥一起争抢旅客手中的食物，只要一小片面包，足够让你招引来上百只鸽子，最快的那只有幸可以落在你头顶，来晚的，只能在你肩上、背上扎营了；再过一会儿，从大教堂涌出的人群会四散开来，在各种店铺里寻找啤酒、冰激凌、面具、玻璃制品，然后是音乐咖啡座和午餐……如果遇到涨水，你还可以看到全世界绝无仅有的奇观，蹚水，游泳，雨中咖啡，乐队也乐得在水中继续演奏，其情形活像泰坦尼克号沉没前的那种演奏，却没有丝毫的悲切，甚至一直蹚在水里捧着大酒盘的服务生也依旧笑容可掬，依旧衣冠楚楚——精致的西装领结配上怪异的雨靴，整个广场都洋溢着威尼斯人特有的幽默和快乐……作为一个城市设计师感触最深的是，广场上已然是非常落后的排水、雨洪设施，似乎并不足以影响它执行快乐的城市客厅的职能，一群鸽子、几把椅子就足以吸引全世界的游客，足以让你感受城市之美了。

3.4.3 建立一个属于全体市民的，高度开放、连续的城市滨水空间——百年芝加哥滨水区域规划

何谓“有身份”的滨水？简单的理解应包括如下因素。

首先是属于市民的滨水，城市滨水区域首先是公共开放型区域，其主要识别因素均来源于市民，离开市民参与的公共区域，其身份、面目皆无从谈起。正如总设计师丹尼尔·伯纳姆在芝加哥滨水区域规划之初 (1906 年) 提出的那样：“滨水属于全体市民，每一寸滨水区域都应该为其市民所拥有、所享用”。(The lakefront by right belongs to the people. Not a foot of its shores should be appropriated to the exclusion of the people.) 其次是滨水的连续性，即不被商业或其他非公益性项目侵占蚕食，这就对城市滨水区域的规划管理和执行机制提出了极高的要求。就世界城市滨水区域规划与管理发展历程看，美国芝加哥、波士顿等城市滨水区域，在过去的百年建设中，很好地协调了公共性、开放性、连续性等因素，在滨水城市开放空间建设实践中走出一条极具示范作用的城市发展与管理之路，其核心在于：公共参与、法规协调及严格管理等原则。

1906 年开始的芝加哥滨水区域规划，本质上是芝加哥 1893 年世界博览会城市大规模改造规划的延伸。芝加哥世界博览会结束后，总设计师丹尼尔·伯纳姆被市政部门挽留继续作为城市规划的主要负责人，其间提出的一个重要思想是，在世界博览会基础上继续扩展城市公共开放空间，尤其是改善芝加哥沿密歇根湖的大面积滨水区域，使之成为未来芝加哥城市最为优越的休闲与运动空间 (图 3-4-4、图 3-4-5) 。

伯纳姆规划主要集中在滨水区域扩展、统一、与城市公园体系结合以及一系列庞大的公共建设，如游艇码头、海军码头、港口、体育中心、博物、会展等一系列滨水服务中心和宽达 1 千米、长达 6 千米的巨大的连续开放滨水，以及长达 47 千米、连续不间断的线状开放滨水空间，直接联系规划中的城市南北公园体系。该规划核心区域——中央滨水区的格兰特公园从规划之初直至 20 世纪末的千禧公园设计，几乎都严格遵循了百年伯纳姆规划的重要思想，即：为公众拿回滨水空间，并将所有滨水地区严格限制为公共使用性质。率先发展的滨水区域提供了芝加哥未来一个世纪城市空间发展所需的公共绿地，这种超前性，使人不由想到美国著名的景观设计师奥姆斯特德在规划纽约中央

图 3-4-4　从芝加哥西部看环密歇根湖滨水区域全貌
（资料来源：http://www.360doc.com/content/14/1219/07/535749_434041576.shtml）

图 3-4-5　从阿德勒天文馆（Adler Planetarium）南侧方向看格兰特公园全貌

公园之初就考虑为一个 800 万人口的世界都会准备绿色后花园。这两座美国城市在绿色先行、示范引领以及弹性规划方面几乎如出一辙，体现了高度的前瞻性。其间，奥姆斯特德等人也连续规划了芝加哥西部、南部和北部三大公园体系，形成了极为优越的城市绿色网络系统（图 3-4-6、图 3-4-7）。

一个世纪以后，当人们回望格兰特公园及密歇根湖滨水区其他公园体系规划建设的最终成果时，在诸如千禧公园、东部公园等 20 世纪末的新公园加入原有体系后的芝加

图 3-4-6　以格兰特公园为核心的芝加哥滨水核心区鸟瞰

图 3-4-7　从密歇根湖上看芝加哥中央公共滨水区域（资料来源：itbbs.pconline.com.cn）

哥滨水区域呈现出令全世界瞩目的示范效果，即一个真正为全体市民所拥有的且无差别、混合使用的高效率滨水城市空间的全面亮相；与芝加哥外围公园体及芝加哥河绿地紧密结合的绿色中心；集多种码头、体育中心、阿德勒天文馆、菲尔德博物馆和舍德水族馆等多个大型公共建筑为一体，包括芝加哥艺术学院、白金汉郡喷泉、戴利 200 周年纪念广场等标志性设施的城市活力区；由大量步行空间和多层次自行车道、慢行道、滑板道以及 12 个网球场和 16 个垒球场、大量家庭领养花园、示范花园组成的城市滨水运动休闲区（图 3-4-8）。

伯纳姆规划在整个 20 世纪持续完善，实现了将湖滨区域建设成为一座真正的城市中心的理想。作为芝加哥的城市窗口与城市客厅，在方便、舒适的基础上，用各种城市活动体现出市民对城市公共空间的主导作用——一座有文化、有面目、有芝加哥特色的城市公共空间（图 3-4-9 ~图 3-4-14）。

简·雅各布斯在《美国大城市的死与生》这部著作中提出的让芭蕾回到街头的理论，在芝加哥滨水百年建设中得到了最好体现：芝加哥几乎所有的城市节庆活动都在此集中上演，无数的城市事件在此凝集成芝加哥共同的集体记忆；1979 年，罗马教皇约翰·保罗二世（Pope John Paul II）访问芝加哥；芝加哥公牛队夺取 NBA 总冠军后的庆祝仪式；芝加哥爵士音乐节、芝加哥布鲁斯音乐节、Lollapalooza 音乐节以及 2008 年奥巴马以压倒性优势当选美国首位非洲裔总统后，在芝加哥父老面前激情四射的演讲集会均在此展开。奥巴马在那次演讲中的那句名言“我们可以做到。”（Yes，we can.）曾使无数的芝加哥人感到自信、自豪，对家乡、城市的认同感也在那一刻凝成城市的永久记忆。因在百年转换中变成全美城市环境的标杆，理查德 · 戴利（L.M. Daley，前芝加哥市长）也在那一年的美国景观设计师协会大会上被选为美国“最绿市长”（the Greenest Mayor），充分说明美国人民对芝加哥自 1893 年世界博览会以来城市公共空间尤其是滨水公共区域规划管理的成就予以的充分肯定。这与多年来，我们国内少数学者所持的那种视芝加哥城市公共区域规划为美国“城市美化运动”之典型的偏见实在是大相径庭了。在建立一个属于全体市民的，高度开放、连续的城市滨水空间实践中，芝加哥格兰特公园的规划与管理所凸显的民主、参与及法规一致性、延续性值得当代中国的城市建设者们充分重视，并重新考量其价值。

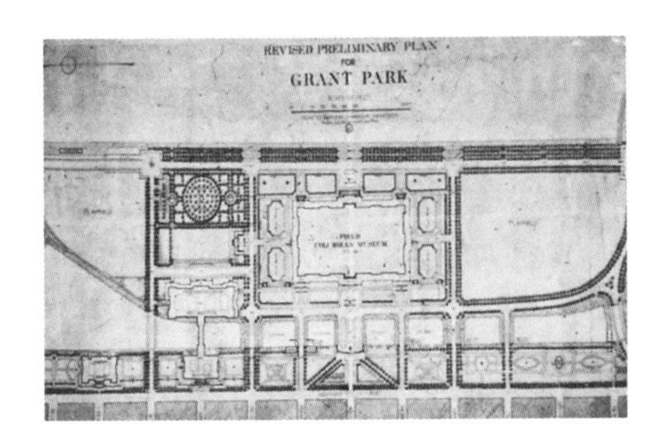

图 3-4-8　从伯纳姆、奥姆斯特德到SOM事务所的湖滨规划。SOM事务所在20世纪80年代对密歇根湖滨中央区域公共空间进行的再规划严格遵循了伯纳姆规划的理想——公共空间的连续统一，至今未有一座非公共或营利性建筑侵占到湖区的滨水一线，数十千米长的湖区岸线保持了难能可贵的统一开放性（资料来源：拍摄于美国景观设计师协会大会现场讲座与交流活动）

图 3-4-9　伯纳姆滨水规划北区。由奥姆斯特德设计的北部芝加哥公园体系

图 3-4-10　伯纳姆规划的格兰特公园中心区域。如今该区域已成为芝加哥滨水区域最受欢迎的休闲运动场所

图 3-4-11　格兰特公园以南的湖上游艇码头、美式足球运动场。城市集中绿地历来是芝加哥市民主要的休闲运动场地

图 3-4-12　北部滨水区域鸟瞰。从右到左，滨水区由海军码头游乐区、游艇码头、东部公园、千禧公园、芝加哥艺术学院等区域构成连续的休闲活动空间（资料来源：itbbs.pconline.com.cn）

图 3-4-13　20 世纪末建成的芝加哥千禧公园（Millennium Park of Chicago）（资料来源：itbbs.pconline.com.cn）

图 3-4-14　千禧公园“芝加哥的脸”和“云门”（资料来源：itbbs.pconline.com.cn）

注释

[1] 事实上，“景观”一词也产生于水岸风景的印象。“landscape”一词源于荷兰人的海景画“seascape”，本身就是一个水陆之间景色丰富的区域概念，它在本质上满足了风景的欣赏所必须具备的景深、视域、边界等方面的丰富性和尺度上的合宜性。

[2] 当然，有关国际联合团队共同主持中国城市设计的做法由来已久，但其中的弊端也是不言而喻的。比如，一流一线的外国团队，虽然具有极为丰富、全面的对于水治理以及对于城市运营空间布局方面的经验，但是对地域文化、生活方式、习俗疏于理解。国外团队的主力设计师与各地方政府之间的交流不止于语言，更主要的是思维交流的阻碍，往往会造成此类项目不应有的搁浅和偏差。这也是我们常说的国际、国内联合团队的水土不服问题。这一问题的根本解决还是要依靠我们本土的设计师得以走向世界，使国际一流的大师更加了解中国，最终得以解决。

第四章
城市滨水规划设计案例解析

4.1 城市滨水绿道
——以深圳绿道为例

4.1.1 绿道起源与发展历程

1.绿道

绿道（greenway）的意思是与人为开发的景观相交叉的一种自然走廊。它包括自然生态和人的利用两方面要求。美国绿道规划之初就具有双重功能：一方面，它为人的安全介入和各种游憩活动提供了空间；另一方面，它对自然和文化遗产的保护起到了促进作用。

以一个完整的现状空间引导，串联各种用于休闲游憩和生态保护的空间，线状空间的廊道不仅提供了从社区绿块到县级公园（County Park）再到州一级大型绿色开放空间的完整且与机动交通完全分流的大型安全廊道，同时廊道所留出的宽径也足以保证自然界生物的流通，尤其是留出生物迁徙必须的廊道宽径。查尔斯·里特（Charles Little）在其《美国的绿道》（*Greenway for American*）一书中认为，绿道就是沿着诸如河滨、溪谷、山脊线等自然走廊，或是沿着诸如用作游憩活动的废弃铁路线、沟渠、风景道路等人工走廊所建立的线性开敞空间，包括所有可供行人和骑车者进入的自然景观线路和人工景观线路。绿道是公园、自然保护地、名胜区、历史古迹及其他与高密度聚居区之间进行连接的开敞空间纽带。绿道通常分为：城市滨水区绿道，作为区域滨水复兴开发的一部分而建立起来；游憩型绿道，以自然走廊为主，但也包括河渠、废弃铁路沿线及景观通道等人工走廊；为野生动物的迁移和物种交流的自然生态型绿道；综合型绿道等。

2. 美国绿道的经验

美国绿道起源于 19 世纪后期的国家公园运动。以 1858 年老奥姆斯特德（Olmsted）和沃克斯（Vaux）规划纽约中央公园为标志，美国各大城市如波士顿、堪萨斯等城市进行了类似城市公园体系的建设，芝加哥为 1893 年世界博览会规划建设了完整的南部、北部和东部公园体系。19 世纪末，哈佛大学校长老艾利奥特（Eliot）的儿子、著名生态景观师查尔斯·艾利奥特（Charles Eliot）在奥姆斯特德规划的"翡翠项链"公园体系基础上，为波士顿沿查尔斯河口数百平方千米的市域范围内规划了绿色开放空间，此项研究进行了数年不间断的现场踏勘，最终波士顿成为全美第一个引入绿色开放空间体系的城市（图 4-1-1、图 4-1-2）。

第一条以绿道冠名的线性绿色廊道系统是新泽西至纽约布鲁克林的伊斯顿绿道（Eastern Greenway），由老奥姆斯特德设计。在 19 世纪末，波士顿长达 16 千米的城市公园系统——"翡翠项链"，被认为是美国第一条真正意义上的大型绿道。20 世纪 60 年

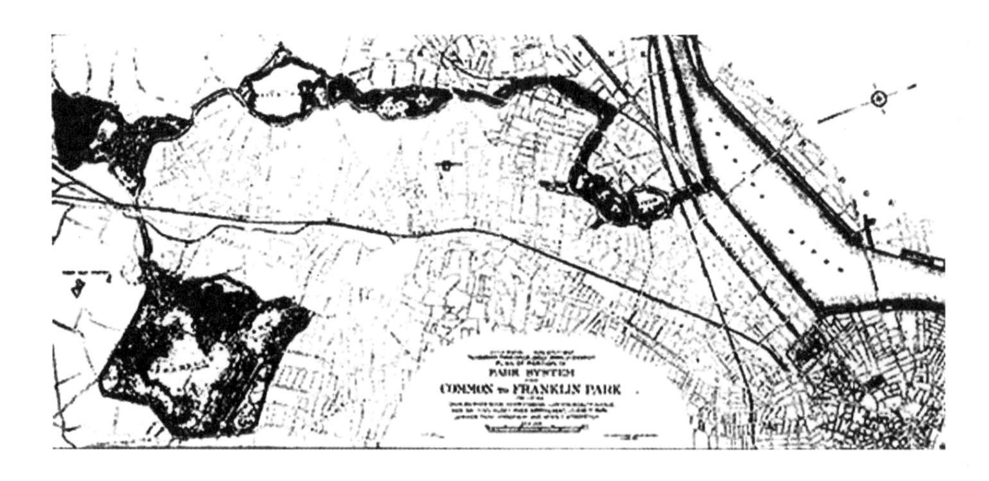

图 4-1-1　波士顿公园系统规划图。波士顿的公园系统被誉为"翡翠项链"，是最具代表性的作品之一，也是最早的绿道，对国家公园运动乃至整个职业的发展都产生了无法估量的影响。波士顿公园体系是以河流等因子所限定的自然空间为定界依据，利用 60～500 米宽的绿地，将数个公园连成一体，在波士顿中心地区形成了景观优美的公园。它连接了麻省的波士顿、剑桥，直达查尔斯河，在城市滨河地带形成 2000 多公顷的一连串绿色空间，由富兰克林公园（Franklin Park）、后湾沼泽地（Back Bay Fens）、尔斯河滨公园（Charles bank Park）、联邦林荫道（Commonwealth Avenue）、公共花园（Public Garden）等相互连接的 9 个部分组成。

图 4-1-2　波士顿公共公园现状。波士顿公共公园位于波士顿市中心，面积达 20 平方千米。于 1776 年以来，这里就是一个公共园地，算得上是美国最早的公园。波士顿公园在波士顿初建时期已经划定，供居民放养奶牛、士兵操练以及游戏、散步等户外活动。后来逐步演变为一座公园。1910 年至 1913 年，奥姆斯特德全面改造了波士顿公地：自然式布局的大树、大草坪，任人自由漫步，一派田园风光。

代，由于美国的货运重心从铁路转移到卡车，许多铁路被废弃，因此兴起了废弃铁路变步道的运动，并成立了相应的组织 Rails-to-Trails Conservancy（简称 RTC）。RTC 开始着手以废弃铁路线为主体建立一系列线状绿色开放空间，进而创建一个全国性的步道网络。最终，美国共有超过 20 000 千米的废弃铁路被转换成以休闲运动为主的各级绿道，这在美国绿道的发展中是个重要的促进。

从 1985 年里根总统签署《美国绿道法规》开始，标志着美国从废弃铁路改造的线性廊道建设区域完成，即从社区绿地出发，经由县级绿地至州以上的自然空间绿地，将全美各类型的绿色开放空间连接为相互贯通的安全廊道网络。其中，最具特色的是绿色空间的网络性、层级性和多选择性。

首要特征是安全性和多选择性。美国绿道诞生于大型干线交通在全美衰落之时，为全民及弱势群体（如孩子）提供安全的自然接入，是当时具有前瞻性的理念。美国各层级绿道，县 — 州 — 联邦绿道都保持了完善的独立网状系统和多选择接入功能。从理论上讲，一个美国孩子可以骑自行车通过各个层级的绿道网络，达到全美任意一块绿地或游憩空间，而不会受到机动交通的任何干扰和威胁（图 4-1-3）。

图 4-1-3 明尼阿波利斯绿道规划鸟瞰图。明尼阿波利斯（Minneapolis）的滨水绿道典型断面体现出高度的多选择、多接入口的特征。多层次宽径不等的绿道沿水岸平行展开，时分时合，形成变化丰富的线状公园或廊道体系，同时也利于多种形式的休闲健身活动展开。其滨水空间的典型布局为：水体—堤岸植被—2.5 米步行 / 慢跑路 —种植隔离带—2.5 米自行车 / 旱冰路—种植隔离带—直至水岸内侧的风景公路(资料来源：邬东璠，杨锐，刘海龙．水城明尼阿波利斯的公园体系 [J]. 中国园林，2007，23（3）：24-30.）

其次，绿道网状系统的功能得到全面提升。美国人从废弃铁路再利用出发，将休闲绿道理念贯彻到县级公园规划、国家保护区、历史名胜区保护等多目标诉求中，其间出现过老奥姆斯特德的呼吁及其后著名的"翡翠项链"线状公园体的建成。绿道发展的中期，美国人借诸如芝加哥世界博览会等国际展会的驱动，发展出城市公园体的系统理论，并于 19 ~ 20 世纪之交，在堪萨斯、路易斯安那以及芝加哥等地发展了历时百年、带有今日我们倡导的绿色基础设施性质的网络型线性廊道体系和永久性公园体系。至今这些伟大的绿色城市都以自己站在巨人肩上为骄傲，同时百年一贯的规划实施也为这些城市留下了全球罕见的高生态量、高价值生态补偿区域，在网状绿色系统中的生态量堪称全球罕见。

最后，美国绿道对于生物廊道及长远生态利益的兼顾与持久性维护也属罕见。这其中最典型的案例，是著名的景观师延斯 · 延森（Jens Jensew）对于芝加哥公园体系的改造。设计师在为人们提供绿色安全廊道的基础之上，不忘为生物留下足够的迁徙空间，项目声称任何一只野鸭可以通过任意一条郊外的溪流直接无障碍地游入和游出芝加哥动物园，在本质上将所有属于自然的绿色空间与属于人的城市建成区绿色基础设施结合成为一个完全互通的整体。这种绿道在综合功能发挥和自然进化维护等方面都走在了世界前列。所以，相当多的美国绿道，尤其是县一级的美国绿道在维护成本方面，其人力物力的投入远远小于中国当前的绿道系统建设。

3. 中国当代绿道的发展状况

中国的绿道建设也进行了5年左右的实践，走在全国前列的是广州绿道，而广州绿道又以深圳绿道的成熟、完整、先进性为最。在深圳全域近2000多千米的各种绿道当中，体现出如下特征：第一，类型的高度全面，既有城市型、自然廊道型、滨海滨水型的城市内部绿道，也有专为动物迁徙准备的纯郊野性的省级绿道。目前正在进行的环珠三角的水岸公园绿色体系规划，从历史角度看，与美国在19～20世纪之交为了各种展会进行的绿道整合相类似。第二，从国际大都市建设以及引导都市现代生活来说，深圳绿道也起到了至关重要的作用。

中国目前正在进行的绿道，包括著名的环渤海绿道、沿历史人文区域的京杭大运河等的文化休闲绿道，总体上形成从省到市到县区级多层次齐头并进的绿道。但是其中的问题也很多，比如绿道类型的单一化、绿道构成的简单化，缺乏网状多选择的规划。首先，大多数国内城市的绿道均采用单一线型，其绿道的可达性、多选性以及功能展开的场所均受到限制，大多数绿道只是简单地串联了已有的城市公园及其他基础设施，更直接地说就是用新型的材料在原有的道路基础上增加了为自行车、滑板行走的单一线性空间。在绿道、绿道线性廊道与块状的绿色开放空间上缺少多样化的链接与功能交互。绿道本身并未形成网状，这在相当程度上限制了绿道休闲功能的发挥。同时，在郊野型绿道与城市绿道串联的过程中很少考虑到生物廊道的必要宽度。其次，大多数经过历史名胜、自然风景区域的风景绿道受到沿途土地开发和高档地产的蚕食和占用，很多本应发挥强大的生态和休闲功能的绿道，被矮化为简单的风景区外的连接线。在深圳绿道的建设过程中曾经也发生过类似的情况，但深圳在诸如盐田大亚湾等穿越多个高档地产的城市建设中，很好地协调了各方利益，保持了绿道的宽径、联系性，保证了综合功能的发挥。

4. 深圳绿道规划

作为一个走在改革开放最前列，同时具有良好的气候水土条件的新兴城市，在缺乏悠久的历史文脉积淀和城市识别性的条件下，深圳充分利用了自身线性城市背山面海、多水域的特征，发展了规模庞大的类似于美国埃博拉起亚小路的纯郊野绿道。通过这种纯郊野廊道的设立，把城市周边原有的丰富多样的自然区域融合成一个以深圳为中心的综合性绿网，这一绿网成为当今深圳的年轻家庭节假日休闲的主要目的地。各种登山、水上、观海、聚会等一系列的城市休闲活动均能在绿道上展开，并得到多方面的满足。深圳绿道规划在多目标达成方面取得的成就远远高于全国的其他各类型城市。

深圳绿道规划是用绿道整合全市绿地资源，形成网络系统。绿道网是由2条区域绿道、2条滨海风情线、1条城市活力线、3条滨河休闲线、16条山海风光线组成的〝四横八环〞绿道网络体系，总长2000余千米，市民5分钟可达社区绿道，15分钟可达城市绿道，30 ~ 40分钟可达区域绿道，以此为市民提供一个低碳出行、休闲游憩的绿色空间。

绿道的提出为维护深圳地区的区域生态安全提供了一种有效途径。保持绿道的连通性是深圳绿道的突出特点之一，深圳绿道网络不仅实现与珠三角绿道网及生态系统的对接，同时以支状末端的绿道线路连接社区及场所，从宏观的区域层次、可实施的城市绿道及宜人的区级绿道3个层次进行规划，并在各个层次上做到相互衔接和控制。其中经过深圳市的区域绿道有两条，形成〝一横、两片〞的结构，包括2号绿道和5号绿道，主线总长度300千米，支线长度22.8千米，直接服务人口约545万人。通过规划建设城市绿道和区级绿道，完善深圳市绿道网结构，形成〝一轴、四区〞的规划结构。服务范围涵盖特区的6个区，串联深圳重要的公园，实现公园网络的连通与衔接。深圳绿道是关注生态功能、游憩功能与文化功能并重的多功能绿道网络规划。深圳特区管理线（二线关）联系深圳中部的森林公园与郊野公园，整合山地休闲资源；大运支线从北向南串联生态条件优越、素有〝山海龙岗〞之称的龙岗区、城市密集区与东南部山林。横跨东西的绿道线路连接东西部的海岸线，搭建起山城海一体的城市生态游憩空间体系。

全市绿道网总体布局为〝四横八环〞的组团 — 网络式绿道网总体格局（图4-1-4 ~ 图4-1-6）。

其规划目标是：

①凸显山海特质，体现滨海城市特色。通过绿道建设沟通山海，强化城市〝山 — 海 — 城〞的特色体验。

②构建三级绿道网络系统。构建总长2000余千米的〝区域 — 城市 — 社区〞三级绿道网络，市民5分钟可达社区绿道，15分钟可达城市绿道，30 ~ 40分钟可达区域绿道。

③衔接相关规划，健全生态功能。充分利用基本生态控制线的良好本底，促进线内自然资源与城市生活的互动。

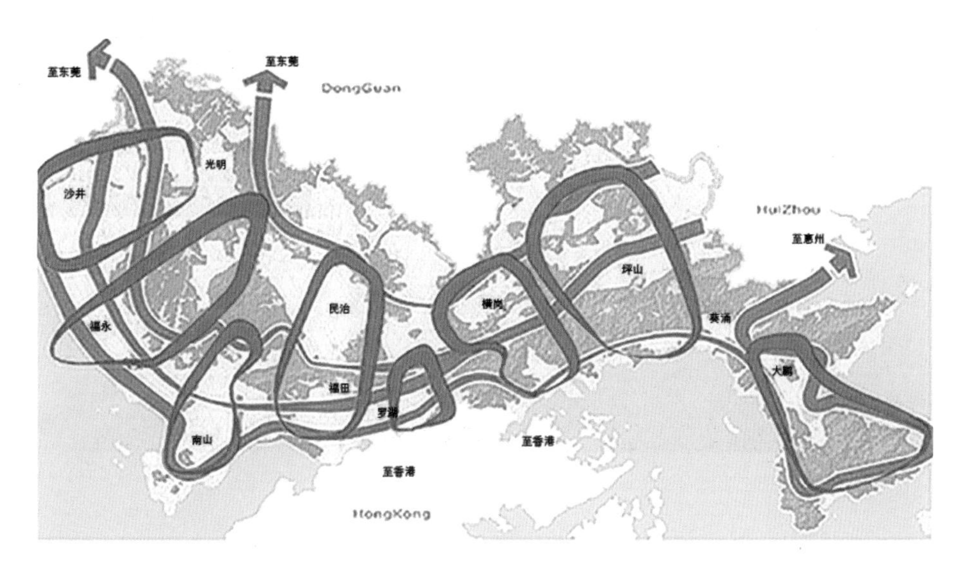

图 4-1-4　绿道“四横八环”总体格局

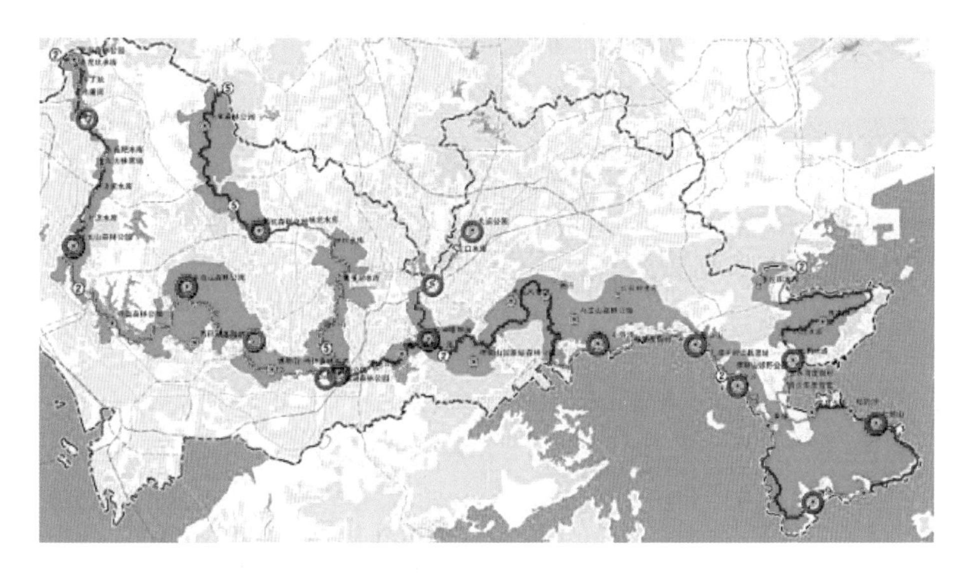

图 4-1-5　深圳绿道规划图

图 4-1-6 深圳绿道景观

④构筑与城市功能结构相契合的空间框架。打造由 2 条省级绿道、22 条城市绿道和 11 条社区绿道组团构成的组团 — 轴带式绿道网络体系。

经过 30 年的城市建设，深圳市的城市生态格局相对完整与稳定，区内拥有丰富的自然人文景观与丰富的生态游憩和历史文化资源。 深圳的城市发展目标是建设生态城市与低碳城市，绿道作为绿色基础设施，其建设与深圳打造生态城市的目标不谋而合，也是对深圳生态控制线以及生态绿廊规划的一种有效调整和利用。深圳绿道网规划建设必将对城市生态景观环境的建设具有重要的指导意义。

4.1.2 深圳福田河规划——城市中心的绿道

1. 建设背景

发源于北部山区梅林坳的福田河为深港界河——深圳河的支流，流域面积 15.9 平方千米，干流长度 6.8 千米，流经上梅林、笔架山公园、中心公园，穿过滨河大道在皇岗口岸东面汇入深圳河（图 4-1-7、图 4-1-8）。

在治理之前，位于中心公园内的河道功能单一，形态均一化；河流水体污染严重，河底河岸全部硬质化，"三面光"现象突出，河道护岸损坏现象较多，不但对生物的多样性造成严重影响，而且与其所处的公园环境严重不协调。河道两岸虽栽种有乔灌木，但植被形式简单，缺乏层次感，密植的防护灌木阻挡了人们的视线，封闭了河道，阻碍了行人进入，隔断了河道与人的联系。另外，单一的防洪功能导致河流空间形体与流经的公园相分离（图 4-1-9）。

2005 年，面对福田河存在的众多问题，在对中心公园历史保留的大片果林改造之际，市政府决定对福田河进行全面、系统的综合治理，并与中心公园的改造提升统一进行规划设计，解决福田河水污染严重、防洪能力低、生态景观不佳等问题，使其成为公园的有机组成部分，营造优美的水岸风景。福田河综合整治范围为笋岗路以北笔架山公园翻板闸至福田河河口段沿线，长约 3.9 千米，其中中心公园段河道长约 2.9 千米。

2. 总体构思

在满足防洪滞洪要求的前提下，设计团队提出"绿化 + 蓝化 + 人性化"的改造对策，用自然元素表现自然，构筑自然，重建具有生物多样性的生态河流（图 4-1-10 ~ 图 4-1-12）。

"绿化"：强调立体绿化设计，利用不同的标高形成台地绿化及斜坡绿化格局。

"蓝化 + 人性化"：通过扩大局部水面，强化河水与活动场地的有机结合，设置多种驳岸形式相互穿插、打破行人沿河漫步的单调感，满足游人的游憩心理。

3. 设计内容

治理福田河水污染，提高防洪能力——通过在河道流经的中心公园园区内设置一定面积的滞洪区来解除洪水对福田河沿线城区的威胁，将防洪能力提高到百年一遇。

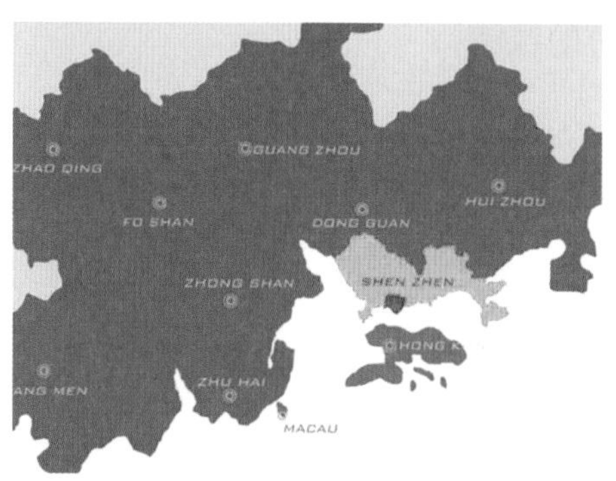

图 4-1-7　深圳市区位

图 4-1-8　福田河区位

重建具有生物多样性的生态河流——恢复河流的自然生态属性，对河岸线进行生态景观恢复和改造，营造丰富的岸线，为提高生物多样性提供条件。

营造多样化的滨水休闲空间——为市民提供亲水、赏水、玩水的环境，满足市民亲近自然与赏景游憩的需要。

整体规划滨河道路，增强与周边的联系——通过交通梳理和绿道贯穿，解决福田河各区块间交通连接不畅的问题，加强该项目的整体性。

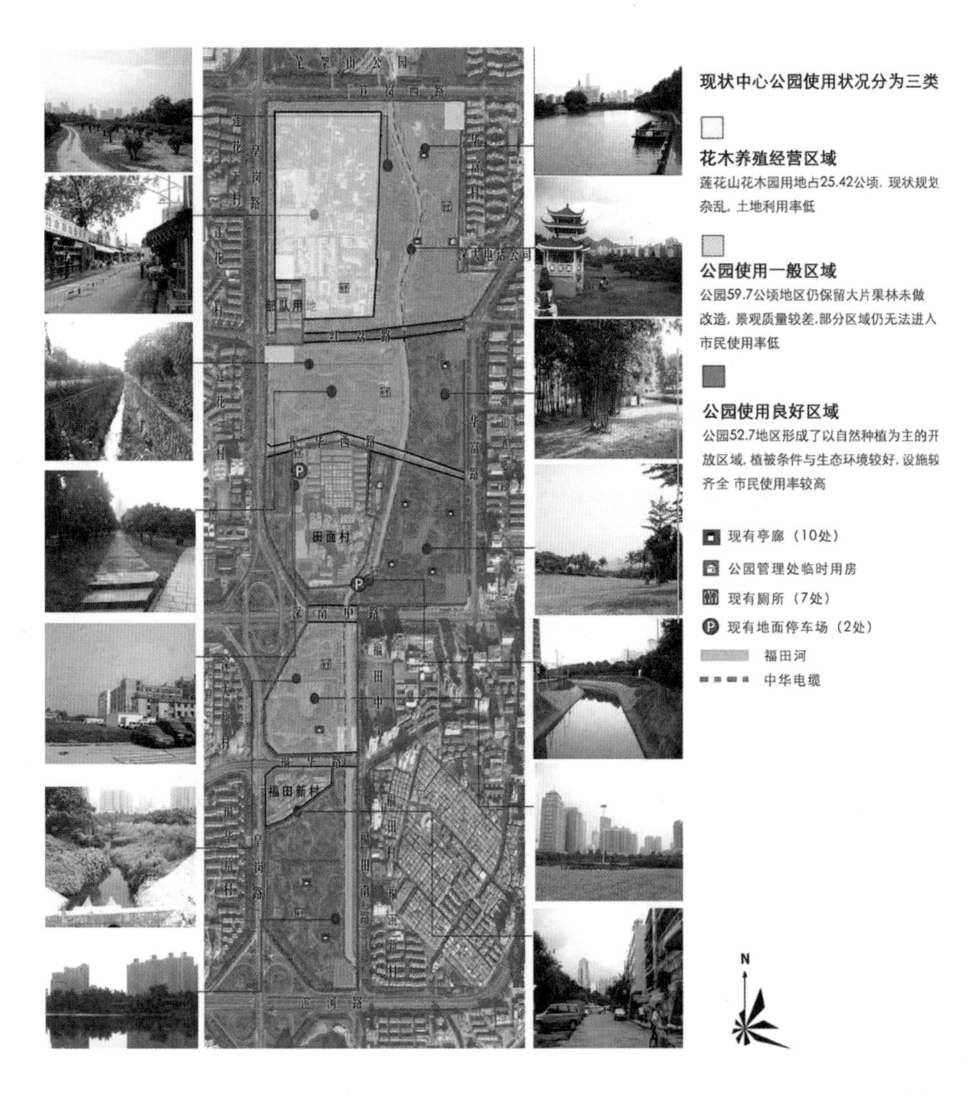
现状中心公园使用状况分为三类
花木养殖经营区域
莲花山花木园用地占25.42公顷，现状规
杂乱，土地利用率低
公园使用一般区域
公园59.7公顷地区仍保留大片果林未做
改造，景观质量较差，部分区域仍无法进入
市民使用率低
公园使用良好区域
公园52.7地区形成了以自然种植为主的开
放区域，植被条件与生态环境较好，设施较
齐全 市民使用率较高
现有亭廊（10处）
公园管理处临时用房
现有厕所（7处）
现有地面停车场（2处）
福田河
中华电缆
部队用地
田面村
福田新村
N

图 4-1-9　现状分析

图 4-1-10　设计效果图

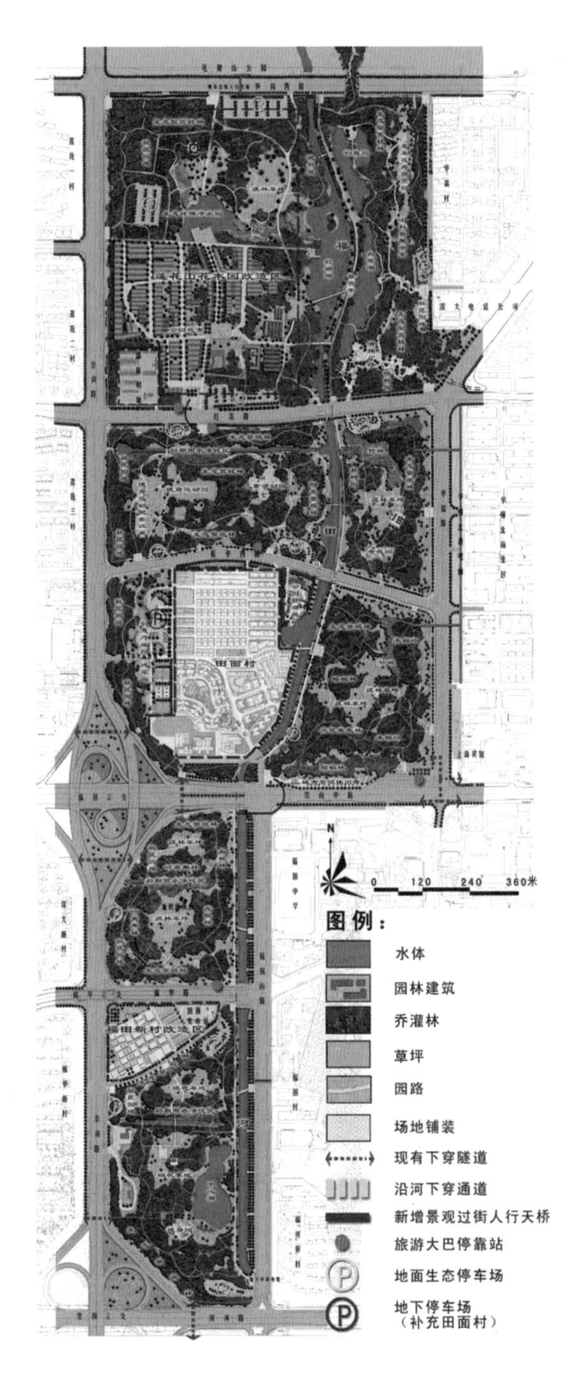
田面村
N
0 120 240 360米
图例：
水体
园林建筑
乔灌林
草坪
园路
场地铺装
现有下穿隧道
沿河下穿通道
新增景观过街人行天桥
旅游大巴停靠站
地面生态停车场
地下停车场
（补充田面村）

图 4-1-11　总平面图

图 4-1-12 设计效果图

4. 具体措施

1）防洪治理

根据百年一遇洪水滞洪需求，有效滞洪库容需约 19 万立方米。按照百年一遇洪水滞洪区可消减洪水量 24 立方米 / 秒计算，得出红荔路至笋岗路之间的 E 段东侧滞洪区约 3.7 公顷，西侧低洼凹地滞洪区面积约 2.2 公顷（图 4-1-13）。

2）改善河道水质

近年来，随着深圳市截污工作的开展，大量污水已回归到污水系统。但由于受到各种条件的限制，福田河截污后仍然有部分污水直接排入河道。另外，雨天初期雨水夹带的污染物也给河道带来不少的污染负荷。因此，福田河采用初雨收集管涵与分散调蓄池河道污水泵站或初雨抽排泵站相结合的方案，对河道进行污水截污，保证河水的水质。管涵布置点从福田河北环箱涵出口，沿河道西侧穿越笔架山公园、中心公园、滨河路箱涵到福田河河口，截流两岸难以分流的少量污水及初期雨水送到滨河污水处理厂，并将处理后的中水回补河道，降低河道中的污染物浓度，促进水体交换，增强河道的自净能力。同时在笋岗西路以南的滞洪湖泊中增加湿地生态岛，再次净化补入河道的中水，使水质达到景观用水的标准，保证河道的水质与水源满足河道的观赏性水体要求 (图 4-1-14、图 4-1-15)。

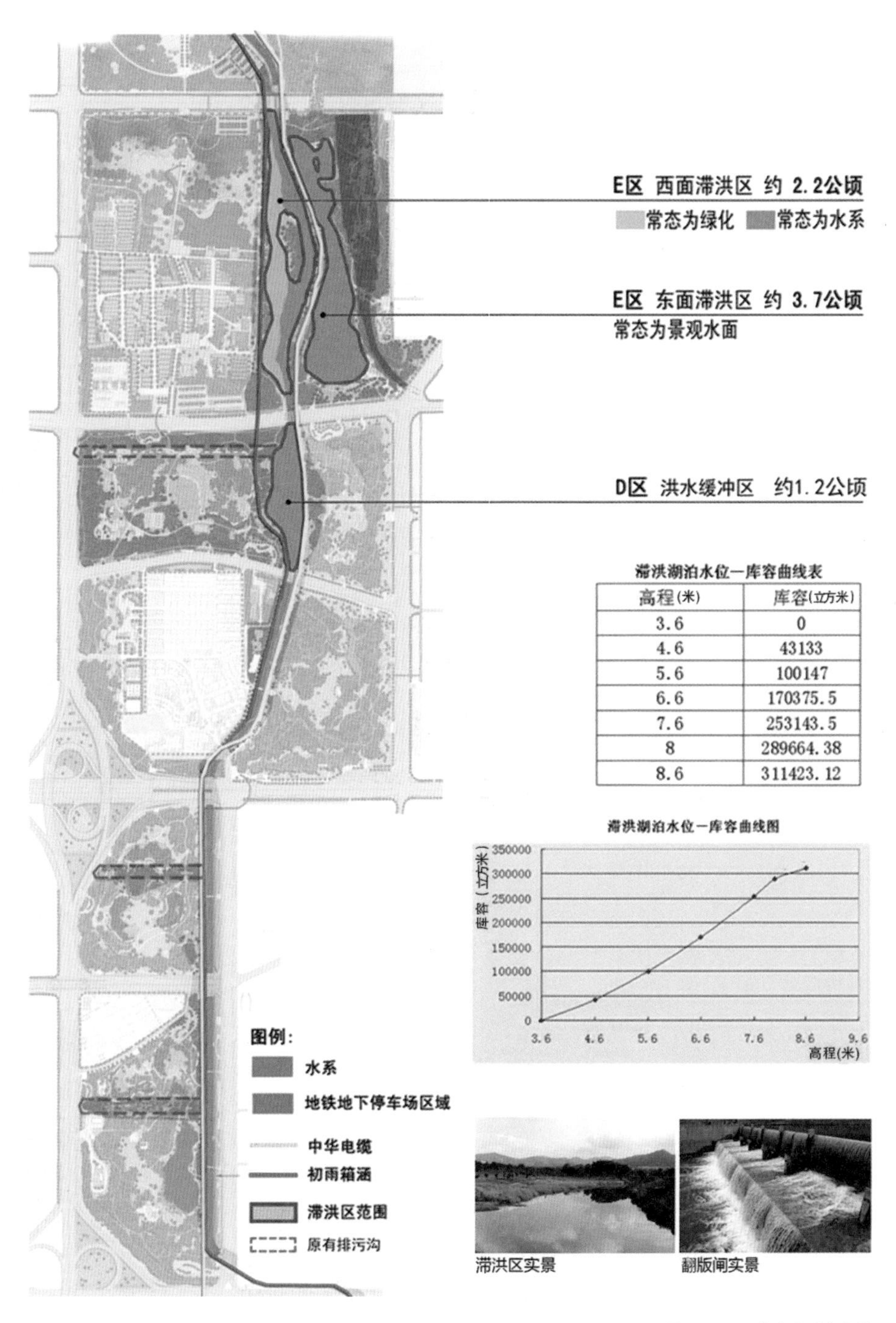

高程(米)	库容(立方米)
3.6	0
4.6	43133
5.6	100147
6.6	170375.5
7.6	253143.5
8	289664.38
8.6	311423.12

图 4-1-13 防洪治理分析图

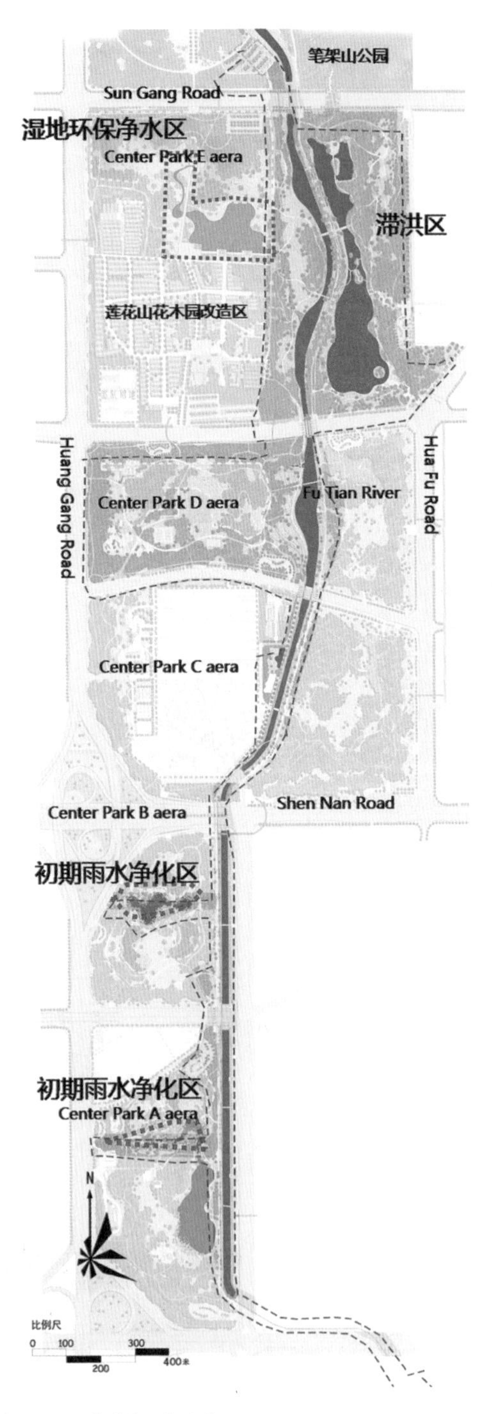

图 4-1-14 水质处理分区图

建设之初

水质浑浊

湿地建成

水质净化

图 4-1-15 水质处理过程

3）恢复自然生态水岸

由于担负着城市防洪排水的重任，位于深圳中心区的福田河在 1989 年按照 50 年一遇标准被进行防洪渠化处理，河道河底河岸全部采用浆砌石或混凝土护砌，呈现"三面光"的面貌。这样做虽然能够达到雨洪畅通，但忽视了河道的景观及生态功能。所以，改造方案中，为了保证城市防洪标线水位以下部位的防洪和防冲刷问题，保留原硬质河底，利用拆除弃石采用石笼做护岸材料；景观水位以上部分河岸，由于洪水冲刷的概率较低，但还存在冲刷、侵蚀作用等因素，采用具有生态性能、抗冲刷能力的生态工程袋做护岸材料。同时对采用石笼和生态工程袋形成的驳岸进行景观绿化，让两岸水泥块的边坡再现松软的土壤和鲜艳的绿色。另外，沿河增设亲水平台与亭廊，提供水岸休憩和活动空间，满足市民的亲水与赏景要求（图 4-1-16、图 4-1-17）。

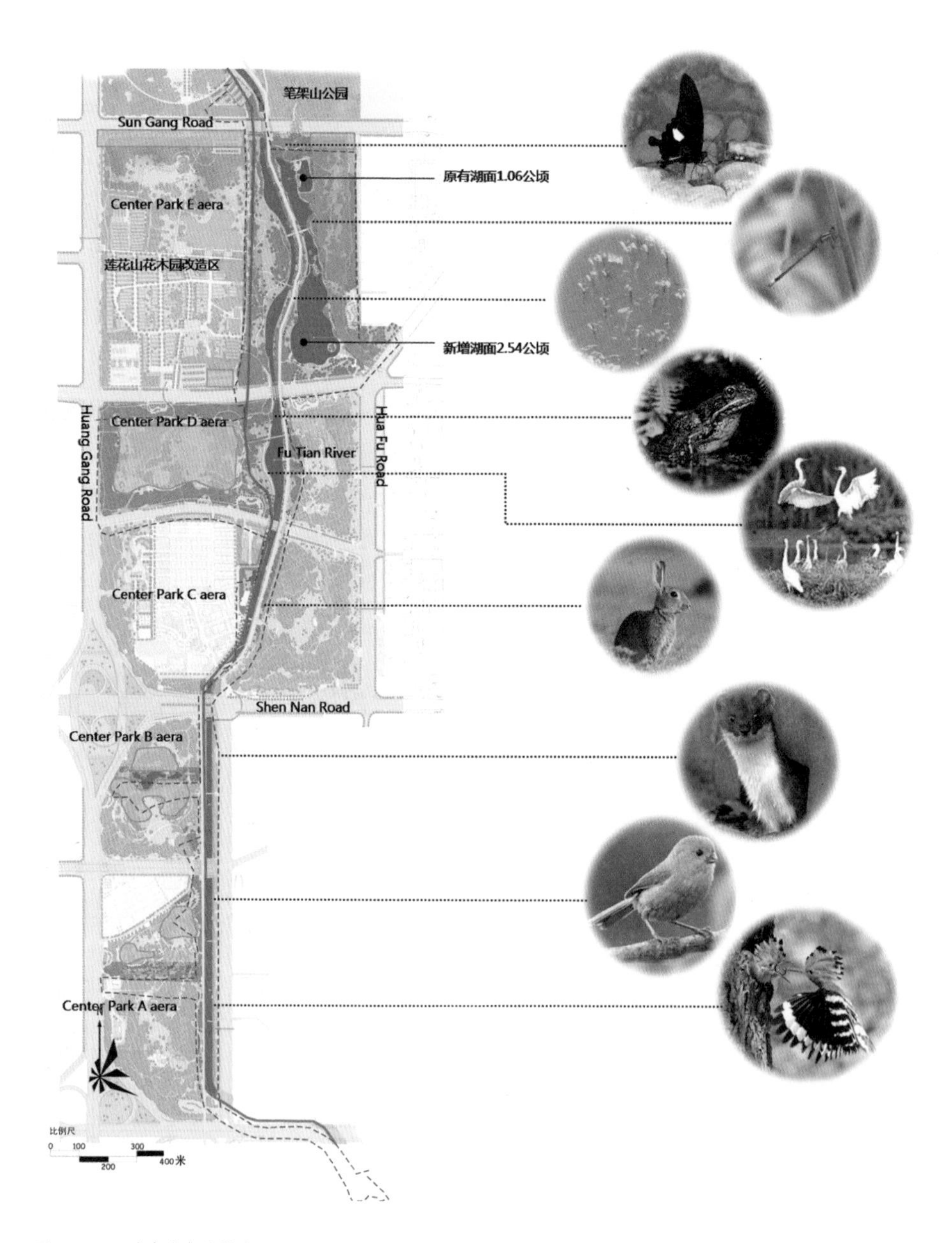

图 4-1-16　生态修复设计图

改造前生硬的河渠

改造后变为亲水型水岸

改造前单调的水湾

改造后成为生态水岸

改造前单一丑陋的跨河桥

改造后与自然融为一体的美丽拱桥

图 4-1-17　生态改造前后对比照

4）加强区块连接和交通建设

福田河流经的深圳市中心公园被城市几条东西走向的主干道分成大小不等的5大片，同时，南北向的城市干道将5大片区与周边的居住区、商业区隔离开来，其间几乎没有人行天桥或地下通道这样的安全通道使游人可以畅通无阻地到达并游览各个片区，公园各区块相对孤立，缺乏整体性。规划沿福田河架设东西向的跨河人行、消防车行景观桥，加强周边环境与公园的联系，并在现有城市干道下面，沿河道建立南北向的下穿人行通道，连接起被城市干道分割的公园各片区，解决各区块间交通链接不畅的问题，使公园整体性得到加强（图 4-1-18）。

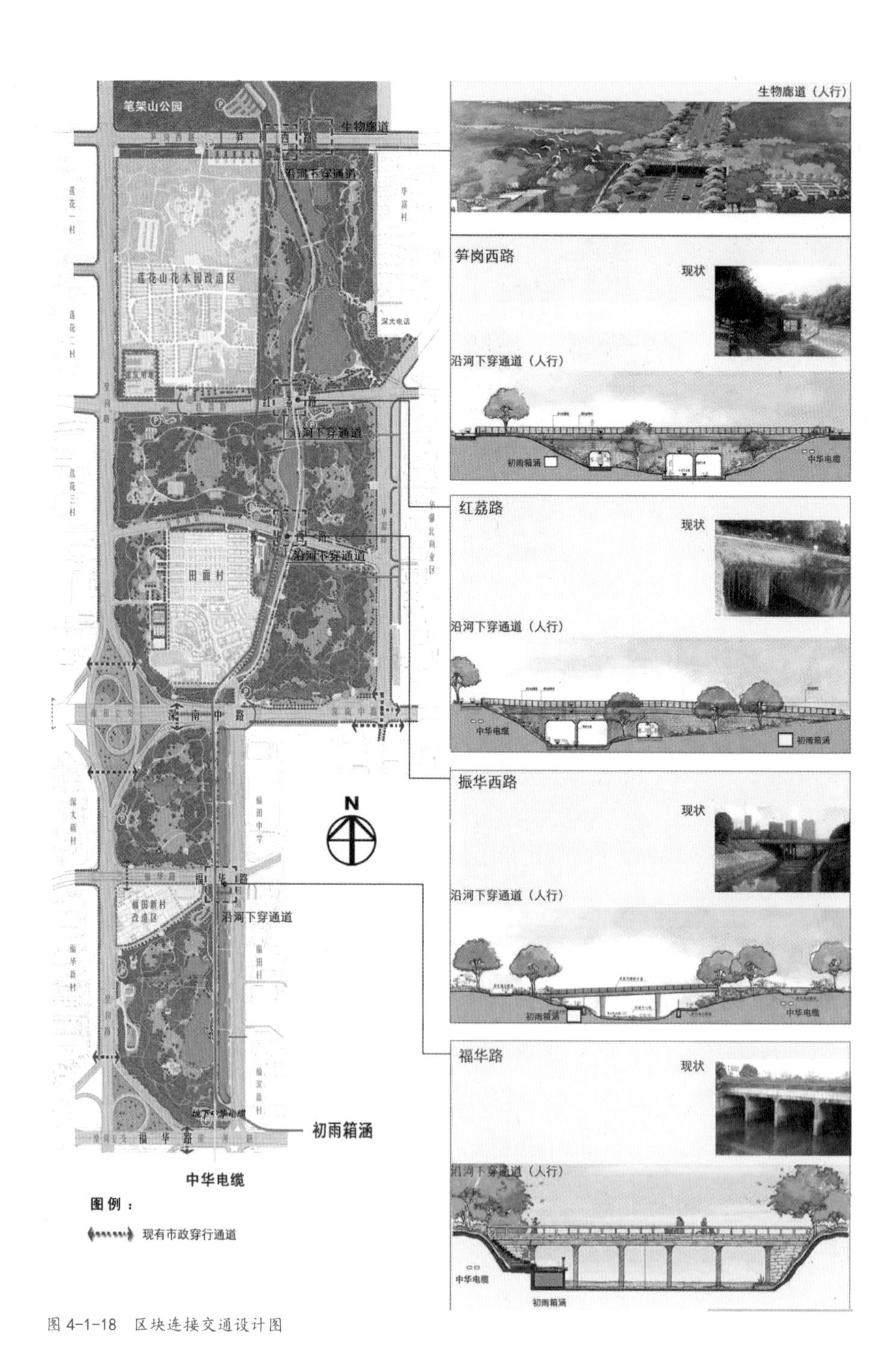

图 4-1-18　区块连接交通设计图

5）营造多样性的植被景观

在满足防洪要求的前提下，充分考虑滨水生态系统的功能和结构上的特殊性，结合福田河自身的气质特点，沿河植物设计以5月开花的凤凰木为主景，搭配高大常绿乔木，以深圳市花簕杜鹃为花灌木基调，点缀其他开花乔灌木，突出“红色五月，四季有变”的主题特色，营造空间关系明晰、层次丰富、四季变化的河岸植物景观。

5.结语

福田河综合整治是深圳市政府实施的一项民心工程，也是深圳市水环境整治重点工程之一。它不仅使河道的生态景观功能得以全面恢复，还有效地将河道的防洪标准提高到百年一遇的水平。南北纵贯笔架山公园与中心公园的福田河，成为联系两大公园的纽带，共同构建城市中心区的生态景观走廊。历时6年，在深圳市委、市政府与水务局的大力推动与指导下，经过设计团队及施工单位、监理单位的共同努力，福田河综合整治工程已全部完成，产生了良好的生态效益、景观效果和社会效益，获得了社会各界的广泛赞誉。

如今，福田河沿线波光潋滟，流水潺潺，草木茏葱，鸟语花香，昔日令人掩鼻的“臭水沟”已水清岸绿，重现自然生机（图4-1-19）。

图4-1-19 现状照片

4.1.3 深圳盐田大梅沙滨海绿道规划

1.项目背景

从世界范围的经验来看，滨海、滨水区将越来越扮演城市经济引擎的重要角色，同时也将对生活品质和城市吸引力产生越来越大的影响。处于城市快速发展期的深圳，其依托港口和临港产业的经济发展模式仍将在很长一段时期扮演重要角色。而将深圳着力打造成具有丰富滨海特色的国际化城市，已然成为新一轮城市发展中确定的重要战略目标。

盐田区山海风光资源丰富，西起沙头角，东至大小梅沙共有长约 19.5 千米的滨海岸线。规划的滨海步行廊道将完善东部滨海旅游体系，并且承载着深圳建设国际化滨海旅游城市的期望。而大梅沙海滨公园木栈道作为 19.5 千米滨海岸线重要的组成部分及节点，对于深圳打造国际滨海旅游城市，提升盐田及深圳的知名度都具有重要的意义（图 4-1-20）。

图 4-1-20　现状分析

2. 现状分析

深圳大梅沙的地理位置优越，位于东部滨海步行廊道的黄金地段；现状是大梅沙公园已经成为深圳的名片，成为本次绿道规划设计的有利平台；大梅沙公园前期规划设计非常合理，已经形成了特有的景观布局。

这里存在的问题是：交通非常不便利，节假日压力非常大；景区人流压力非常大，节假日人流严重超过公园设计的人流荷载；公园管理不完善，力度不够（图 4-1-21 ~ 图 4-1-23）。

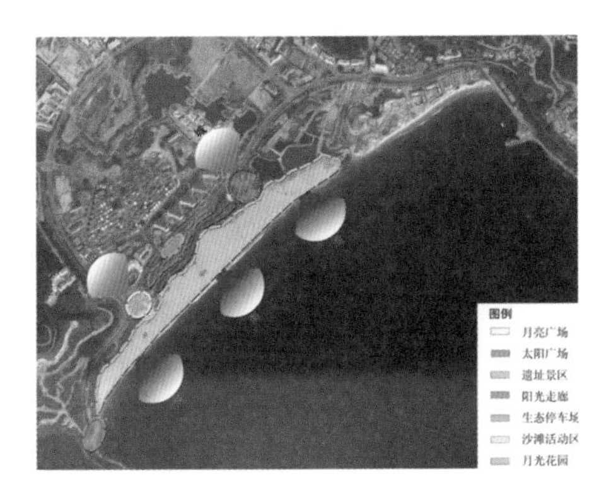

图 4-1-21　现状景区规划示意图

图 4-1-22　现状交通分析及服务设施分布

图 4-1-23　现状景区游人分布示意图

1）人流

大梅沙海滨公园规划日均游客接纳量为 1.2 万人，高峰期为 3 万人。目前实际游客数量远远超过规划的游客容量，尤其是在节假日。造成这样的原因很多，并不是当初规划可以预料和控制的。从长远看来，大梅沙必须进行封闭式管理，控制每天游客人数，这样才有利于可持续发展（图 4-1-24 ~ 图 4-1-26）。

图 4-1-24　大梅沙小长假等公交的人流

图 4-1-25　大梅沙小长假周围交通

图 4-1-26　大梅沙小长假景点人流

2）结构

大梅沙海滨公园作为一个有机整体的存在，各个景区之间应相互联系、融合，但是现状横向上东西月亮广场和月光花园之间仅靠一个木栈道相连接，联系比较薄弱，引导性较差，识别性也不强，容易使人产生这两段割裂的错觉；横向木栈道与沙滩和海边缺乏必要的联系。在本次改造中，在此段设计特色的木栈道，使之无论是在横向上还是纵向上都具有连续性和引导性。此外，结合木栈道可以放置具有滨海特色的标志性和象征性的园林小品来加强连续性和引导性（图 4-1-27 ~ 图 4-1-29）。

图 4-1-27　横向上唯一的联系是一条 1.5 米宽的木栈道

图 4-1-28　纵向上唯一的连接是月光花园旁的平台花园

图 4-1-29　“羽翼人”已成为大梅沙的标志

3）设施与细部

大梅沙海滨公园的木栈道由于铺设时间长以及游人过多等原因，造成现状破损严重，不少地方中断；路线狭窄，人流和非机动车流混杂，影响游人安全；部分段与场地衔接处理不好，坡度太陡，行走不便；提供给人们停留和休憩的场所偏少。此次重新设计中，针对以前出现的问题，选择更加优化的路线，使游人无论从行为上、心理上还是视觉上都能得到最大的满足（图 4-1-30 ~ 图 4-1-32）。

大梅沙海滨公园的目标是打造世界一流的海滨度假公园，参考其他著名的海滨公园，给游人提供一些免费的设施如雨伞、躺椅是必要的。

图 4-1-30　木栈道损毁严重，游览路线中断

图 4-1-31　栈道与场地的衔接处理不好

图 4-1-32　坡度较陡，不利于行走

3．设计原则及目的

大梅沙海滨公园总体布局依城面海，自然环境优越，北靠山脉，从西北向东南方向延伸，形成绿色带状空间。山、海、城、沙滩形成多层次的带状空间布局形式。前期的规划设计将公园分为月亮广场、太阳广场、遗迹景区、阳光走廊、生态停车场、沙滩活动区以及月光花园共 7 个空间布局。海滨木栈道的设计将延续前期规划设计的空间布局，合理设计，使木栈道成为连接各个景点的纽带，同时木栈道本身也将成为大梅沙海滨公园的重要景点。

因此，我们应该挖掘地块景观潜力，以人为本，在大梅沙海滨公园整体的系统之基础上，不断完善，使之更合理，建设特有的海滨木栈道。

4.设计内容

木栈道的景观设计分为两段主要的区域——一段是穿过公园的中心区域和北部的活动区，设计有被动的景观“口袋”；另外一段则是贯穿东边的休憩观赏区，设计有多个景观节点。一条连续的曲线，沿着带状的空间布局，将各个景观节点有机地联系起来，在景观的尺度上展示空间感和方向感。木栈道设计围绕功能建筑和主要广场设计了各种充满乐趣的平台和小品，形成了一个独特的“裙带”，为公园营造了新的空间。这些空间不是随意布置的，而是依据环境因素、人流压力和场所条件进行设计的（图 4-1-33）。

一条流动的滨海木栈道，充分利用沙滩和场地之间的关系，蜿蜒地穿过公园，把各个空间有机地联系起来，为游人提供了一处散步休憩的开敞空间。在木栈道的设计中，景观的质量和精彩达到了一个新的层次，而木栈道本身也将成为大梅沙海滨公园新的景点。

图例：

01 木平台一
02 嬉戏栈道
03 木锥和座凳
04 木栈道（2.5米）
05 木台阶
06 木平台
07 带靠背的平台一
08 “岛”
09 带靠背的平台二
10 木平台和台阶
11 散步道
12 木平台和木台阶
13 林荫木栈道
14 烧烤平台
15 古榕坡
16 礁石
17 穿过沙滩的栈道
18 月光酒吧木平台
A 游艇俱乐部
B 摩托艇售票点
C 烧烤场
D 游乐设施
E 生态厕所及小卖
F 湖面
G 张拉膜
H 太阳广场
I 愿望塔
J 阳光走廊
K 厕所及冲沙池
L 月亮广场
N 服务建筑
M 污水处理站
O 大梅沙管理处
P 厕所和垃圾中转站
Q 爱情湾入海栈道
R “天长地久”景石

图 4-1-33　木栈道总平面图

木栈道的最北边设一个延伸到沙滩的眺望平台（图 4-1-34），可供游人观赏游艇和远望整个大梅沙海湾。结合地形设计了可供游人倚靠的斜面木板。木铺装沿着栈道的方向铺设，加强了栈道的流线感。在空间的分流处设计有成组的三角锥，增加了景观的趣味性，同时也增强了栈道的立体感。改造后，木栈道将观景平台、小卖部、小型游乐场和林下步道等一系列功能设施串联起来，将人流有序地分散在沙滩上活动（图 4-1-35、图 4-1-36）。

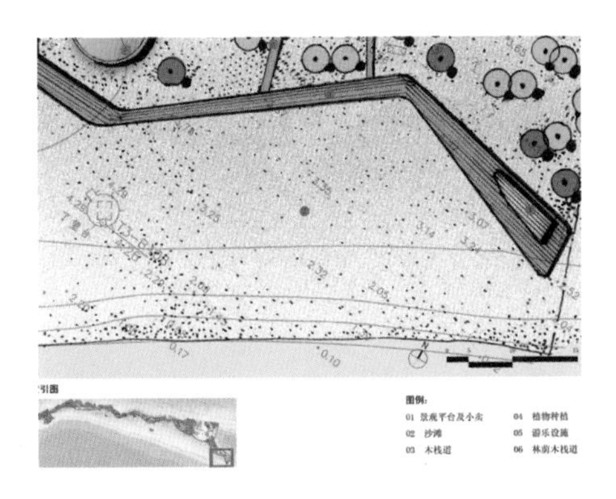

图 4-1-34　放大平面 1

图 4-1-35　改造前沙滩

图 4-1-36　改造后效果图

在太阳广场的入口——木栈道的交会节点处，作为滨水活动区的步行枢纽，通过顶部张拉膜遮盖的方式在此形成一个篷下休憩和活动的空间，强调了广场入口，加强了木栈道和广场之间的联系，并且丰富了在木栈道上的游览体验（图 4-1-37 ~ 图 4-1-41）。

在太阳广场西边的木栈道中段，形成了围绕建筑物和广场的木栈道放大成独特的裙带，这些裙带形成了一条巨大的散步道和形式丰富的休息集散平台——“岛”形休憩阶梯（图 4-1-42）和靠背式短歇停驻点（图 4-1-43），为不同活动类型的人们提供相应的设施。

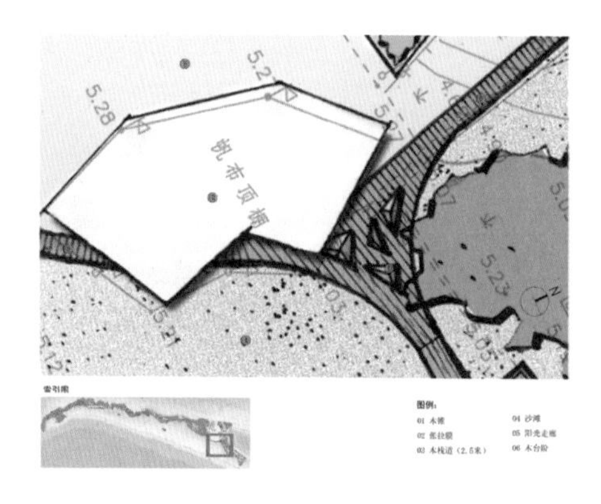

图 4-1-37　放大平面 2

图 4-1-38　改造后节点的效果图

图 4-1-39　改造后现状

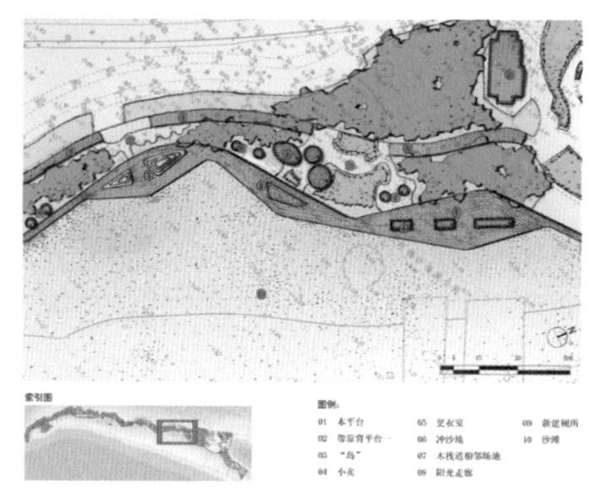

图 4-1-40　放大平面 3

图 4-1-41　改造前单一形式的木栈道

图 4-1-42　“岛”形休憩阶梯

图 4-1-43　靠背式短歇停驻点

在场地的南部，茂密的树林和沙滩之间，木栈道不仅加强了两个不同片区之间的联系，而且以树林为背景，结合沙滩树木的种植，通过阶梯看台的方式将海滩围合出活动的场地，并形成一个视野开阔的休憩和观景的平台（图 4-1-44 ~ 图 4-1-53）。

在场地的南端，木栈道结合之前场地中的礁石以及场地的高度差，整合了这一重要的景观节点，依次设置了月光酒吧、烧烤平台和天长地久景石。在礁石中栈道延伸至爱琴湾的海面，成为通向海面的入海口。

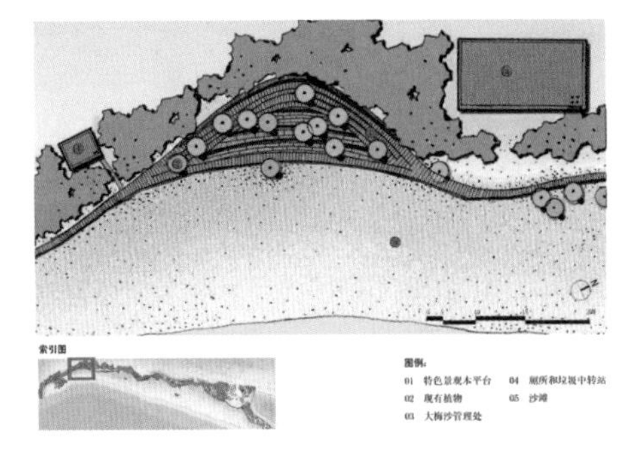

图 4-1-44 放大平面 4

图 4-1-47 阶梯观景平台剖面

图 4-1-45 改造前场地

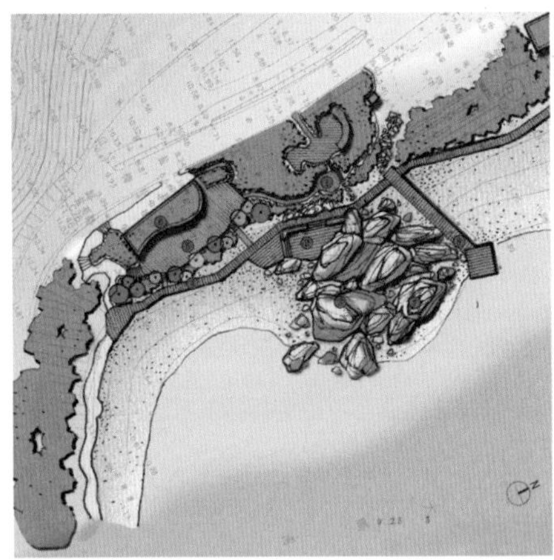

图 4-1-48 放大平面 5

图 4-1-46 改造后的效果图

图 4-1-49　改造前的坡地沙滩

图 4-1-50　改造后木栈道围合滨水沙滩

图 4-1-51　改造后的沙滩坡地，逐级向海边延伸

图 4-1-52　改造前的礁石中沙地

图 4-1-53　改造后接近礁石的木栈道

5. 细节与构造

木栈道作为连接整个大梅沙景区的重要通道，对引导人流起着重要的作用。经过调研和分析得知，父母携带小孩时以及情侣在一起时往往并排而走。考虑到逆行的人群，步道宽度以同时容纳 3 ~ 4 个人并排行走为宜，像大梅沙木栈道每天有大量的游泳人群从其上通过，尽量免受周围人群的干扰显得尤为重要。综上，大梅沙木栈道的宽度选择双向能容纳 3 个人舒服通过的宽度宜为 2.5 米。（图 4-1-54 ~ 图 4-1-58）

在木栈道的构造设计上，充分考虑其特殊的地理位置和气候特征以及环境压力，采用先进的构造做法，龙骨采用不锈钢槽钢，利用不锈钢螺栓固定木板，龙骨与预埋件固定。结构柱采用钢筋混凝土结构，基础为混凝土整板基础，间隔大约 20 米设置沉降缝，防止不均匀沉降。这种构造做法既能适应海边恶劣的环境，又经久耐用，并且后期维护成本低。

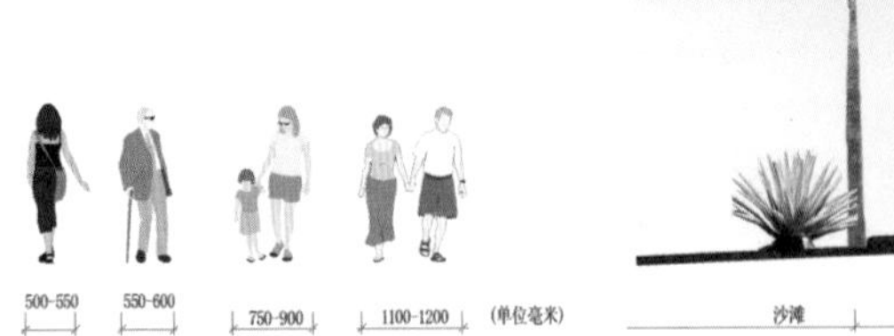

图 4-1-54　行人道路使用尺寸标准

沙滩
2500
木栈道
木栈道周边绿地
(单位毫米)

图 4-1-55　木栈道标准断面示意图

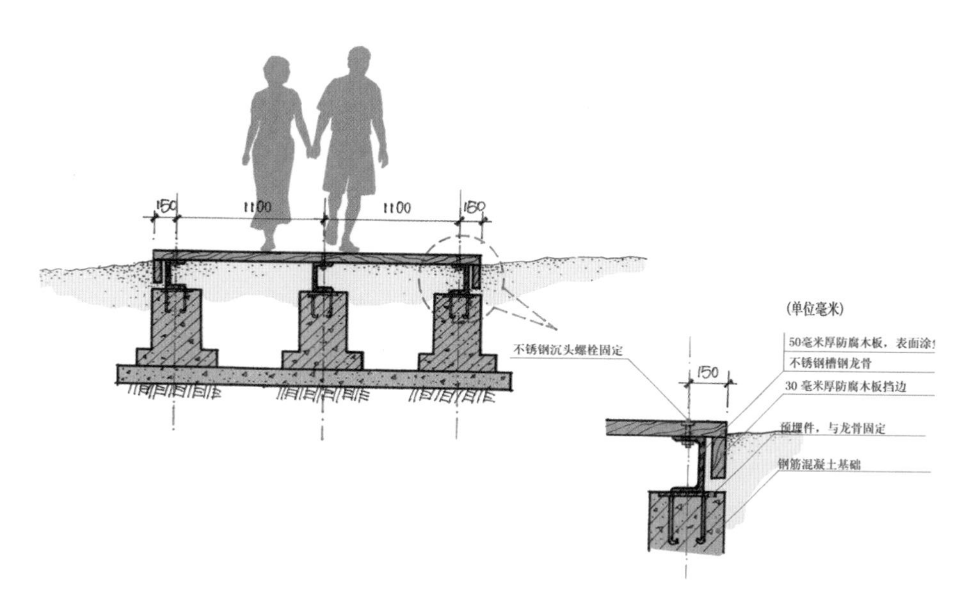

图 4-1-56　木栈道标准段构造详图

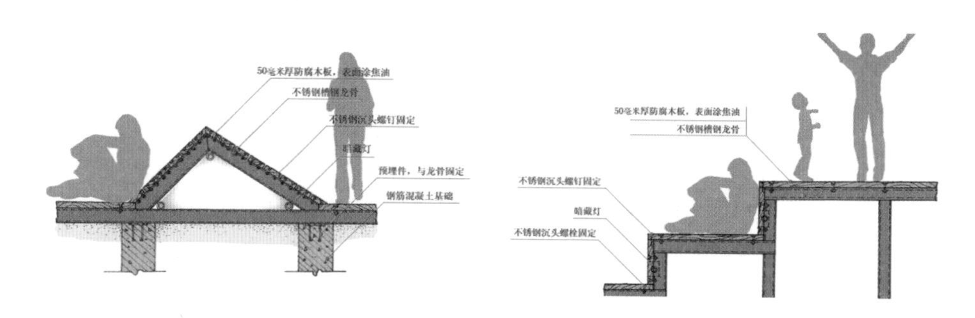

图 4-1-57　三角锥背靠做法构造详图

图 4-1-58　木平台构造详图

4.1.4 深圳湾滨海绿道

深圳湾滨海绿道是距离深圳城区最近的海岸线，也是深圳滨海城市特色的精华所在。而深圳湾的腹地点缀高新科技园、华侨城片区、欢乐海岸、大沙河创新走廊、深圳湾体育中心〝春茧〞、F1 世界摩托艇大赛湖等深圳值得骄傲的地区，还连接着蛇口——深圳建设的起点以及前海深港现代服务业合作区——深圳发展的未来。由于良好的交通条件（地铁、滨海大道、西部通道）和规划的完整性，使滨海绿道具备了〝城市名片〞的品质——在保护红树林生态岸线的基础上，把深圳湾一带建设成世界级滨海区，形成深圳国际化都市的一条优美的、舒适的海滨风景长廊。

深圳湾滨海绿道是体现深圳滨海城市特色的亮点工程，也是满足市民对高品质滨海休闲生活需要的民心工程。建成后的深圳湾滨海休闲带，不仅为市民游客提供了休闲娱乐、健身运动、观光旅游、体验自然等多功能活动的区域，更是成为展现深圳现代滨海城市魅力和形象的标志（图 4-1-59）。

图 4-1-59　深圳湾设计鸟瞰效果图

1.湾区时代

滨海地区作为每个国家水运交通的要冲，承担了各种经济、文化、政治的交流与传播的重要职能，往往都是人类城市聚集发展选择聚居的地方（图 4-1-60 ~ 图 4-1-63）。很多成功的城市——芝加哥、波士顿、温哥华、纽约、悉尼等都是拥有长长的海岸线的港口城市（图 4-1-64 ~ 图 4-1-66）。深圳位于珠江三角洲东岸，与香港仅一水之隔，是中国最早列为“经济特区”的城市，具有得天独厚的地理、政治、经济条件。2007 年，《深圳市城市总体规划（2007—2020）》确立了“三轴、两带、多中心”的空间格局，而深圳湾就是“深圳双核”“前海中心”的重要组成部分。深圳湾用了不到 7 年的时间，由几近一无所有、堪称人迹罕至的滩涂填海之地，发展为今天拥有金融、商业、体育、人居等多种产业聚合作用，全面超越了深圳其他湾区，成为产业繁荣、商旅兼备的国际化人居胜地。

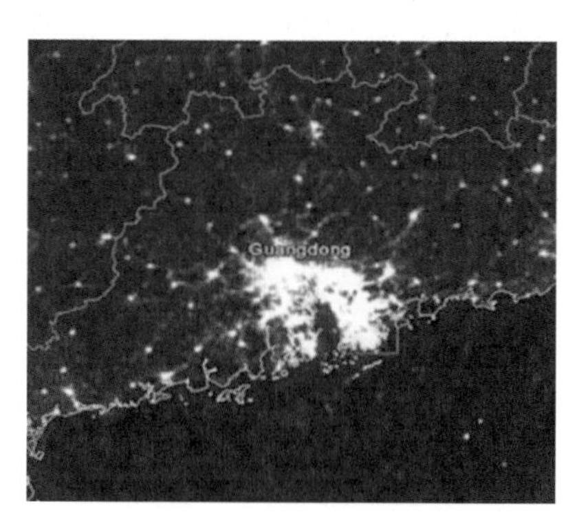

图 4-1-60　珠三角城市群

图 4-1-61　美国东海岸城市群

图 4-1-62　美国西海岸城市群

图 4-1-63　长三角城市群

图 4-1-64 波士顿

图 4-1-65 纽约

图 4-1-66 芝加哥

2.湾区文化

生态文化和城市文化是深圳湾滨海绿道精神文化选择的标准和焦点。

深圳湾作为珠江三角洲一个特殊的自然〝湾区〞，在深港两地的经济、文化和城市空间的建设方面都具有重要的意义。国家级自然保护区——福田红树林鸟类自然保护区和香港米铺自然保护区（已加入拉姆萨尔湿地国际公约），是我国最主要的湿地之一，具有明显的原生态景观优势，大面积的红树林和滩涂构成了湿地生态系统。在深圳湾两岸，一直以来人们隔岸相望，以渔船或渡船作为两岸往来的工具，如今，深圳湾成了深港两地相望对景最直接、最美丽的展示地区（图 4-1-67）。

历史上，从宋末二王流亡到这里，〝景炎二年二月，帝舟次梅蔚，四月次官富场，九月次浅湾〞（《南宋书》），到历史上著名的《过零丁洋》的肝胆正气；从赤湾林则徐炮台的威严，到西部通道开通前撤离的最后一批蚝排，深圳湾千百年来就是中华儿女

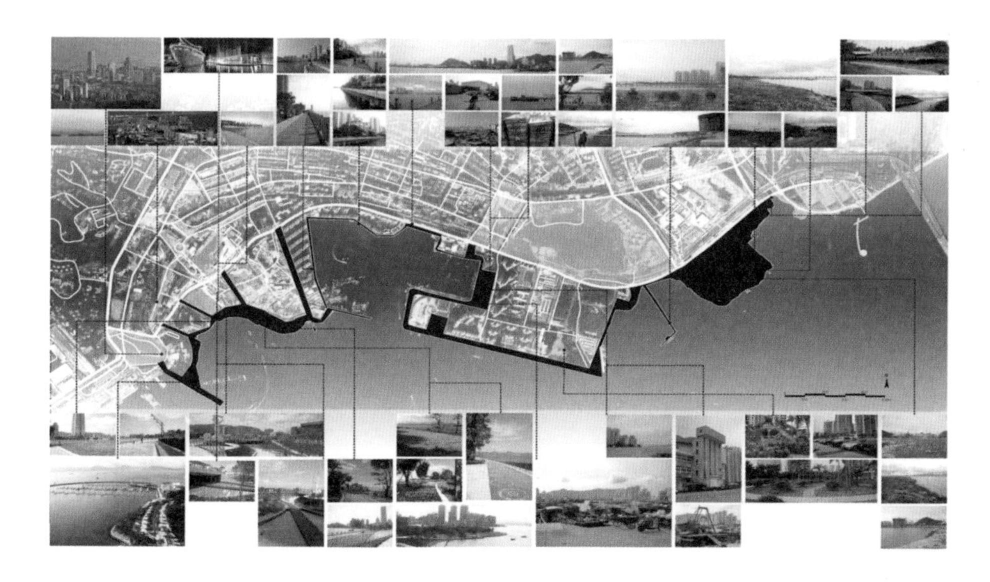

图 4-1-67　深圳湾西段良好的景观基础

辛勤耕耘、采收成果的宝地。从昔日蚝乡到今日侨乡，从年轻、活力、创新的城市走向理性成熟，深圳—— 一个梦想成真的城市，“面朝大海，春暖花开”，深圳湾滨海绿道真正让人们感受到了海洋文化和红树精神。

3.湾区景观

深圳湾具有良好的景观基础，既有优美的滨海城市天际线，又有背景山体、陆城、海水、动植物、城市公共空间等多种景观形象要素。比如突出的海滨特色，为景观空间提供了趣味的对比和形象的认同。提升海滨城市的总体形象，形成一个自然生态景观与城市人文景观合一的城市之湾是本次景观设计的重点。这里近观有红树林景观——红树林精神的体现，有潮汐景观、湿地景观——海滩与内城河湖的对接；中观有海湾景观——风平浪静的半闭合湾，有海岸景观——30 千米海岸线的壮观，有绿地景观——生态环境的保护与提升；远观有西部通道深圳大桥的对景景观及香港对岸鳞次栉比的建筑天际线……充分体现了景观的多样性。

多年来填海造地的大规模改造深圳的岸线位置和形态，亦使原先的山、海、城关系发生重大变化（图 4-1-68 ~ 图 4-1-73）；生态的自然岸线和丰富多变的湾景被生产性

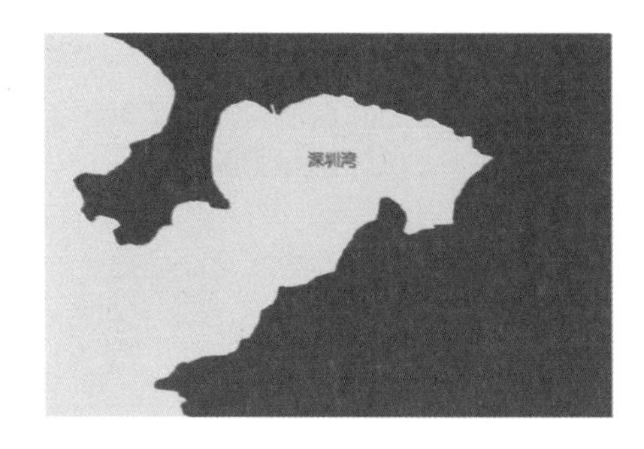

图 4-1-68　1979 年的深圳湾岸线

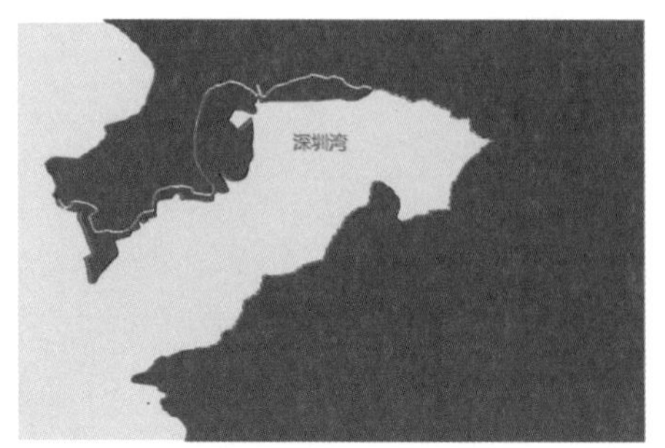

图 4-1-69　2014 年改造后的深圳湾海岸线

图 4-1-70　深圳湾滨水绿带西段景观规划设计平面图

的僵直岸线和单一的空间使用方法逐步取代，城市中人的活动难以直接、通达地到达滨水。因而在滨水绿道的设计中，重塑水岸线，将其引入与蛇口连绵山脉天际线呼应的景观微丘——绿色软景的景观形态软化僵直的岸线，并以有机轻盈的微坡地形丰富空间的感受，组织步道和广场体系，形成多元化与人性化的使用空间，提供不同高度的景观、休闲场所。

加强城市与滨水的连接是很多世界级滨水开发成功的经验：包括将水引入岸线内部以及将城市开发和活动引入水中。如果海上世界是城市肌理环抱的“海湾”，那么作为呼应，“活力码头地标”是将吸引人气的娱乐、休闲项目放置在一个水中的码头公园 [类似洛杉矶的圣塔莫尼卡码头（Santa Monica Pier）主题公园]，与渔港码头在未来形成规模性的旅游、休闲、商业节点。位于城市通廊“康乐路”轴线上的水上延伸线——蛇口码头公园将有效地把城市主街引向滨水。丰富的主题公园项目、商业娱乐、广场步道、

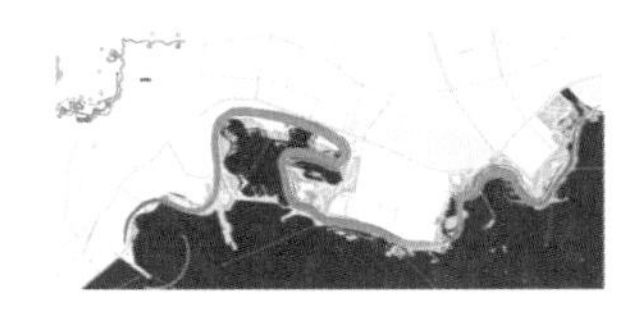

图 4-1-71　一脉相承

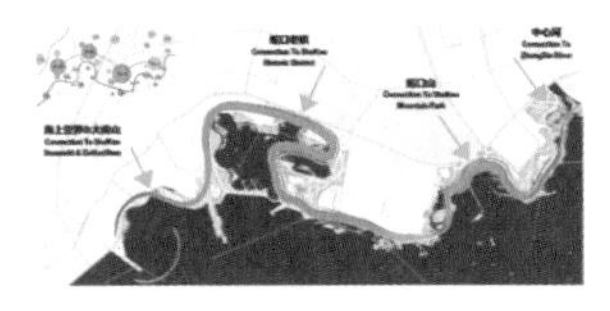

图 4-1-72　通山达海

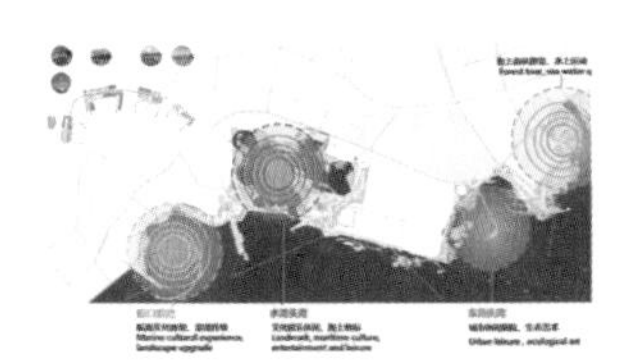

图 4-1-73　活力多湾

林荫草坪、餐厅酒吧、大转轮、景观塔等将被打造成为蛇口海湾水上新地标。

深圳湾西段的滨海步道与城市视觉以及物理通达性是塑造真正公共水岸空间的关键。现有的到达途径和岸线连续性都没有提供足够的城市与滨海的联系。未来想要真正吸引人流到滨水，需要在节点打开直接、明晰、震撼的塑海门户。北侧望海路沿线将通过 3 个重点区域来实现城市与滨海的"景窗"连接——蛇口山段眺望生态滨水休闲运动区、渔港码头段眺望特色渔港海湾区、海上世界段眺望南海酒店游艇码头区 (图 4-1-74 ~ 图 4-1-76)。

图 4-1-74　潮汐花园

图 4-1-75　生态艺术岛

图 4-1-76　渔港城市运动公园

4.湾区生活

深圳湾的区位优势决定了它会成为影响深圳人民生活方式的城市公共空间，为市民提供异化的景观空间和活动场地。只有将城市的休闲、文化活动引入公园规划建设中，才能将深圳湾滨海地区的城市功能活力化、资源长效化。

深圳湾滨海绿道的设计力图通过创造高品质的滨海休闲公共空间，引导市民的公共活动，创造城市文化，引导市民进行各类休闲体验和健康生活，如观海远眺、涉水捕捞、科普教育、水上运动、骑行、轮滑、赏花等多种多样的生活。滨海绿道将潮汐花园生态艺术岛、渔港城市运动公园等活动场地有机串联起来。植物种类多样性的宜人景观、舒适的环境很大程度上鼓励人们走出户外，享受美好的休闲时光。对于生疏僵硬的现代邻里关系，可以通过绿道得以改善。即便是从小生活在都市里的孩子也可以和大自然亲密地接触，享受泥土的芬芳。人们的生活方式向着更加积极健康的生活方式转变，也将反作用于公园的成长与发展（图 4-1-77 ~ 图 4-1-80）。

5.湾区生态

深圳湾咸淡水汇合，是淡水生物和海洋生物混杂的水域，生态系统比较脆弱。深圳湾的淡水来源于东部的梧桐山和西部的羊台山，深圳市的河流以海岸山脉和羊台山为主要分水岭，南部诸河注入深圳湾，主要有深圳河、大沙河、西乡河、新洲河等。其中大沙河全长 13.56 千米，是深圳河流域的主要河流之一，由北至南贯穿南山区，是连接塘郎山郊野公园生态系统与深圳湾生态系统的生态廊道；昔日的西乡河水网交错纵横，田园连片不断，渔业养殖旺盛。它们一同构成以河道为背景、从山林到陆地的生态系统，动植物非常丰富。在淡水、海水交汇的深圳湾，形成得天独厚的陆地与海洋生态系统一体的景观，东北岸的红树林湿地，每年有 10 万只以上的候鸟在此停歇，是东半球国际候鸟通道上重要的“中转站”“停歇站”和“加油站”。深圳湾填海造园，重塑原始曲折的海岸线，通过建设湿地浮岛、水下森林、恢复红树林生境等技术手段、营造多样化生境，为林鸟、水鸟、涉禽等生物新增栖息地并提供安全的迁徙路径，通过纵向廊道，连接生态网络（图 4-1-81）。

图 4-1-77　湾区休闲步道平面

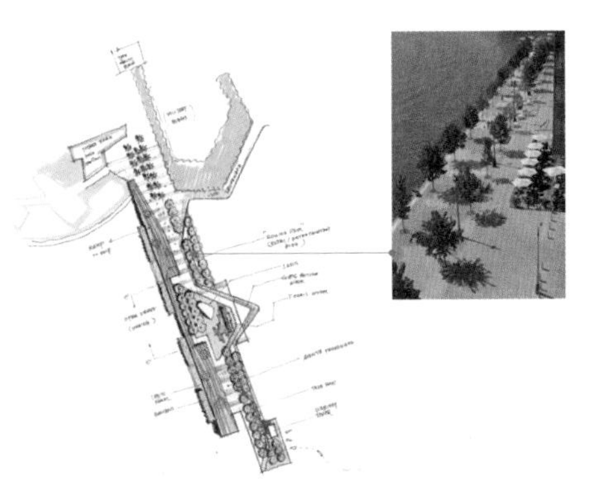

图 4-1-78　湾区码头滨海步行道设计

图 4-1-79　建筑景观与水上空间的连接与利用

图 4-1-80　湾区码头滨海休闲空间设计

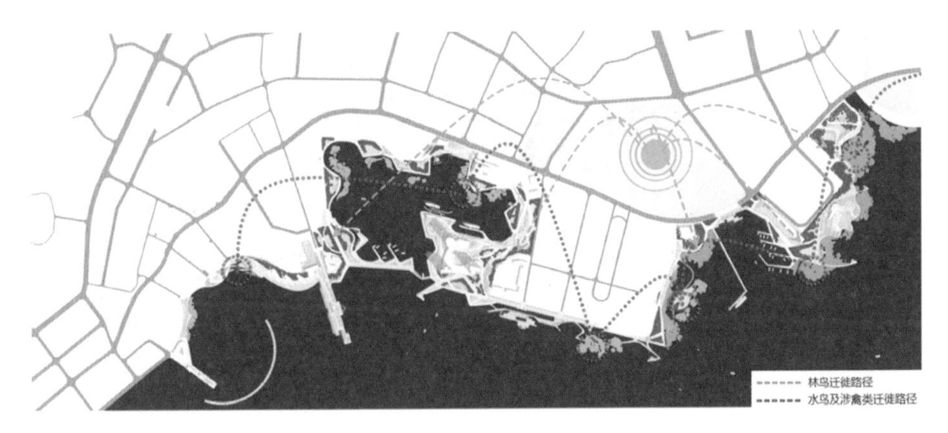

图 4-1-81　鸟类迁徙路径分析图

图 4-1-82 湾区码头滨海休闲空间设计

深圳湾滨海绿道的建成及周边的可持续城市规划将重建沿海建成区的生态系统，平衡环境与人类使用海岸线之间的关系，为滨海城市提供宜人的生态环境（图 4-1-82、图 4-1-83）；滨海绿岛沿海滨形成的宽阔而连续的绿林带，大量种植深圳地带型植物，为城市抵制自然灾害提供了良好的缓冲地带，是海岸防护的重要屏障，有力保障了城市的生态安全，是形成城市生态良好格局的一个重要组成部分。

为改善和提升内部湾区与海域水体交换能力，在湾海间建立海闸，利用潮汐动力解决水体流动问题，在开始涨潮时打开闸门，开始落潮时关闭闸门，待最低潮位时放闸，促进水体交换。

通过对海绵城市理念的贯彻和应用，采用低冲击开发模式，解决面源污染治理问题，科学合理应用雨水生态设施以减少地表径流和减轻雨水面源污染，可分为源头分散控制措施、输送措施和末端集中控制措施 (图 4-1-84)。

在景观植物规划的设计中，结合场地布局和空间形态，形成一条种植廊道。在东西向上，延续深圳湾公园东段植物生态配置手法，形成连续的“林荫绿廊”，为市民提供舒适的遮阴空间；在南北向上，结合绿带厚度，形成由“生态林带、公园林带、大树草坪、红树景观带”组成的“生态绿廊”，体现了城市植物景观和自然植物景观的交织演变，营造富有生态功能及具有自然休闲气息的植物景观。行道树种选用抗风强度大、耐盐碱、林荫效果佳的树种，同时能与深圳湾的主题相融合。

在深圳湾绿道的设计中，还注重生态节能新材料和技术的应用，例如使用可渗透的铺装材料、中水回用浇灌、绿色照明、复合式生态种植技术等，尤其铺装路面全部采用环保再生资源砖，这种砖是通过建筑垃圾再生制成的。整个“绿岛”全部采用环保生态型的透水混凝土材料，使地下水资源得到及时补充，体现了循环经济、生态环保理念 (图 4-1-85 ~ 图 4-1-87) 。

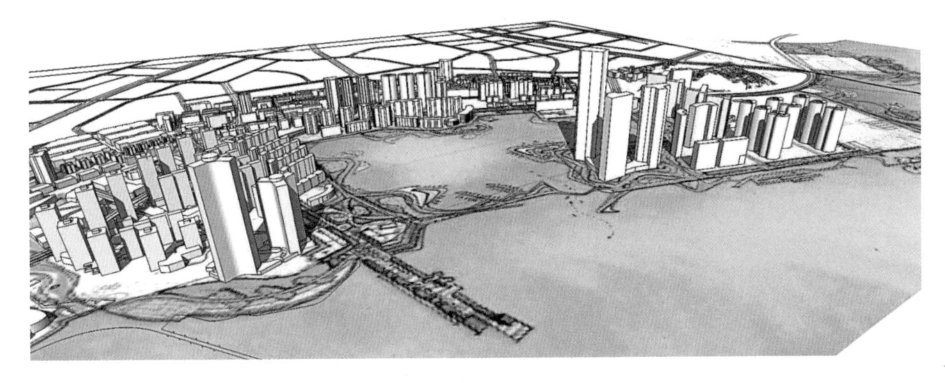

图 4-1-83　湾区休闲步道鸟瞰

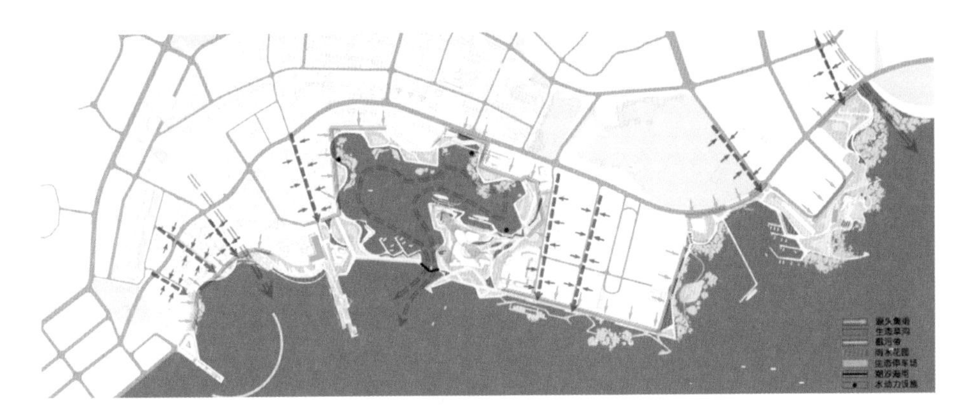

图 4-1-84　水生态改善分析图

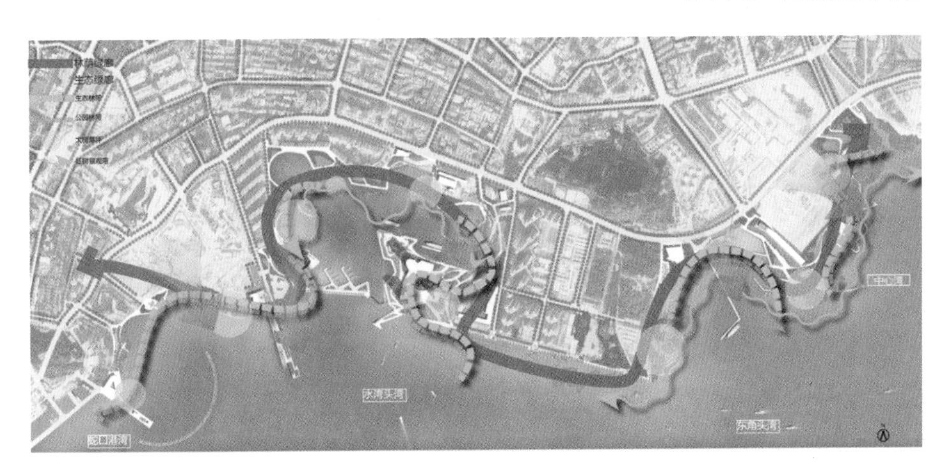

图 4-1-85　植物景观规划分析图

图 4-1-86　种植规划设计图

图 4-1-87　滨海绿道种植空间分析

4.2 城市滨水公园及湿地生境保护规划

4.2.1 大亚湾红树林公园

1.项目概况

红树林湿地公园位于大亚湾中心北区，东起疏港大桥，南以滨河南路为界，北至中兴南路，西至中兴二路桥，全长约 4 千米。该段河道沿河湿地之间最窄处约 155 米，最宽处约 330 米。规划公园总用地面积约 120 公顷。

淡澳河横贯大亚湾中心区，河口红树林湿地位于"城、产、港"三区交界处，是连接海洋、湿地、山体，构筑城市生态网络系统的重要自然生态廊道；将是大亚湾市民丰富的城市生活集聚的公共空间；它承载着城市发展的历史，作为城市景观主轴之一，也将是城市对外形象展示的重要窗口。

在《惠州市大亚湾中心北区控制性详细规划(2009—2020)》中提出"一带、两轴、两心、五片区"的规划结构，"一带"指淡澳河生态景观带，旨在将大亚湾建设成为开放引领、创新驱动、富有魅力的现代化生态湾区，将红树林公园建设成为一流的生态滨海湿地公园(图 4-2-1、图 4-2-2)。

红树林公园具有得天独厚的景观资源——红树林湿地，其用地性质和用地权属简单，有利于快速地启动建设。同时，已建成的部分为城市湿地公园的建设打下了一定的基础，"石化新城"的战略转变，重要的经济意义为淡澳河两岸构筑生态可持续的滨水城市环

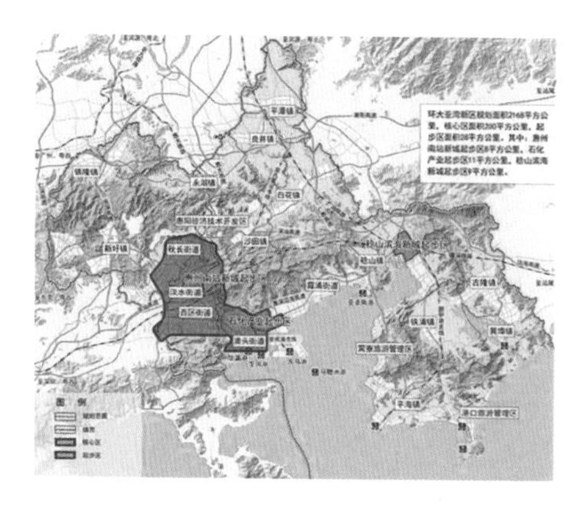

图 4-2-1　环大亚湾新区规划范围图

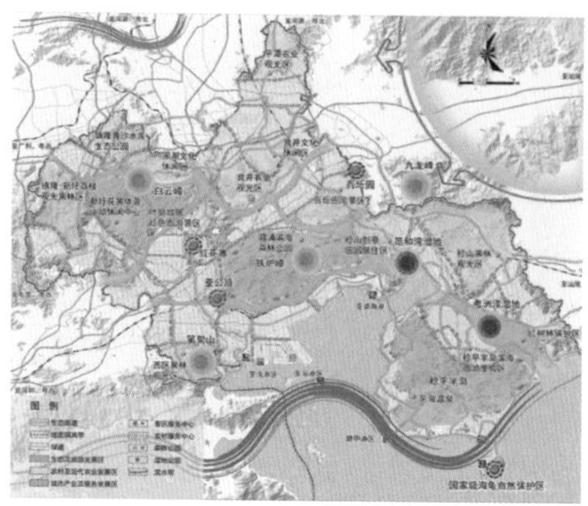

图 4-2-2　环大亚湾新区生态体系规划图

境提供了充分的条件。但是，红树林的沿线破坏较为严重，现存原生态、有价值的红树林规模有限，大量的鱼塘被掩埋，滨河带可利用的空间狭窄（图 4-2-3），对建设与城市形成良性循环的湿地水系统以及平衡红树林湿地的保护和利用带来了挑战。

图 4-2-3　规划效果图

2. 规划目标和策略

1）规划愿景

湿地被誉为"地球之肾""生命的摇篮""文明的发祥地"，具有防风消浪、促淤护岸、净化海水污染、保障人民安全、保护生物多样性的功能，是动物的栖息地、鸟类的天堂。大亚湾红树林城市湿地公园的建设，响应了"打造世界级石化产业中心，自然环境应该回到绿水青山"的建设目标，努力打造具有岭南地区典型湿地特点，以河口红树林湿地为景观特色，以生态保护、科普教育、休闲游览为主要功能的城市湿地公园，实现港城融合的生态湾区，实现资源节约、环境友好的生态文明发展方式，不断提升城市居民生活环境品质，带动地方经济的发展（图 4-2-4）。

图 4-2-4 规划总平面图

2）规划原则

①系统保护原则：全面而系统地保护生物多样性、生态系统连贯性、湿地环境完整性、湿地资源稳定性。

②合理利用原则：将休闲与游览、科研与科普活动合理整合协调统一。

③协调建设原则：严格限定自然野趣、地域特征、生态化材料和工艺、管理服务设施的建设规模，减少对自然的影响。

3）规划策略

①构建区域水生态安全格局和海绵城市，削峰滞洪，净化水质，截污减排，加强水环境治理（图 4-2-5）。

②创造自然繁衍的红树林栖息地，修复岸线，恢复生境；划定重点保护区；提升物种丰富度； 控制开发建设量；加强红树林湿地环境的监测和研究。河道建设不能再裁弯取直，尽可能保留原有驳岸，改造河道，宜形成内湖或生态岛，同时恢复已破坏岸线的湿地生境（图 4-2-6、图 4-2-7）。

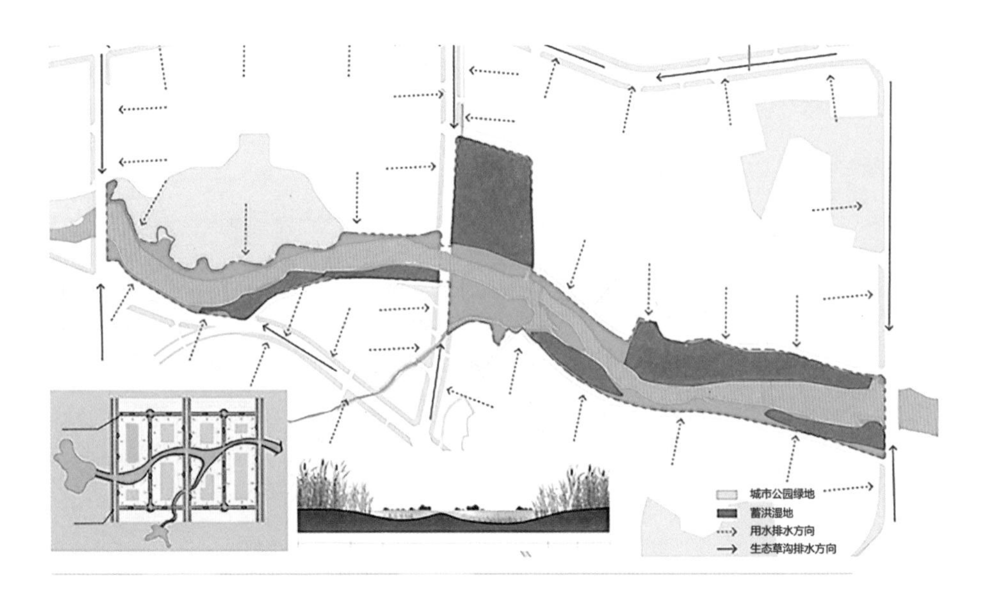

图 4-2-5　构建区域生态格局规划图

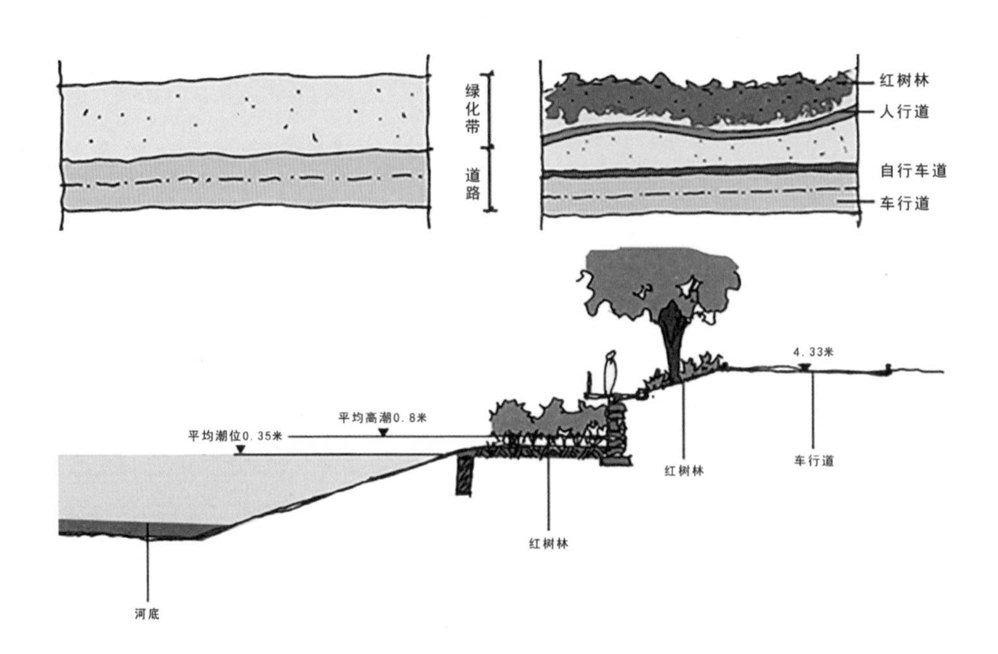

图 4-2-6　窄地段红树林恢复模式图

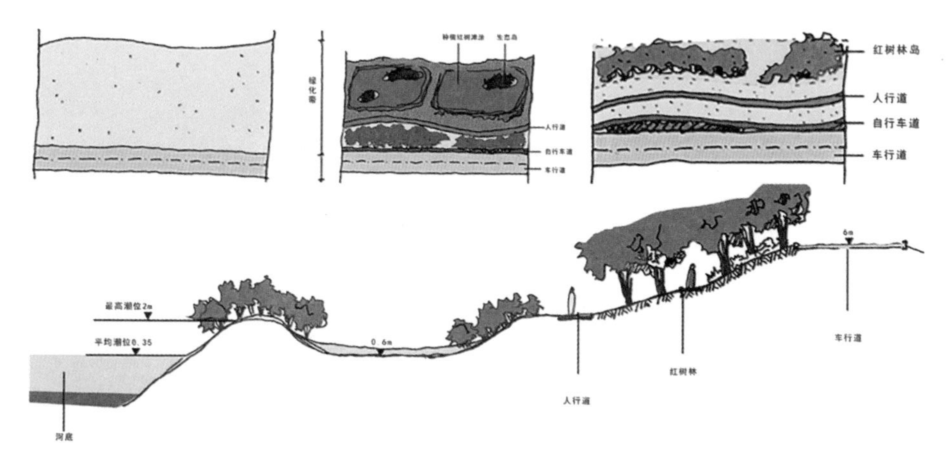

图 4-2-7　宽地段红树林恢复模式图

③完善区域生态核心，加强周边生态廊道、生态系统、城市之间的联系。

④营造生动的城市景观，引导市民游憩行为，突出"野、趣"，杜绝湿地过度园林化，注重"游憩体验"；强化科普教育，引导市民和游客形成"生态意识"，融入地方文化，体现地域特色。

3.总体规划

1）水系规划

现状水系分为3种类型：河道、鱼塘、潮间带。在淡澳河的北岸及南岸东部分布有鱼塘。最高潮水位2.04米，最低潮水位-1.06米（图4-2-8）。在河道外围龙尾、妈庙、渡头等设置污水处理设施，经净化处理后再排入湿地或淡澳河中。将鱼塘恢复为滩涂，形成自然的红树林生境系统，滩涂既可种植红树，又可为鸟类、蟹类等提供觅食地。修复现湿地公园以北的驳岸，适当拓宽潮间带，提高河道自净化能力，恢复沿岸生境系统。

2）生境修复规划

在红树林公园原址上，靠近虎头山部分破坏较为严重，新建道路靠近河流，植被种植较为薄弱，噪声和空气污染等外界因素阻碍了生物的活动；部分未被破坏的区域，保留着较好的红树林景观；有些土地荒废，生长很多芒草植物，主要是类芦；靠近海口的区域红树资源较为丰富，生长茂盛，未被破坏，构建了稳定的生态系统。因而在红树林

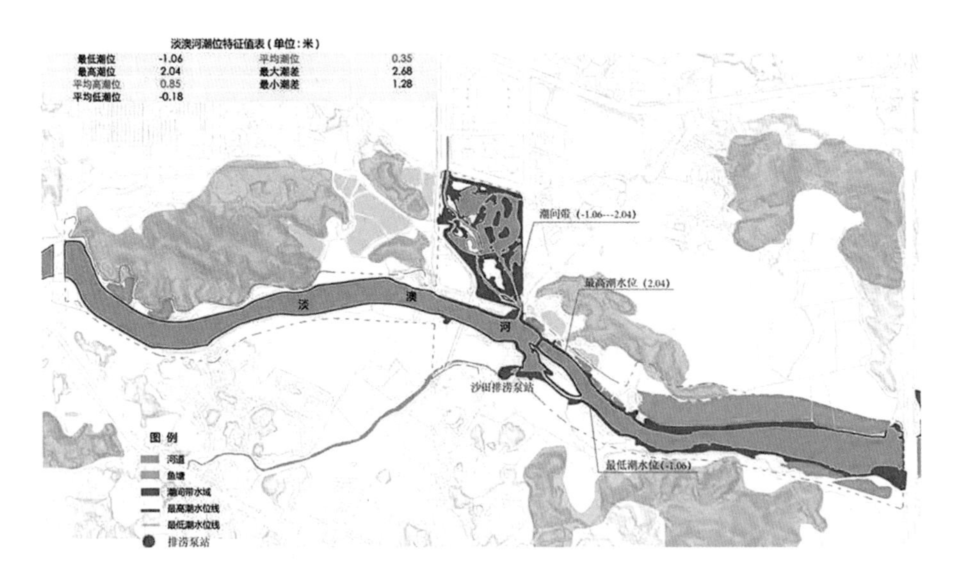

图 4-2-8　现状水系、潮位分析

湿地公园的规划中，以林地、草丛、滩涂、水域等营造不同的生境，不同生境体现了植物的多样性，从而为湿地生物的生存提供最大的生息空间，营造适宜生物多样性发展的环境空间，在保护湿地良性发展的同时，给市民提供红树湿地的科普教育及休闲放松场地（图 4-2-9、图 4-2-10）。

图 4-2-9　生境规划分析图

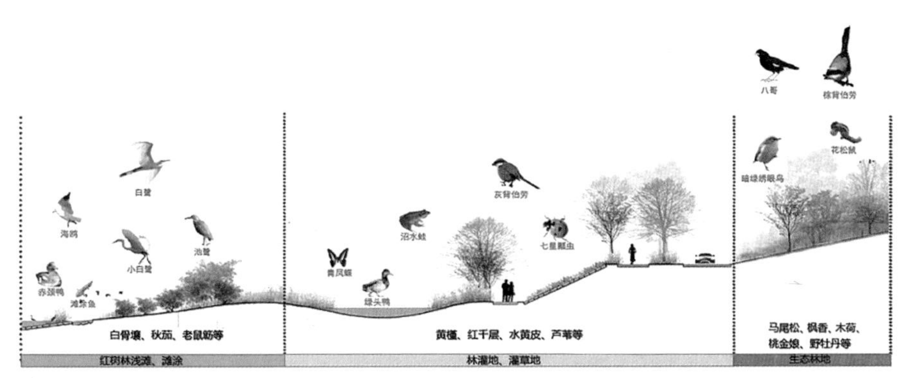

图 4-2-10　红树林典型景观空间分析

以保护场地原有生态为原则，保持湿地与周边自然环境的连续性，保证湿地生物生态廊道的畅通，确保动物的避难场所；以适地适树为原则，遵循"群落演替"，以南亚热带植物为主，搭配耐盐碱的乡土植物，构建一个以红树植物为特色的海岸绿色长廊，为各种生物提供觅食栖息、生产繁殖的场所，同时也是候鸟越冬和迁徙的中转站；以景观效益与生态效益并重为原则，利用植物的自然形态美，打造自然野趣的植物景观，充分考虑动物的生活习性，选择鸟饲植物、蜜源植物、营巢植物等，注重植物生态效益的发挥。

3）植物规划

红树林湿地公园种植主要规划有 4 个分区：人工湿地修复区、芦花荡漾区、红树林科普区和园林绿地修复区。

人工湿地修复区通过开挖淡水渠，选择耐污染且具有较高观赏价值的耐水湿植物，利用水生植物净化水源，保持水质清澈并提高生物多样性，吸引鱼类、两栖类生物及微生物，为其提供一个栖息场所，创造色丽多彩的淡水湿地小生境。拟种植植物：水葱、灯芯草、再力花、风车草等。

芦花荡漾区通过野趣横生的禾本类植物及耐盐碱乡土乔木创造富有乡土气息的自然湿地景观，为鸟类及两栖动物提供栖息、觅食的场所。禾本科植物的枝条临风摇曳、婀娜多姿，是湿地景观中的一道亮丽的景色。拟种植植物：木麻黄、芦苇、类芦等。

红树林科普区通过红树植物的根、叶、胎生现象展示，创造一个科普、教育的红树湿地群落。

园林绿地修复区采用复层式种植耐盐碱的植被，形成绿色屏障，阻挡外界因素对湿地的干扰，点缀开花的植物，丰富岸线的色彩。通过栽植蜜源和鸟饲植物吸引鸟类及昆虫。拟种植植物：小叶榕、秋枫、玉蕊、黄槿、水黄皮、白千层、海红豆、凤凰木、火焰木、海南蒲桃等。

4）生态廊道规划

大亚湾红树林公园生态廊道生境条件的改善，为分布于山林及海湾斑块的生物提供了迁徙和栖息的场所。道路与堤坝的线性屏障中断了植物的扩散和动物的移动，在大型栖息斑块被日益破碎化的状态下，生态廊道的设计给生物提供了更多生存的机会，从而保护生物的多样性（图 4-2-11）。从生态学的生物廊道保护功能上分析，红树林公园生态廊道主要可以保护和恢复的物种为鸟类、鱼类、两栖类及小型哺乳类动物。鸟类受干扰宽度为 60 ~ 150 米，两栖类及小型哺乳类动物受干扰宽度为 30 米。

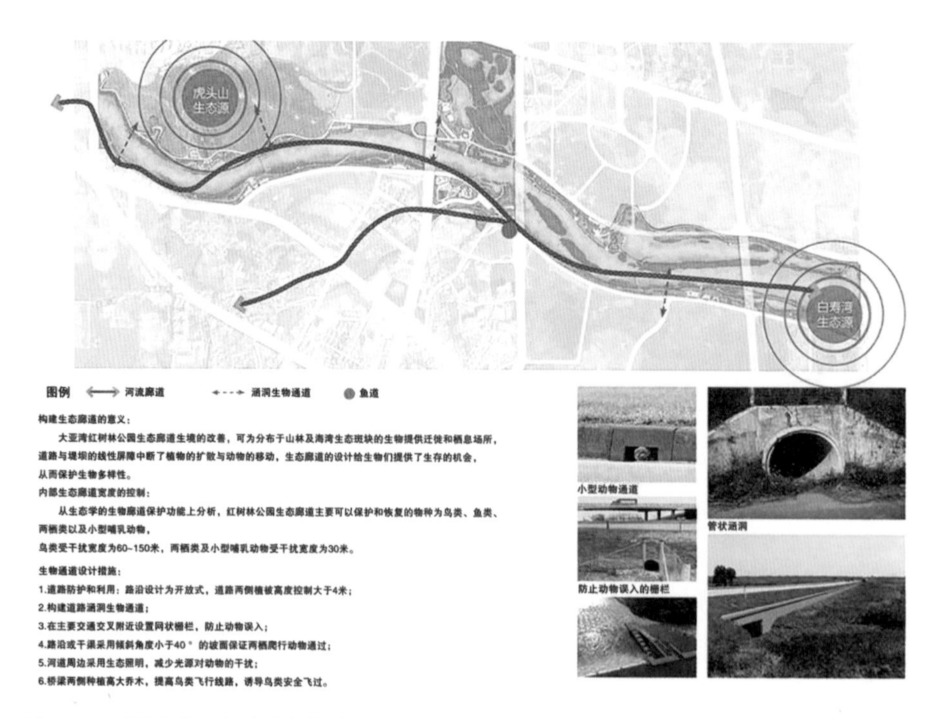

图 4-2-11　生物廊道规划和生境廊道示意图

将大亚湾红树林城市湿地公园划分为重点保护区、湿地展示区、游览活动区和管理服务区（图 4-2-12）。

重点保护区将湿地生态系统较为完整、生物多样性丰富的区域划为重点保护区，保护红树林和鸟类等动物栖息地，禁止游人进入，不安排其他任何建筑设施，仅允许开展各项湿地科学研究、保护与观察工作。

将一般湿地及红树林湿地修复区域划分为湿地展示区，并将其沿岸红树林保存完整，以便重点展示红树林湿地生态系统、生物多样性和湿地自然景观，开展湿地科普宣传和教育活动。

游览活动区将规划道路与红树林之间的陆地部分划为游览活动区，安排游憩设施和休闲场地。

管理服务区利用现有管理位置作为管理服务区，集中与分散相结合，以减少对红树林湿地的干扰和破坏。

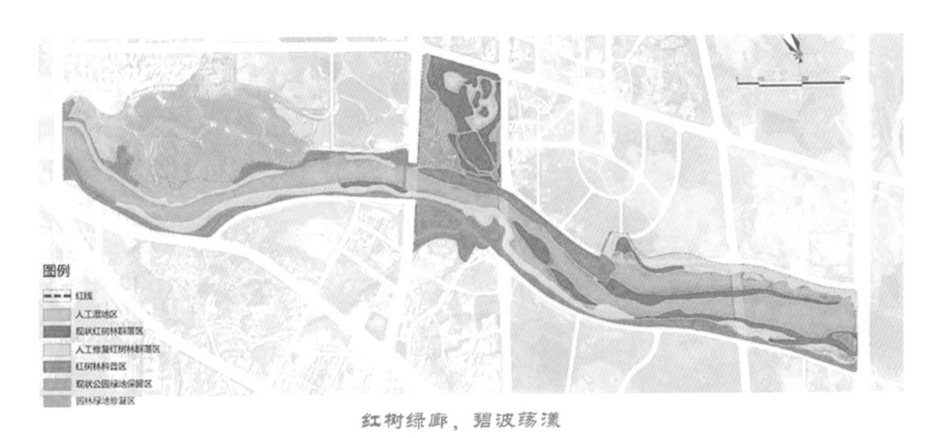

红树绿廊，碧波荡漾

以保护场地原有自然生态为原则，遵循“群落演替”原则，以南亚热地带性植物为主，构建一个以红树植物为特色的海岸绿色长廊，为各种生物提供栖息觅食、生产繁殖的场所，同时也是候鸟越冬和迁徙的中转站。

规划原则：

生态保护优先原则——保持湿地与周边自然环境的连续性，保证湿地生物生态廊道的畅通，确保动物的避难场所；

适地适树原则——以区域代表性红树植物为主，搭配耐盐碱的乡土植物：

景观效益与生态效益并重的原则——利用植物的自然形态美，打造自然野趣的植物景观，充分考虑动物的生活习性，选择鸟饲植物、蜜源植物、营巢植物等，注重植物生态效益的发挥。

图 4-2-12　生境植物规划

4.2.2 安徽阜阳城市综合水系规划

1.项目背景

阜阳市位于安徽省西北部，华北平原南端，位居豫皖城市群、华东经济圈、大京九经济带的结合部，长三角经济圈的直接辐射区，是东部发达地区产业转移过渡带，具有承东接西、呼南应北的独特区位优势，是安徽三大枢纽之一。阜阳市对于生态效益、皖北水城形象与区域联动高度关注。

阜阳是一个历史悠久、人文蔚盛、文化底蕴深厚的城市，古时称为颍州。颍州西湖是古代颍河、清河、小汝河、白龙沟四水汇流处。北魏即得名西湖，为唐、宋、明、清历代名胜，菱荷十里，杨柳盈岸，久为游人憩游胜境。唐、宋以来，即与扬州瘦西湖、杭州西湖并称。《大清一统志》云："颍州西湖闻名天下，亭台之胜，觞咏之繁，可与杭州西湖媲美。" 历史上，颍州人杰地灵、才俊星弛，春秋时期著名的政治家管仲就是颍上人，唐、宋多位著名诗人——欧阳修、苏轼、黄庭坚、杨万里都情系颍州。欧阳修曾经八到颍州，尤喜西湖，并在此终老。苏轼曾经建过 3 条堤坝，其一就在颍州西湖，并在此流连作诗"大千起灭一尘里，未觉杭颍谁雌雄"。

设计基地北至滨河中路，南至竹园路，面积约 645 公顷。范围所在颍中和颍南片区为城市中心区，处于新老城市交融区，是以文化休闲、商业行政及居住为主导的城市复合功能区。景观设计红线包括河道蓝线、两侧绿化带，设计河道全长约 45 千米，总面积约 390 公顷。收储地块，总面积约 75.6 公顷。在阜阳的水系规划中，主张以生态水网串联公共、防护绿地，构成阜阳"碧水穿城、绿肥萦绕"的生态基底。西湖作为城市内河网组成部分，设计河道均承载城市防洪排涝功能。要大力发展文化旅游事业，丰富城市配套设施，以绿色休闲旅游为基础，发挥历史名人效应，通过阜阳集散中心和信息中心等城市功能设施配套建设，树立阜阳市在皖北旅游区的生态休闲之都的地位。《阜阳市城市总体规划（2012—2030）》也指出，以水系带动发展的城市功能复合区，中心城市发展方向以向南为主，形成"南进、西拓、东补、北优"的空间发展态势（图 4-2-13）。

2.现状分析

目前市区中心河道两侧土地以居住用地和商业用地为主，周边河道两侧土地以自然

景观绿网水系分布

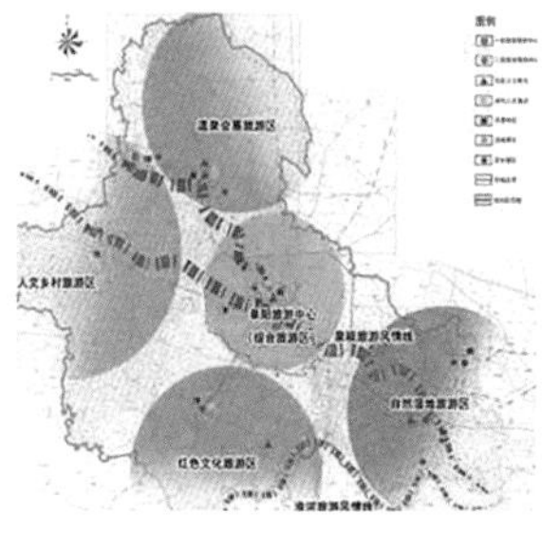

景观功能分区

景观结构

图 4-2-13　规划分析图

植被和居住用地为主，城镇化快速发展带来的人地矛盾，造成城市建筑对滨水空间蚕食。现状河流缺乏生活功能，人水关系分离，河道建设千篇一律，特色缺失，城区段河道水系文化丧失，水安全情况堪忧，河道断面不能满足 30 年一遇排涝标准，河道侵占、污水直排现象严重，区域植被破坏，水土面源流失，局部堤防崩岸及雨淋沟冲刷严重，河道淤塞，土地退化现象逐年加重（图 4-2-14）。

建筑侵占河道现象严重

污水直排现象严重

局部堤防崩岸

图 4-2-14　现状照片

3. 规划目标与策略

在阜阳的城市水系规划中，主张以生态水网串联公共、防护绿地，构成阜阳〝碧水穿城、绿肥萦绕〞的生态基底。西湖作为城市内河网组成部分，设计河道均承载城市防洪排涝功能。要大力发展文化旅游事业，丰富城市配套设施，以绿色休闲旅游为基础，发挥历史名人效应，通过阜阳集散中心和信息中心等城市功能设施配套建设，树立阜阳市在皖北旅游区生态休闲之都的地位（图 4-2-15、图 4-2-16）。

图 4-2-15 规划效果图

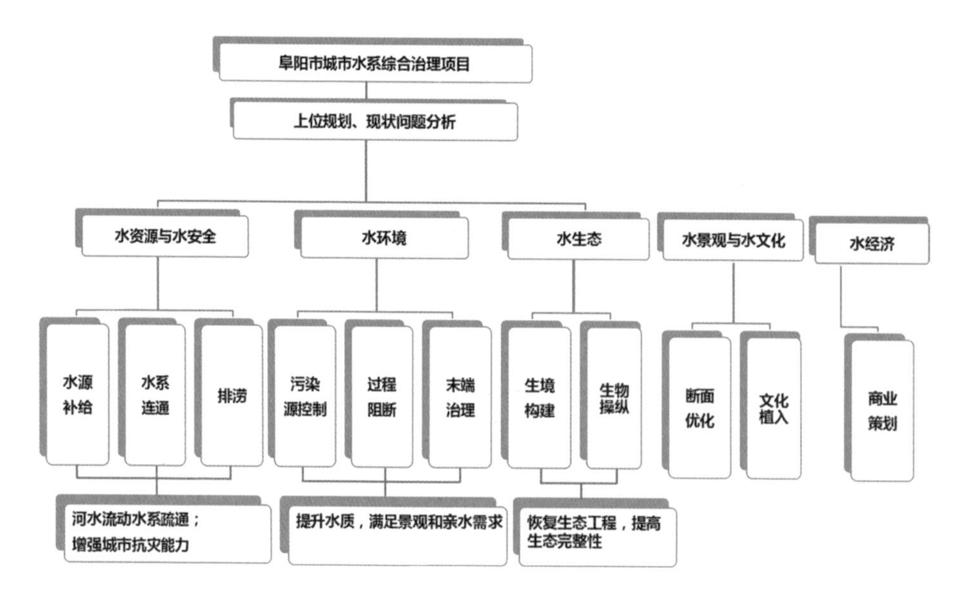

图 4-2-16 水系治理技术路线

将阜阳建设成为安全健康的生态绿廊、多元活力的人文水岸与古为新用的民生样板。利用大型湿地促进城市水资源循环利用，加强水系与城市发展之间的良性互动、打开覆盖在城市水系资源上的〝盖子〞，让人们的生活回到水边、回归自然，打造滨水生活服务区，为城市注入活力，主导和凝聚城市重心。

同时，保护古城的历史空间肌理和传统风貌，以〝民生保护、留住乡愁〞为理念，依托〝水务一体化技术体系〞进行水环境综合整治、生态安全格局建立，并在此基础上结合老城棚户区改造规划与滨水经济开发等，完善区域基础设施，承接古城外迁职能，打造良好生活环境，完善阜阳旅游中心的配套功能，实现百姓生活与产业发展的高度一体化，同时为颍州古城提供后勤保障支持，促进区域社会和经济的健康发展（图 4-2-17）。

4. 总体规划设计

1）生态安全

阜阳在水系规划中注重了对生态环境的低冲击开发，将水系的生态环境加以恢复，实现生态环境的安全、水源的净化和补给。除降雨外，扩大再生水利用规模，经再生水管网系统回补城区水系；根据泉河和内河水位情况，特别是非汛期，择机通过七渔河、西城河、东城河涵闸和泵站，调用部分水量补充至城区水系，抵消城区水系因蒸发和下渗等造成的水量损失；对于河道内不连通节点通过清淤疏浚工程疏通，保证水系连通、水体流动，新建节制闸 9 座，用于调节河道水量和水流方向；防洪排涝，按照 30 年一遇排涝标准，设计河道断面，增加河道蓄涝能力；将现有一年一遇的雨水管网标准提高到 3 ～ 5 年一遇，进一步完善城市排涝体系，增强城市排涝能力。

建立多层水岸，增加河流亲水性。同时增大过水断面，增强河床水位适应性。在河槽内的治理方面，清淤疏浚，防止内源污染。部分浅水节点修建生态坝、橡胶坝和溢流堰。种植挺水和沉水水生植物，实施河流生态修复，净化水体，营造水生微生境。部分宽水面处设置生态浮岛，加强水质净化。部分设置亲水平台的河段，强化水体净化，进一步提高水质等级。

2）景观规划

（1）风貌控制

规划强调控制城市风貌，营造出适应于当下的城市景观特色。阜阳重要的地理位置

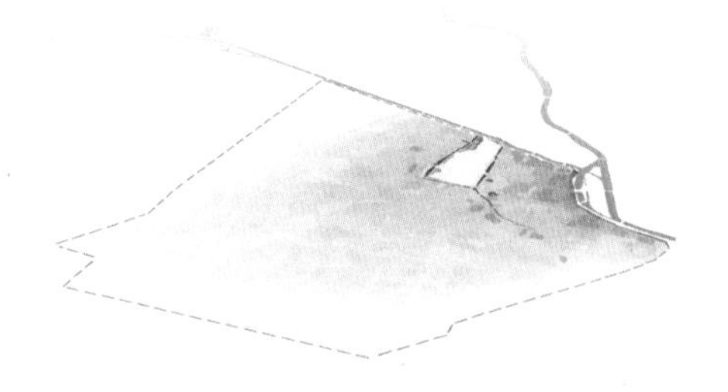

古代颍州只有一座城市和部分小的村落

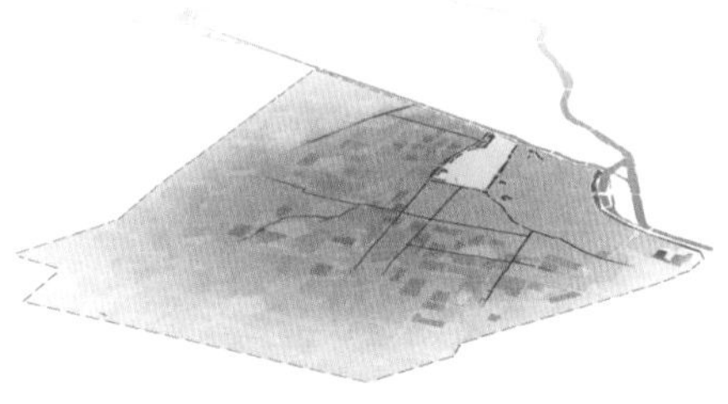

近代，随着人口的增加和城市的发展，逐渐向着靠近水的古城东区扩张，形成新的城市地域

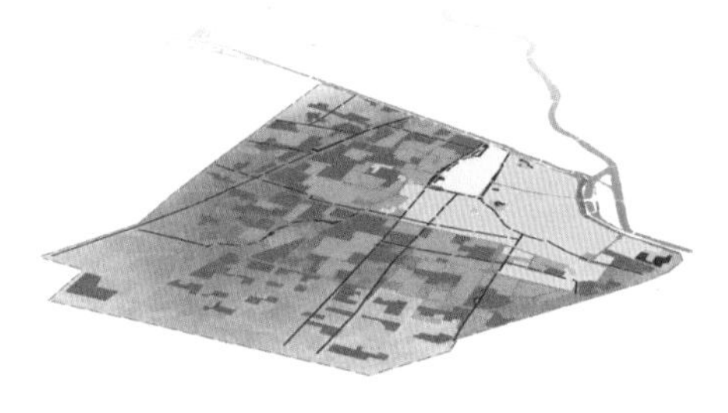

在新时代的背景下，城市扩张的范围开始向着城市内陆发展

在城规用地中，颍州新城建设的范围

图 4-2-17　阜阳（颍州）城市的演变

使其成为历史上的兵家必争之地。阜阳从春秋战国至明清，都是军事重镇，凭借其生态田园、自然水网以及城市和水网交融的生态环境，由一个滨水的小村庄发展成为如今的城市，并且成为著名的皖北水城。阜阳获得过 2010 年中国人居环境范例奖、安徽省园林城市等荣誉。

根据阜阳市总体规划中确定的用地性质与现状条件，将阜阳城区风貌分为古城景观风貌区、传统景观风貌区、现代景观风貌区、综合景观风貌区和生态田园景观风貌区（图 4-2-18、图 4-2-19）。

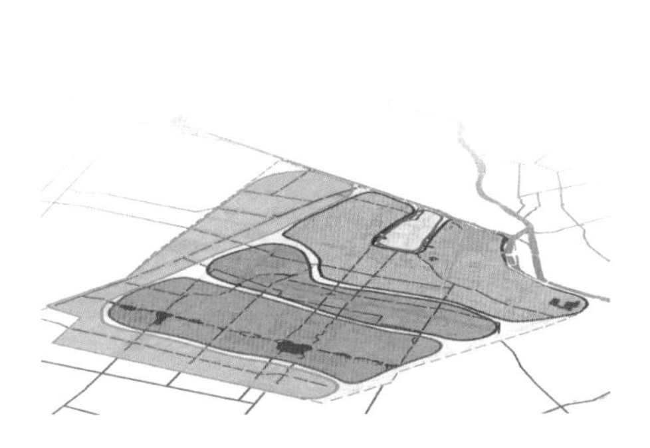

风貌分区

河道	驳岸形式	功能	活动
护城河	保持原有驳岸形式	历史文化展示	游赏 宣传 休憩 亲水

古城景观风貌区

古城景观风貌区

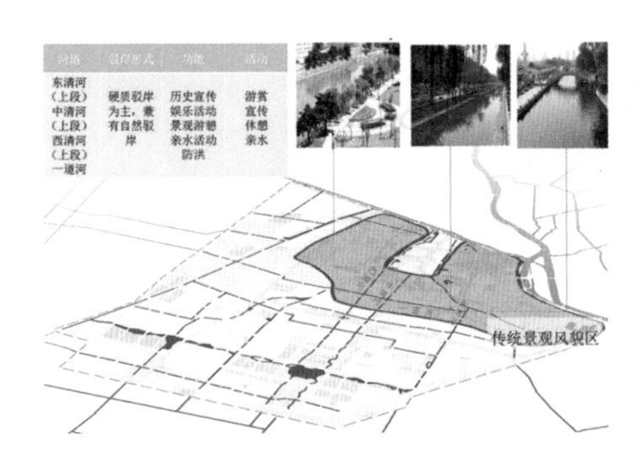

传统景观风貌区

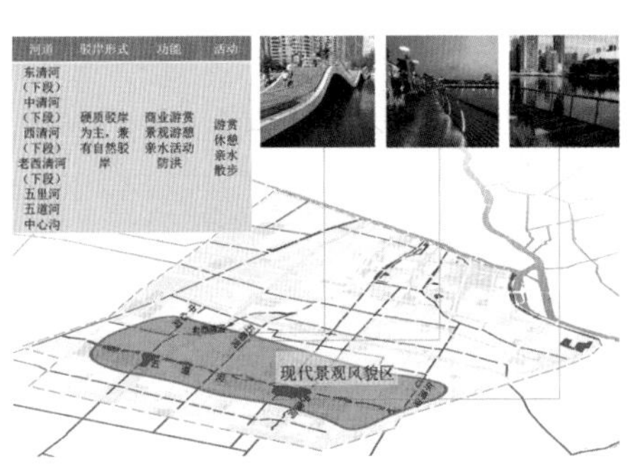

现代景观风貌区

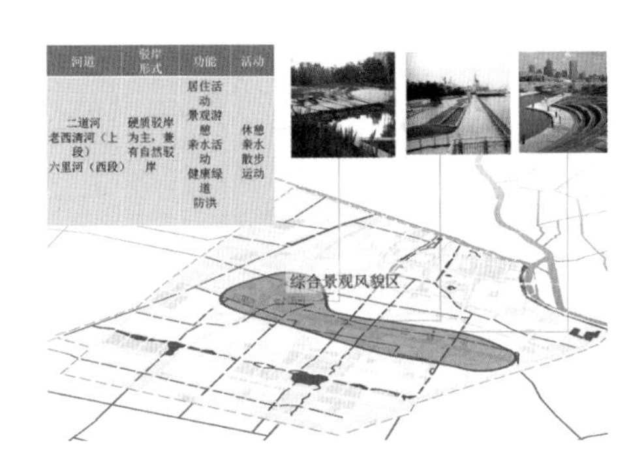

综合景观风貌区

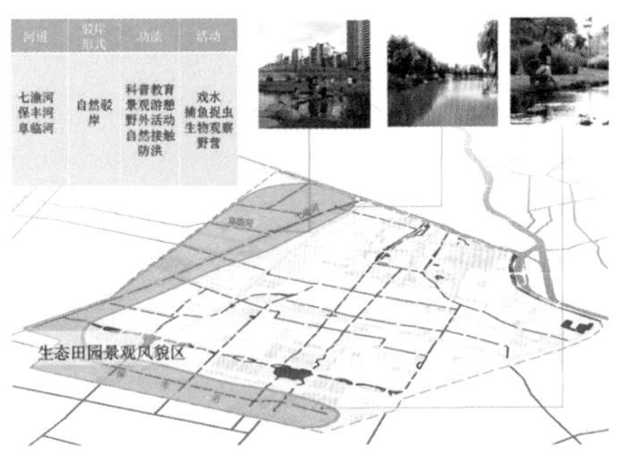

生态田园景观风貌区

图 4-2-18 阜阳城区风貌分区分析图

图 4-2-19　城市绿网规划结构图

(2) 蓝绿网络

在景观规划中，整合城市的蓝绿网络，将水系生态廊道与道路防护绿地交织，串联城市公园绿地，构建城区绿地网络，提升土地价值。依托城市河网，构建主要的城市景观廊道，结合周边的城市公园和绿地斑块，构建城市"绿心"；强化绿道系统，引导城市开放空间，串联整个区域的绿色开发空间和滨水绿带，连成一个统一的系统；完善慢行系统，增强可达性；结合现状道路和滨水公园，打造连续完善的慢性系统，串联各个城市公园，同时配置服务设施，使市民体验独特的水岸生活。

（3）水系结构

对水系的规划提出了"两环三横三纵"的规划结构。"两环"分别是"生态绿环"和"古城文化环"。前者指联系滨水与公园绿地，构建城市滨水景观的生态防护圈；后者指串联人文景点，打造水文化的人行走廊。"三横"指依托滨水具有多元化滨水空间的水公园和水环境形成的具有历史人文商业氛围的"古城商业带""城市活力轴"和"新城商业带"。而"三纵"指强调亲水功能、延展城市绿脉、打造休闲通廊的依托三条水系形成的"生态体验带（七渔河）""文化休闲带（中清河）"和"文化延续带（东清河）"。

3）河道策略

部分河段生活污水直排现象明显，导致河道水体黑臭，植被杂乱，直立驳岸裸露，水质较差，富营养化严重，部分河流被浮叶植物覆盖。部分河道两侧居民建筑离河道过近，对河流干扰加重。景观界面效果差，滨水区缺乏开放空间。因此，在河道的规划设计中，应保留并加固现状驳岸，保证河道安全；增设亲水游步道及休憩设施，营造生活气息；增加绿地，丰富场地肌理；清淤疏浚，清除侵占河道的垃圾，清除水面浮叶植物和漂浮植物；设置橡胶坝；河槽内种植挺水和沉水植物；强化净化技术（图 4-2-20）。

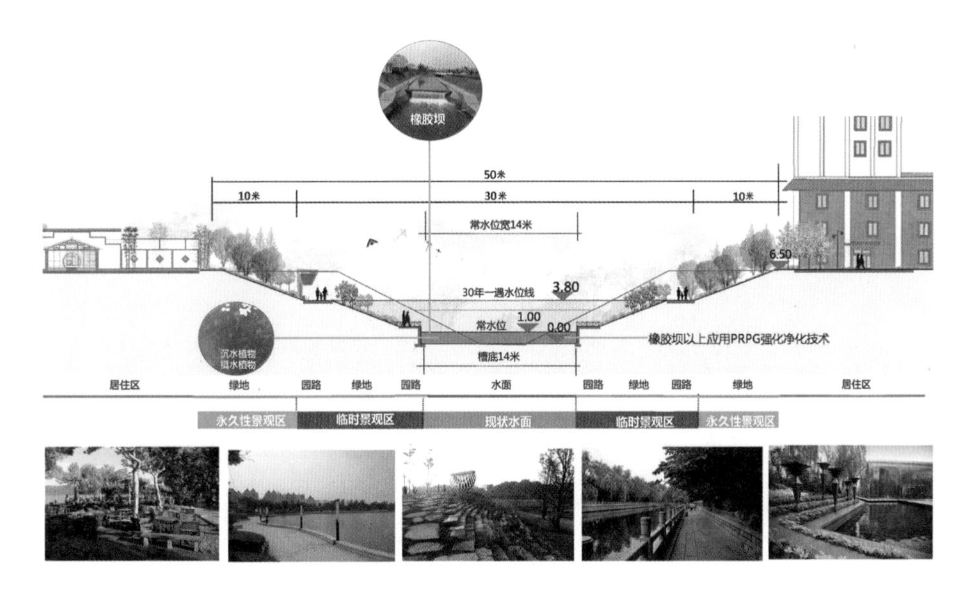

图 4-2-20　河道设计示意

4.2.3 香港湿地公园

1.建设背景

香港湿地公园项目是在1998年被提出来的，是天水围新市镇进一步发展、生态环境补偿的一部分。公园包括一片大面积的红树林、一个众多湖的水系，还有很多的湿地水塘、缓步径和栈道。

位于新界西北天水围北部的香港湿地公园，原本是弥补天水围新市镇发展所失生态的生态景观规划缓解区。由于天水围一带的房屋需求增加，因此需要详细评估该区发展对环境的影响。该区靠近后海湾易受一些环境影响，包括米埔附近的拉姆萨尔公约湿地，它还是2000年来动植物赖以生存的栖息地，因此是备受关注的地区。

香港湿地公园能展现香港的生态系统及其可持续发展的重要性，能为市民和游客提供一个以生态的功能和价值为主题的教育及康乐场地。香港湿地公园是一处含国际性意义的重要旅游景点，同时将成为香港市民的一项重要环保教育资源。要达成这些目标，设计及施工上不可以做出妥协，要维持保育环境，协调和舒缓基地和邻近的内后海湾拉姆萨尔公约湿地以及米埔红树林的压力。

2.总体构思

香港湿地公园总占地61公顷，含占地1公顷的访客中心与60公顷的湿地保护区，是亚洲首例兼具湿地保护与游览功能的湿地公园。

其规划设计目标是成为一个世界级的旅游景点，展示香港湿地公园的多样性，丰富香港的旅游资源和游客的旅游体验，成为独具特色的教育、研究和资源中心，提供可与米埔沼泽自然保护区相辅相成的设施。

户外公园设有生态和为水禽而设的再造生息环境，仿照香港高地的天然溪流而建的人造小河，从访客中心流向户外公园区，沿途设有人工瀑布、喷流、石池、沼泽和泥滩，最后经三角洲流入池塘。木板小桥蜿蜒架于小河之上。重要的位置设有凉亭和标志，标志着整个河溪系统中的各种动植物。

完工后的户外生态区设有一个生态新知中心，为访客提供更多有关的生态亲身体验。也可利用水堰和堤坝来展示池塘的水流情况。中心内还设有实验室、课室、视听展览室和电脑终端机。

沿新知中心再前行是〝生态演替径〞。这条小径带领访客穿过一系列的植物群，展示着植物演替的概念（即各种水底和水面植物演化为沼泽和湿林地）。访客沿途可看见各种过渡性的植物群落。在重要地点设各种说明文字，为访客解释附近景观。

访客可以从新知中心和展览池沿着一系列的木板通道（包括一座浮桥）和小径，前往公园外围地区和3个观鸟藏身区。每条木板通道延伸至100米，带领游人沿着受潮水影响并被红树林包围的河道，近距离观察生态中的动物和植物。

从公园外围的3个观鸟藏身区可以得到观鸟的机会，因为从该处可以看到多种生态风景，包括泥滩、沼泽、红树林和开阔水域。

3.设计理念及措施

为了实现上述多样化的设计目标，香港特区政府成立了专责小组，并选择了资深的景观设计师，确立了三个主要的生态设计理念：环保优先的理念、可持续发展的理念、人物和谐共生理念。

1）环保优先的设计理念

香港湿地公园的设计始终以环保为优先考虑因素。访客中心（图4-2-21、图4-2-22）是由香港建筑署设计的一座两层高的建筑，占地面积为1公顷。设计者成功地将空间、天、水连接起来，并在屋顶设有大片草地，游客可以毫无障碍地在缓缓倾斜的草坡屋顶上漫步，欣赏周围的湿地风光。从广场入口看，仿佛前面升起一座绿色的山丘。这一巧妙设计，

图 4-2-21　访客中心 1

图 4-2-22　访客中心 2

不仅体现了园景与建筑物的完美融合，更重要的是提高了建筑的能源使用效率，体现了环保优先的设计理念。

具体表现在：①屋顶的建造形式，加上智能旋转角度，从而减少太阳辐射，使得这座建筑的热传导总值非常低；②通过采用高效的地热系统，使用地面作为热量交换的空调 / 加热系统，避免了使用排风孔、冷却塔和其他设备；③大量采用木制百叶装置，制造遮阴效果，并起到噪声和视觉屏障作用，以尽量减低对湿地生物的影响；④贯穿整个展廊的环形坡道既方便了残疾人的使用，也减少了对机械搬运的需要；⑤洗手间采用 6 升的低容量水厕，减少了水的消耗。

（1）湿地探索中心的设计

湿地探索中心是一座户外教育中心，周边环绕着大大小小的水池。游客在这里可以观察水体中的各种生物，认识如何管理公园和通过简单的机械装置控制水位，还能了解到历史上曾经是中国内地和香港居民重要生产生活方式的各种湿地农耕方法。探索中心在设计细节上同样体现环保设计的理念：①收集雨水冲洗厕所；②依靠自然通风，通过天窗的巧妙设计使太阳辐射降至最低，从而减少制冷设备的使用。

（2）观鸟屋及小品建筑的设计

公园中小品建筑的设计同样体现环保的理念：①木质观鸟屋利用双层天窗尽可能地利用自然通风和自然采光，使游客感觉舒适；②观鸟屋前入口的廊道两侧采用天然芦苇编制的围墙，不仅体现了环保的理念，而且能和周边自然环境完全融为一体（图 4-2-23）；③休息亭通过双层隔板，中间架空以减少太阳辐射（图 4-2-24）；④其他小品如观察平台、桥、栏杆、椅子、垃圾箱、路牌、步道等采用可更新的软木材，不仅环保，而且和周边自然环境结合得非常融洽（图 4-2-25、图 4-2-26）。

2）可持续发展的设计理念

可持续发展的理念在湿地公园的各处得以体现，主要包括物料的选用、水系统的设计和能源的利用三个方面。

图 4-2-23 观鸟屋

图 4-2-24 凉亭

图 4-2-25 栏杆

图 4-2-26 步道

（1）物料的选用

香港建筑署在建造湿地公园时，十分注重物料的选择，以达到可持续发展的目标，主要体现如下：①优先采用可以更新的软木材而不是硬木材。②研成粉末的硅酸盐粉煤灰代替了一部分水泥掺入到混凝土中增加其防水性。③沿入口坡道南侧设置穿过中庭的循环利用的砖墙（广州某传统中式建筑拆下来的砖），减轻了太阳辐射对建筑的影响。④大量使用在香港苗圃不常见的乡土湿地植物物种，可以尽可能地模拟自然生境，而且能将维护成本和水资源的消耗降到最少。⑤材料的再利用，包括军器厂街警察总部拆卸下来的花岗石废料、动物折纸造型的雕塑、周边流浮山渔村中弃置的蚝壳等，都被巧妙地运用在公园入口景观的设计中。

（2）水系统的设计

水是湿地形成、发展、演替、消亡与再生的关键。湿地公园水系统的设计体现了可持续发展的理念：①利用可以获得的天然水资源，重建了淡水和咸淡水栖息地。咸淡水栖息地依赖于自然的潮汐运动；淡水湖和淡水沼泽以及来自于周边城市排放的雨水作为其主要水源，这些雨水需经过三步处理。首先收集在一个沉降池中，然后通过水泵提升到天然芦苇过滤床中净化，最后通过重力作用流入淡水湖和沼泽。②这些水体本身也是通过可持续的方式建造的，它们利用了原有鱼塘约 1 米厚的防水砂浆中的黏土。③水的流速和水深由一系列简单的手动控制的堰来进行调控。

（3）能源的利用

湿地公园通过提高能源利用的效率，从而降低运营费用，达到可持续发展目标，主要体现在：①在空调设施中采用地温冷却系统，通过埋设于地下 50 米深的管槽内的聚乙烯管组成的抽送系统，以达到充分利用相对稳定并且几乎保持恒定的存在于地表以下几米的地温。②采用地热系统，不仅可以防止废热能排入大气、加剧地球温室效应，也可防止废热能排入周围的生境，避免其可能对生态产生的负面影响，同时还可以节省冷却建筑物所需要的大量能源，整个地热系统的安装相比于传统的冷却塔，总体上预计可以节约 25% 的能量。③安装根据游客数量而调节新鲜空气的二氧化碳传感器和由计算机控制的照明系统，该系统设有调节亮度的传感器和在不需要时可以关闭局部照明系统的计时器，达到节约能源和充分利用能源的目的。

3）人物和谐共生的设计理念

香港湿地公园兼有中国香港旅游主要景点与生物栖息地的双重作用，作为世界级旅游景点，游客是不得不考虑的因素，但活动的人流会对湿地的生态环境造成一定的负面影响，如喧哗声会打扰栖息地的生物等。如何实现人和环境的和谐共生，是设计中最大的难点。设计者主要通过合理的功能布局和湿地生境的创造来实现人与自然和谐共生的设计理念。

（1）合理的功能布局

整个湿地公园被划分为旅游休闲区和湿地保护区。其中，旅游休闲区主要是为游客提供在不破坏自然的同时欣赏、研究、洞悉自然的场所，包括室内游客中心和室外展览区等；湿地保护区占地约60公顷，由不同的生境构成，包括淡水和咸淡水栖息地、淡水湖、淡水沼泽、芦苇床、草地、矮树林、人造泥滩、红树林、林木区等，使游客能够亲身体验湿地自然环境和湿地的生物多样性特点。

旅游休闲区会带来大量的人类活动干扰，因此避免与关键的环境原则相冲突，是其布局选择的首要原则。设计中将游客设施安排在接近入口和城市的位置，避免对栖息地造成不必要的侵扰，并能有效地将城市的嘈杂隔绝在外围。湿地公园中旅游休闲区主要包括入口广场、访客中心、溪畔漫游径及湿地探索中心。

湿地保护区是湿地公园的核心要素，避免人类活动的干扰，营造良好的生境是其布局的原则。湿地保护区的访客设施集中在保护区北部连接访客中心的地方，不同的教育路径、探索中心及观鸟屋为访客及学生提供认识湿地的机会。同时，设计中利用了土丘、树林及建筑物分隔访客及生物栖息地，减少人类对野生动物的影响。

（2）湿地生境的创造

除了避免人类活动的干扰之外，对湿地生境的再造和营造也是体现人与自然和谐共生理念的重要方面。湿地生境的创造主要包括水体与土壤、植被种植等方面的设计。

护岸处理以自然生态驳岸为主，充分考虑因水位变化而带来的景观效果变化。

栈道采用全木制，采用浮桥形式，减少下方空间支撑结构物的面积，保存栈道下方原有的生物环境。公园内是全步行系统，因此桥梁不用跨越式，而采用裂纹式铺装，标高和地面一样。中间留有通道，避免隔断生物物种的迁徙。

硬质铺装道路尽量避免穿过湿地保护区，如需硬质铺装道路，则应设有水流涵洞或排水涵管，并在涵洞、管底堆放中小型碎石，增加动物通过速度和局部隐秘性。

进行大量的土壤试验来测试那些从苗圃处不容易买到的乡土湿地植物的繁殖率和生存率，以达到湿地群落生物的最大化和景观的多样性。

香港本地的野生湿地植物资源相当丰富，在配置时应遵循物种多样性与再现自然的原则，体现陆生—湿生—水生生态系统渐变的特点，植物生态型为陆生的乔灌草—湿地植物或挺水植物—浮叶沉水植物等。主要措施为：大量使用在香港苗圃不常见的乡土湿地植物物种，可以尽可能地模拟自然生境，而且能将维护成本和水资源的消耗降到最少。湿地湖泊中水生植物的覆盖度小于水面积的30%。除考虑到水生植物自身的水深要求之外，还需要考虑其花期和色彩、高低错落搭配，并安排好游人的观赏视角，以免相互遮挡（图4-2-27、图4-2-28）。

图 4-2-27　种植 1

图 4-2-28　种植 2

4．结语

香港湿地公园代表了在建筑设计和景观设计中实现可持续发展和体现环境意识的最终目标，并且突出展示了景观设计师在这类大尺度、多学科合作的复杂项目中起到的战略指导作用。建成后的湿地公园不仅是一个世界级的旅游景点，而且是重要的生态环境保护、教育和休闲娱乐资源。本节通过对环保优先、可持续发展、和谐共生设计理念的详细剖析，详细分析了香港湿地公园的生态设计理念。由此我们可以看出，对于城市区域中湿地的保护，并不意味着将其隔离弃置，而是可以通过合理的、精心的设计和规划及一定的技术支持，实现湿地保护和旅游开发、科普教育和休闲娱乐等多重目标。香港湿地公园生态的规划设计理念贯穿了其设计的整个过程，并成功地处理了各项目标之间可能发生的冲突。

4.3 城市中央滨水区

4.3.1 广州“一馆一园”规划

1.建设背景

1）项目概况

广州市文化设施〝四大馆〞项目分南北两个部分，其中北片〝三馆一场〞包括广州博物馆新馆、广州美术馆、广州科学馆和岭南广场；南片〝一馆一园〞即广州文化馆和岭南大观园。为把〝四大馆〞建设成世界一流、经得起时代检验的文化设施精品，广州市规划局举办了〝四大馆〞设计国际竞赛。竞赛分设〝三馆一场〞〝一馆一园〞两个项目，同时开展竞赛，各自独立评审。

本项目属于文化设施〝四大馆〞中的〝一馆一园〞项目，亦即广州文化馆项目，位于广州市海珠区中部海珠湖公园北侧，地处广州市新城市中轴线南段的中心位置。建设内容包括公共文化中心（广州文化馆主体楼，建筑面积 18 000 平方米）、群众文化活动广场、广州之路图片展馆、广州文艺中心和岭南大观园。其中岭南大观园包括广府风情园、广绣风雅园、岭南曲艺园、岭南翰墨园、潮汕民俗园、客家风韵园、曲水观景园、飘香百果园共 8 个小园林，大观园总建筑面积 9 200 平方米（图 4-3-1）。

2）主办方对设计的要求

第一，统筹协调城市空间。基地位于广州新城市中轴线南段的中心位置，南邻海珠

图 4-3-1 项目效果图

湖，东靠海珠湿地，未来将成为广州最重要的城市公共空间之一。应落实上位规划要求，在功能定位、空间布局、景观设计和交通组织等方面与周边地区（海珠湖公园、海珠湿地、新城市中轴线等）统筹协调，同时起到往北衔接新城市中轴的承上启下作用。

第二，体现生态优先要求。充分认识自然生态的基底条件，保护与利用现状自然环境要素，体现生态优先的要求，构筑以"花城、绿城、水城"为特点，人与自然和谐相处的海珠湖标志性景观。

第三，突出岭南文化特色。引入岭南文化元素，融入岭南园林设计精髓，多方面展现广府、客家、潮汕等岭南地区不同类型的文化特色和地域风俗。突出重点、准确定位，打造一系列展现岭南文化的景点。

第四，鼓励创新设计理念。通过引进世界先进建筑设计、技术应用、管理等方面的新理念与新方法，设计汇集建筑艺术与先进科技于一体的、具备丰富文化内涵的建筑群。

3）项目区位

项目位于广州市海珠区中部海珠湖公园北侧，地处广州市新城市中轴线南段的中心位置。东起新光快速，西止杨湾涌，南抵海珠湖，北至新滘中路，总用地面积约 34.45 公顷，其中东区 25.22 公顷（可建设用地面积 9 公顷），西区 9.23 公顷（可建设用地面积 5 公顷），规划总建筑面积 30 000 平方米（图 4-3-2）。

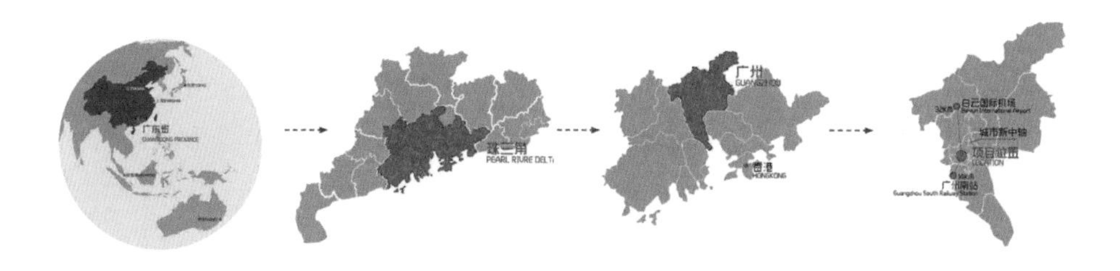

图 4-3-2 项目区位

2. 上位规划指导

1）广州市总体规划

中心城区绿地指标：至 2020 年，绿地用地为 5117.4 公顷，占城市建设总用地比例的 12.9%，人均用地为 9.7 平方米。

项目用地在总体规划中的定位：城市总体规划对“一馆一园”项目地块定位为公园绿地，且位于城市新中轴之内，因此在设计时要突出其功能的多样性，并注重与城市中轴的衔接，使其更好地满足总体规划赋予的功能（图 4-3-3）。

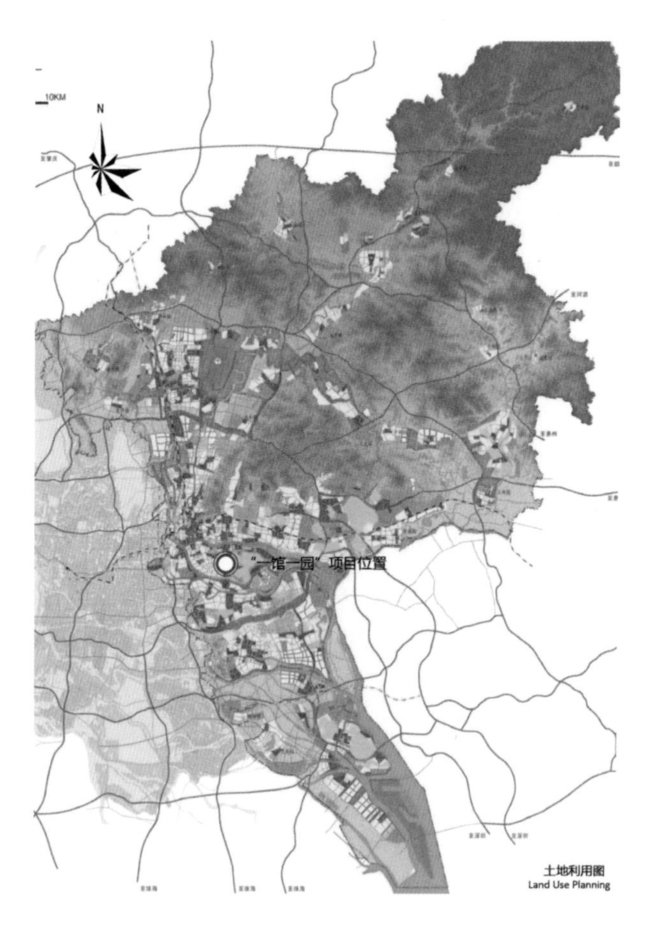

图 4-3-3 广州总体规划土地利用图

2）广州市绿地系统规划

总体目标是贯彻可持续发展的战略，根据生态优先原则，通过科学合理的规划以及有效的实施手段，构建人与自然和谐相处的宜居环境，促进城市生态环境与社会经济协调与发展，成为岭南生态城市“花城水城绿城”和“国际园林城市”的主要载体。

广州市北部的森林公园连接成为绿色片区，南部的森林公园与滨水带连接成为南部的片区，珠江河岸北部片区为具有现代风貌的城市中心区，并有都市新中轴穿越珠江南北两岸。珠江沿岸有多处风景区，自西向东形成一条文化轴，珠江南岸海珠区水系较多且有大面积绿地，南部番禺有余荫山房等岭南风格建筑，合并番禺区与海珠区的地形与文化特色，形成南部岭南风格的生态湿地景观片区（图 4-3-4）。

3）上位规划定位

新城市中轴线北起燕岭公园，贯穿火车东站、天河体育中心、珠江新城、新电视塔、海心沙岛，形成以商务、金融、商贸会展、行政办公为主体，对外交往、旅游休闲、文化体育、综合交通、居住等功能为一体的现代服务业集聚核心区。总长约 12 千米，以珠江为界，分南、北两段。“一馆一园”项目用地位于新城市中轴南段。规划定位为：①生态湿地的门户；②城市新中轴上衔接现代都市文化与自然生态景观的起承点；③低冲击开发的城市文化性主题公园（图 4-3-5）。

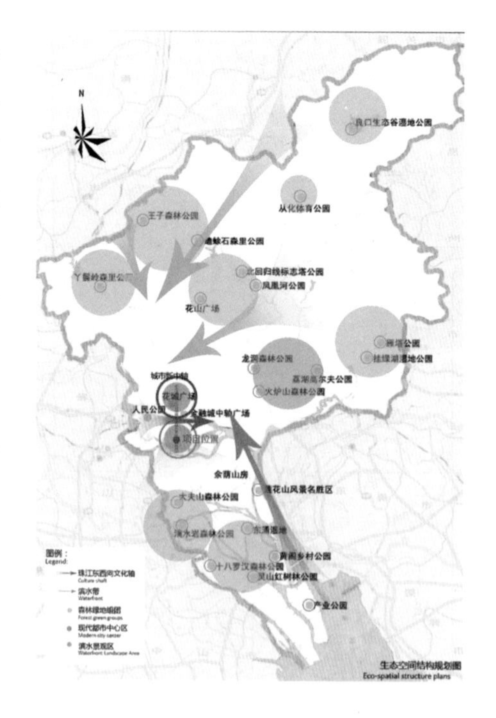

图 4-3-4 广州绿地系统生态空间结构规划图

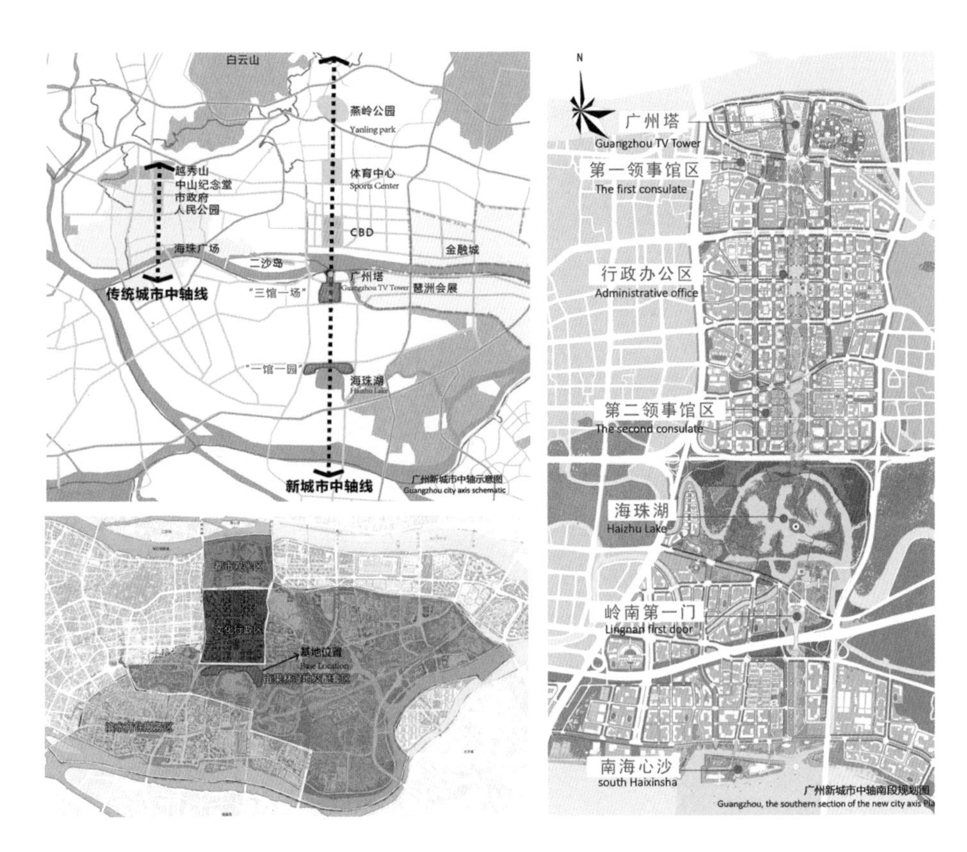

图 4-3-5　上位规划对项目的定位

3. 场地分析

1）周边用地规划

场地周边主要规划用地包括行政办公用地、公园绿地、商业设施用地和部分居住用地。场地规划应考虑与南北公园绿地的衔接，形成整体，服务周边行政办公及居住人群（图 4-3-6）。

2）交通分析

外部交通：场地北侧为新滘中路，西侧为广州大道，东侧为新光快速，东西两侧各一大型立交，场地北侧两个人行天桥，横跨新滘中路，联系北侧人流，外部交通状况复杂，且对景观影响较大（图 4-3-7）。

内部交通：场地内部道路较少，不成体系，主要集中在西侧东风村地块，中部有一条车行道与海珠湖湿地公园相连，地铁3号线大塘站位于场地中部。

道路交通：场地北侧新滘中路在城市新中轴区域规划将采用车行道下穿的形式，使北侧城市中轴与场地形成平交。

轨道交通：场地周边将规划两条有轨电车线路，并配套有两个有轨电车站，分别位于场地中部和东部，北侧新建地铁11号线（图4-3-8）。

图 4-3-6 周边规划用地

3）水资源分析

现状水系：基地及周边范围内主要有5条河涌，分别为杨湾涌、上涌的两段河涌、淋沙涌及大围河。其中，大围河、淋沙涌在基地南侧经过，上涌则穿过基地与淋沙涌相接。有环湖水闸4处（图4-3-9）。

海珠湖是海珠区蓄洪补水人工湖，其水面面积达100公顷，是广州第二大人工湖。湖区可直接辐射到龙潭果树公园和东风果

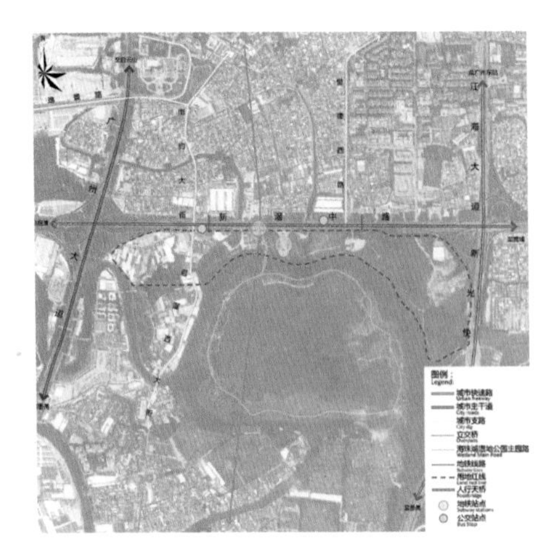

图 4-3-7 现状交通分析图

图 4-3-8 规划交通分析图

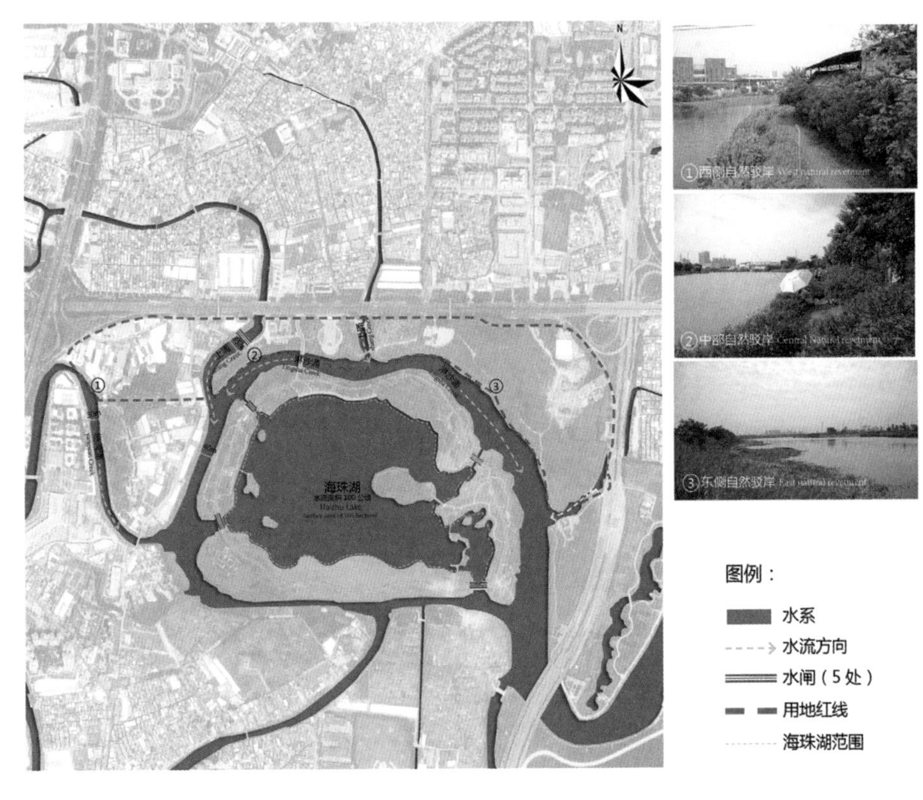

图 4-3-9　水资源分析图

树公园，成为万亩果园不可多得的水滋养源。海珠湖和密布的河涌与果林镶嵌复合湿地系统在其中发挥着非常重要的雨洪调蓄的作用。

4）场地现状

外部环境：场地现状外围主要人流来源于北侧新滘中路，两个南北向的人行天桥连接北侧居住片区，沿路设计有绿道，并在场地中部有一自行车租赁点（绿道驿站），租赁点西侧为地铁三号线大塘站（图 4-3-10）。

内部现状：场地内以公园绿地及水域为主，西侧为东风村，以汽车维修、汽车配件批发为主，建筑一般为 2 ~ 3 层的底层建筑，建筑立面较为破旧；中部为海珠湖公园入口广场、海珠湖公园停车场以及公园；东侧大部分为公园，其他以厂房为主（图 4-3-11）。

图 4-3-10 基地外部环境

图 4-3-11 基地内部现状

4.规划策略及构思

1）概念构思

广州城因“六脉”兴。古代广州六脉是指六脉渠，宋代修建，是宋代以来广州城的主要水系网络。“六脉皆通海，青山半入城”，有了六脉渠，广州城就有了水城的生机（图 4-3-12）。

“新六脉”：提取岭南文化三大主体（客家、潮汕、广府）文脉，融合城市生态规划三脉（花城、水城、绿城），形成广州“新六脉”，承接北侧城市中轴，贯通城市脉络。

融合共生：以园林元素隐喻岭南文化是多元文化相互融合的结晶。

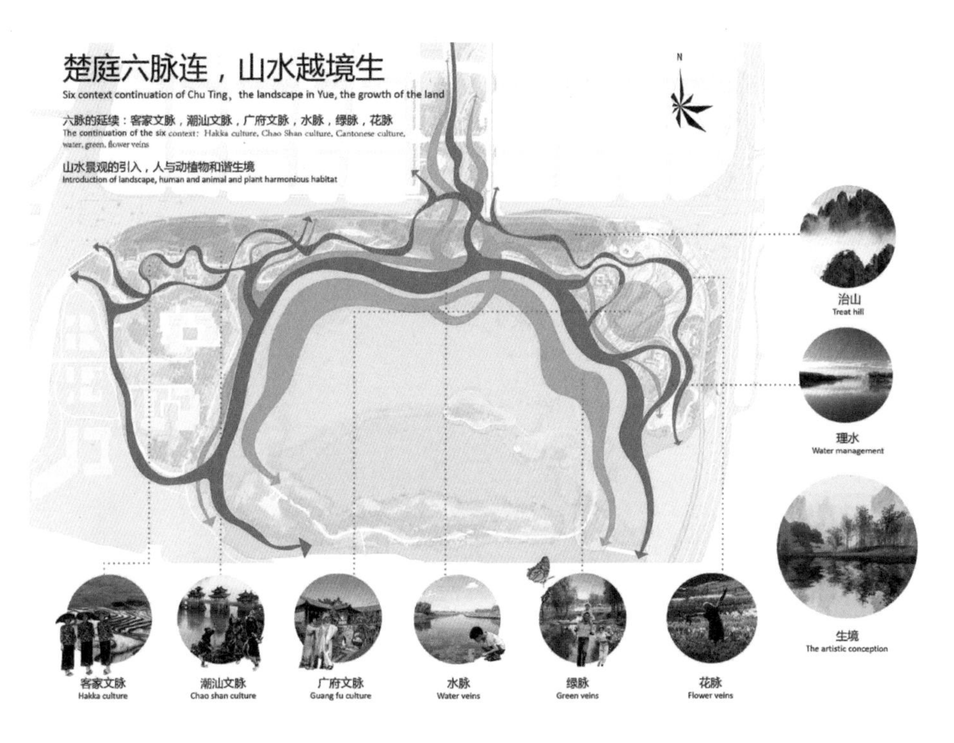

图 4-3-12　概念构思

2）规划策略

（1）联系

承北：对接北侧城市新中轴规划，将北侧城市的花脉、水脉、绿脉延续至场地。起南：运用大型景观连桥，形成场地城市中轴段入口气势的同时，衔接南侧海珠湖湿地公园。

（2）融合

融合岭南文化多元特征，体现“务实、开放、兼容、创新”的岭南精神。

（3）重构

串连水系，建立水网：在场地东西两地块引入水系，建立水网，构建园区水上游览路线，同时为营造“小桥、古榕、茶舍”的岭南水乡风情创造条件。

（4）筑景

造山：依据岭南民俗文化，利用地形造“山”，迎合岭南建筑的布局特征。建园：运用岭南文化景观元素，打造地域特征明显的岭南文化大观园。

（5）展现

展现璀璨岭南文化：挖掘岭南传统文化要素，融合现代景观设计手法，展现兼容并蓄、不断发展的新岭南文化景观。展示场地生态活力：保持和修复场地自身生态系统，运用生态设计手段，减少开发建设对场地生态系统的冲击（图 4-3-13）。

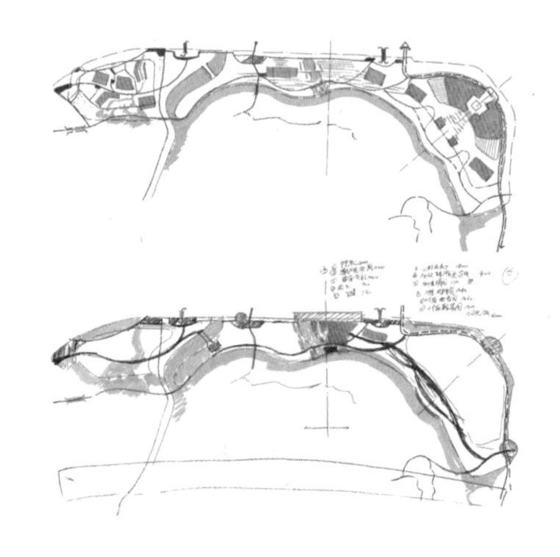

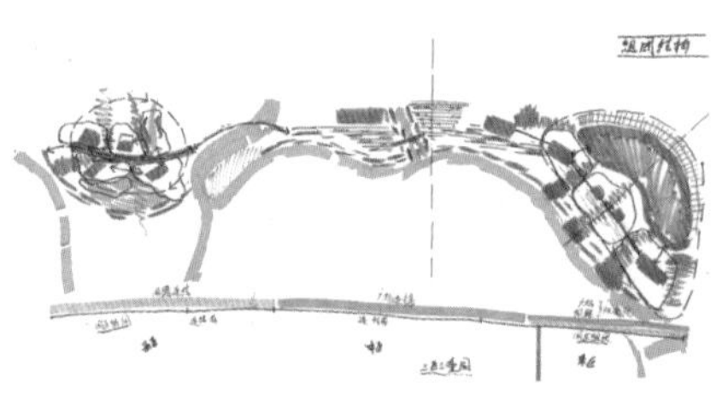

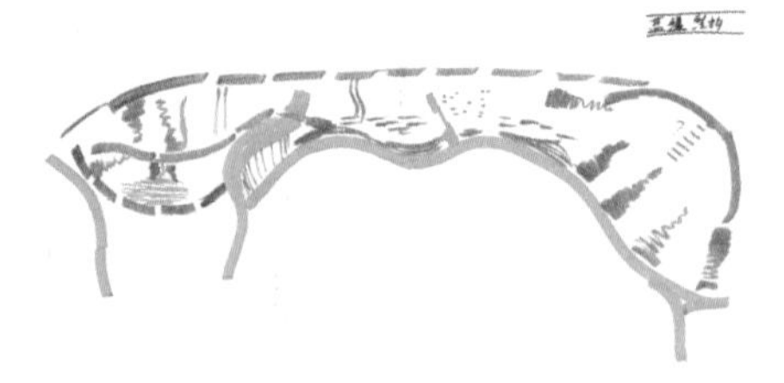

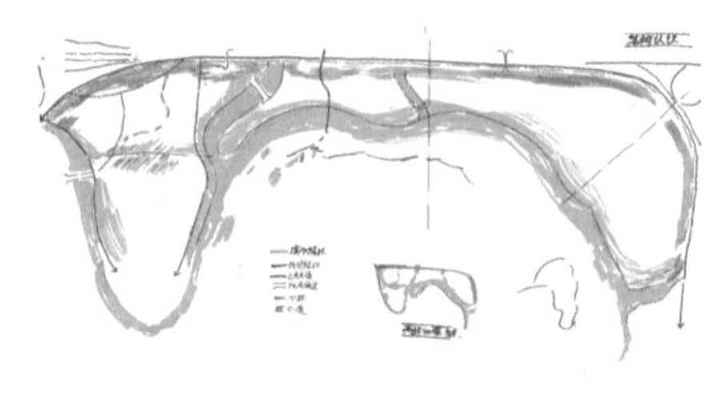

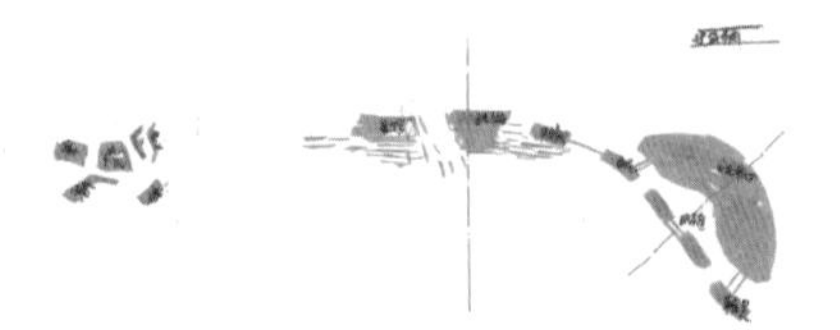

图 4-3-13　方案模式初探草图（图片来自设计师周璇）

3）方案构思

在方案初步的构思当中，以"州"作为设计理念，场地南北轴为"水脉"，延续中轴水系，使场地北侧城市中轴景观与场地自然衔接；取形"州"字篆书，将水系引入东、西两块建设用地，建筑场地形态像散落在水中的石块临水分布。以东西轴作为景观轴线，即"文脉"，园子布局根据自西向东"岭南—潮汕—广府"的文化顺序，用主园路串联，形成场地东西向景观轴线及主要游览路线路，结合水上游览线路，展现园区文化特质(图 4-3-14)。

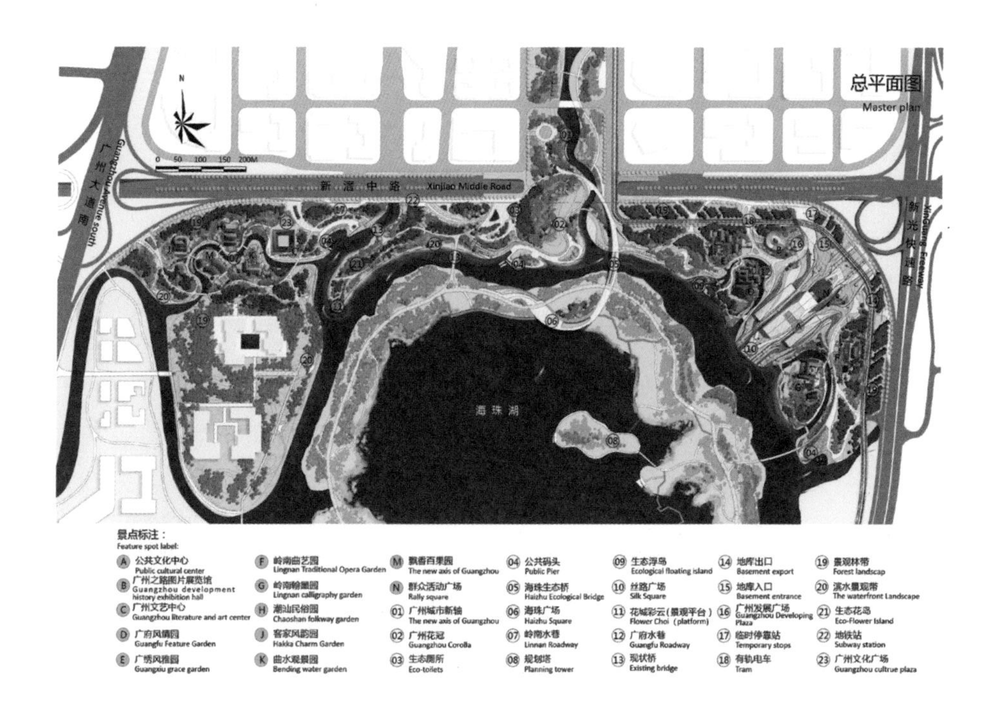

图 4-3-14　总平面图

5."一馆一园"总体规划

设计场地主要分为西区、中区和东区 3 个分区。每一个分区中又有一个核心区，西区为广州文艺中心，中区为城市生态互动核心，东区为公共文化核心，核心区将成为 3 个区域的核心节点，形成场地中的文化组团（图 4-3-15）。

1）场馆布置

依各主题园的文化特征，合理布置场馆，近期东区 9 公顷的可建设用地，规划公共文化中心、广州之路图片展馆、广府风情园、广绣风雅园、岭南曲艺园、岭南翰墨园 6 个主题园区；远期西区 5 公顷的可建设用地，布置客家风韵园、飘香百果园、潮汕民俗园、曲水观景园和广州文艺中心 5 个主题园区（图 4-3-16）。

2）交通结构

通过蜿蜒曲折的景观园路，或登高上楼或过桥越涧，或疏朗或封闭，或远眺或俯瞰，小桥、古榕、茶舍，密林、山川、河流，引人进入寓情于景、情景交融的诗画意境（图 4-3-17）。

3）游览路线

依据各主题园林及场馆的布置情况，规划两类主题游线，形成园区两条景观游览线路：一是历史文化游览线路，二是生态水上游览线路。

12 个主题园林及场馆：公共文化中心、群众文化广场、广州之路图片展馆、广州文艺中心、广府风情园、广绣风雅园、岭南曲艺园、岭南翰墨园、潮汕民俗园、客家风韵园、曲水观景园、飘香百果园（图 4-3-18）。

4）空间景观

二轴一带多核心：

南北：广州生态轴——延绿续水，径入自然。

东西：岭南文化轴——绘山理水，融脉岭南。

滨水：水互动景观带——水网交错，岭南水韵（图 4-3-19）。

5）植物设计

植物景观规划原则：

①地域性植物为主、外来植物为辅原则，突出生态自然与时代特色结合的特点；

②生物多样性原则，营建生物及景观的多样化；

③植物景观效益与生态效益结合的原则（图 4-3-20）；

④可持续发展原则，建立一种最佳的土地利用形态，使场地的生态性与观赏性及可持续性达到最大。

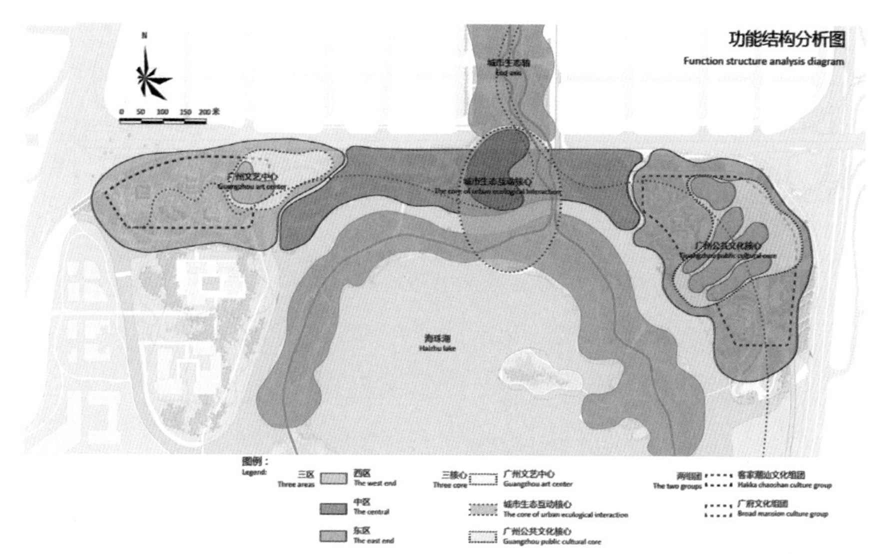

图 4-3-15　功能结构分析图

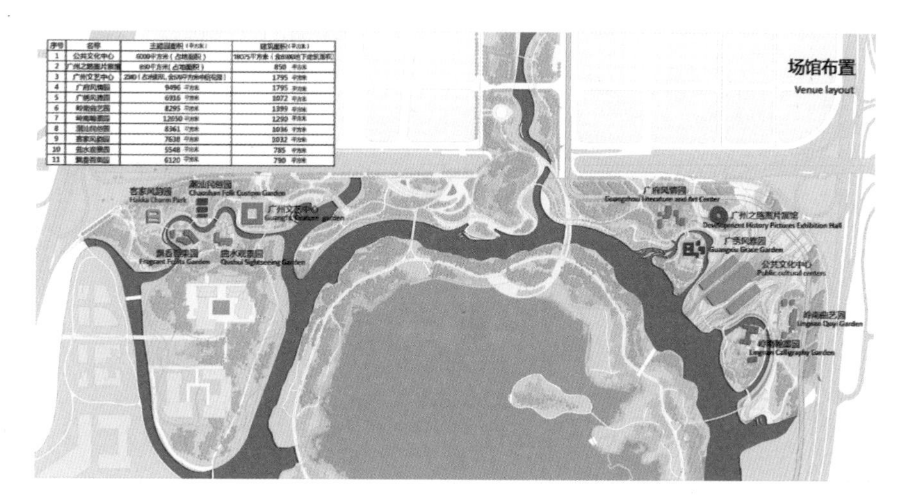

序号	名称	主题园面积（平方米）	建筑面积（平方米）
1	公共文化中心	6000平方米（占地面积）	18075平方米（含[illegible]地下建筑面积）
2	广州之路图片展馆	850平方米（占地面积）	850 平方米
3	广州文艺中心	2380（占地面积，含570平方米中庭花园）	1795 平方米
4	广府风情园	9496 平方米	1795 平方米
5	广绣风情园	6916 平方米	1072 平方米
6	岭南曲艺园	8295 平方米	1399 平方米
7	岭南翰墨园	12050 平方米	1290 平方米
8	潮汕民俗园	8361 平方米	1036 平方米
9	客家风韵园	7638 平方米	1032 平方米
10	曲水游景园	5548 平方米	785 平方米
11	飘香百果园	6120 平方米	790 平方米

图 4-3-16　场馆布置图

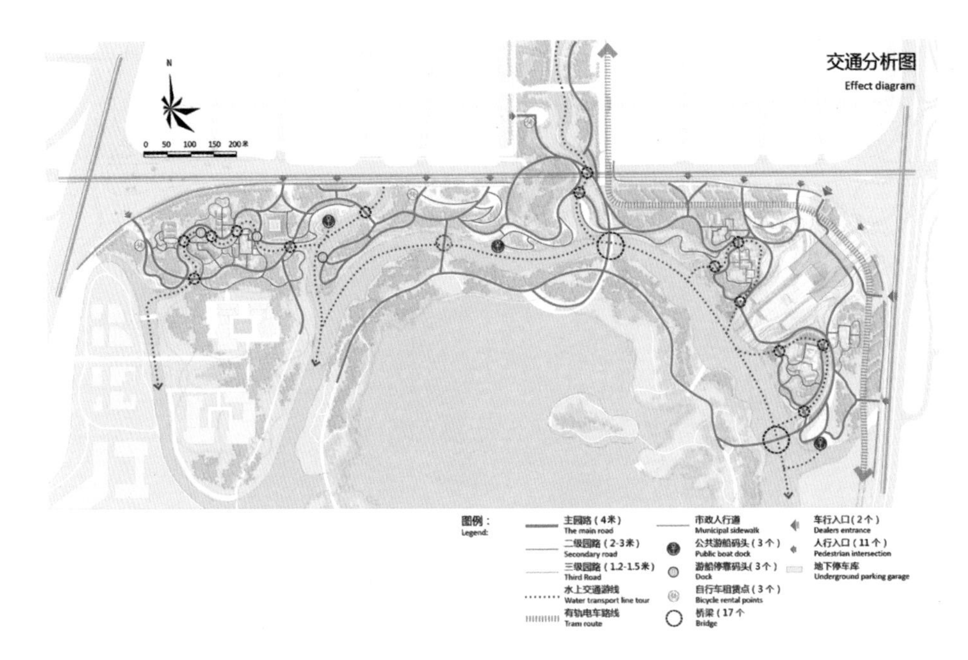

图 4-3-17　交通分析图

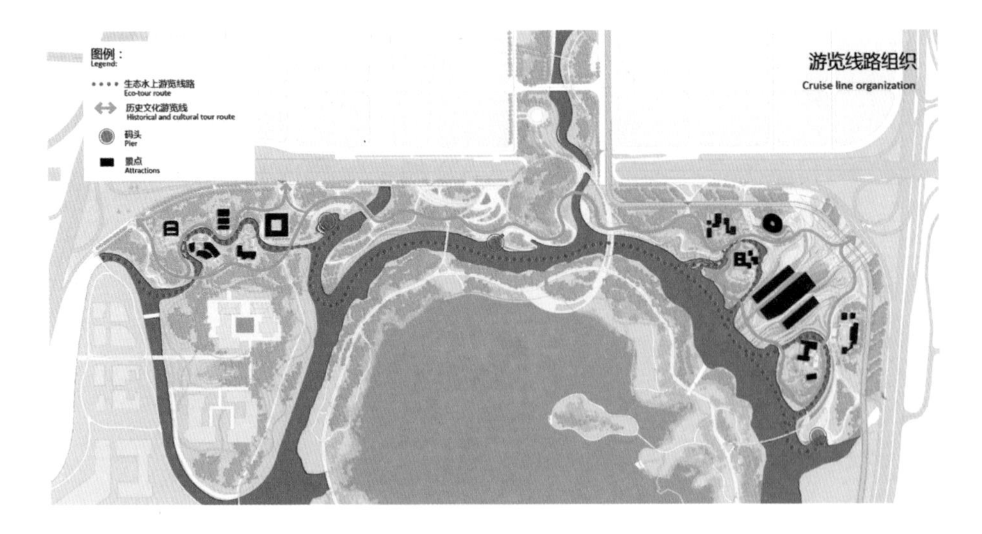

图 4-3-18　游览路线组织图

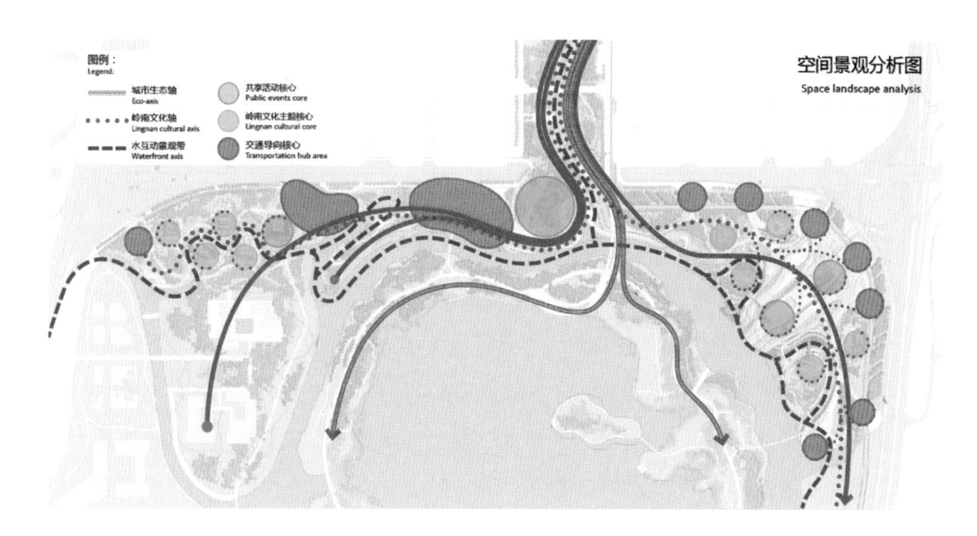

图 4-3-19　空间景观分析图

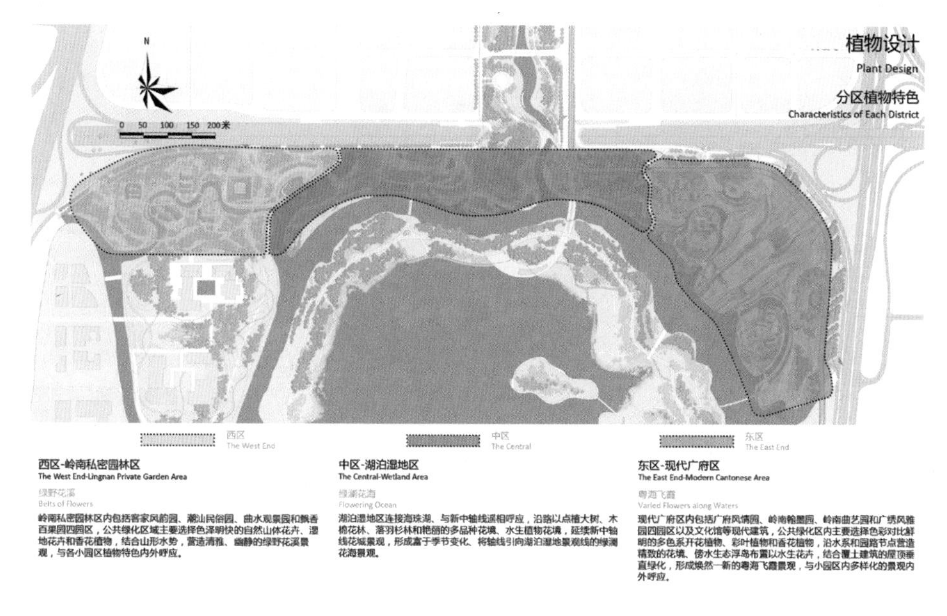

图 4-3-20　植物分区设计图

6.其他方案

广州"一馆一园"的规划设计方案是通过竞赛的方式进行评比和选取的。第一轮中，由澳大利亚 IAPA 设计顾问有限公司获得第一名。该方案以"筑·景·榕·荟"为设计理念，规划设计中强调轴线延伸、东西连接、聚心围合、水路联系的规划方向，运用一种岭南园林建筑的现代语汇，灵感来自岭南大榕树的装置，采用谦逊的姿态把建筑消隐在景观当中，打造一个具有创意并体现"百粤精粹,岭南风情"的群众文化活动空间(图 4-3-21 ~图 4-3-23)。

另一个入围的方案来自华南理工大学建筑设计研究院，其"岭南园·源岭南"的设计灵感来自婆娑的榕树和密集的水网。规划概念沿北往南贯穿海珠湖，也将东西向的生态旅游动线连接在一起，让生态与文化交织，将岭南的文化底蕴重新激活城市中轴。建筑群如海珠石般散落在湖边，庭院与建筑共生，形成园中有园的优美布局。建筑设计充分尊重岭南文化特质，由"水街"和"迴廊"作为主线穿起各院落，维持了聚落之间的整体性（图 4-3-24 ~图 4-3-28）。

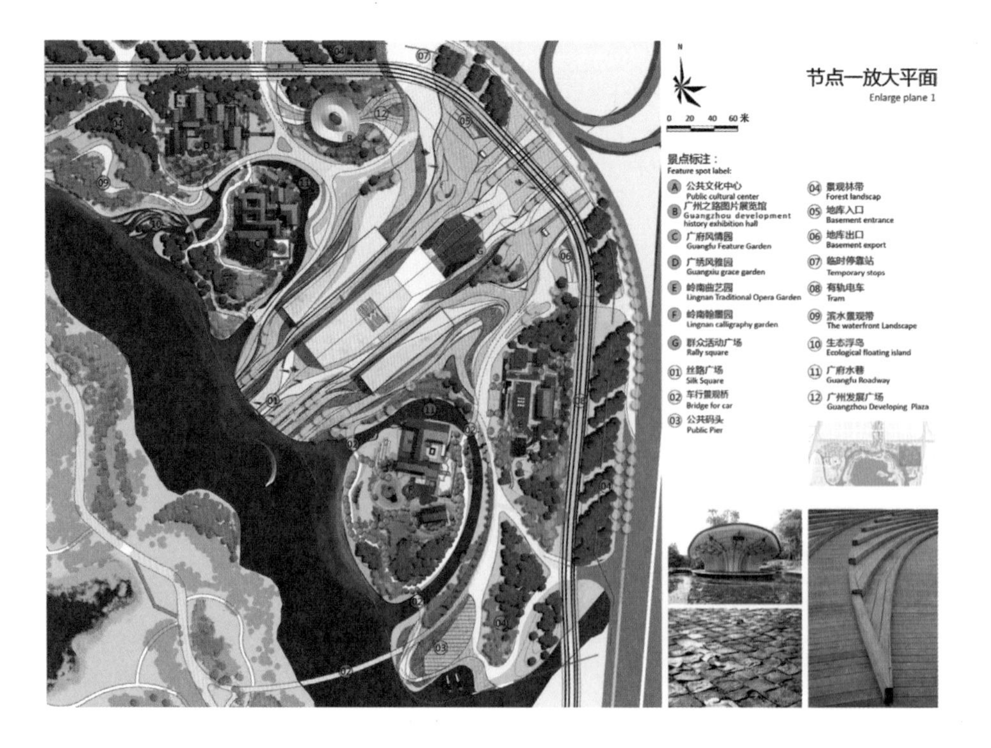

图 4-3-21　节点放大设计 1

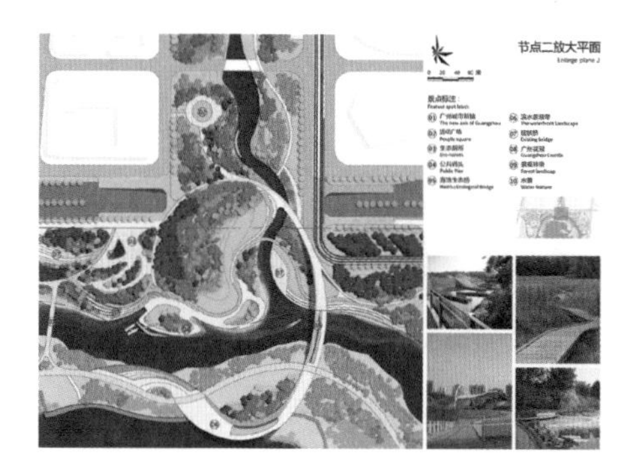

图 4-3-22　节点放大设计 2

图 4-3-23　节点放大设计 3

图 4-3-24　总平面图

图 4-3-25　鸟瞰效果图

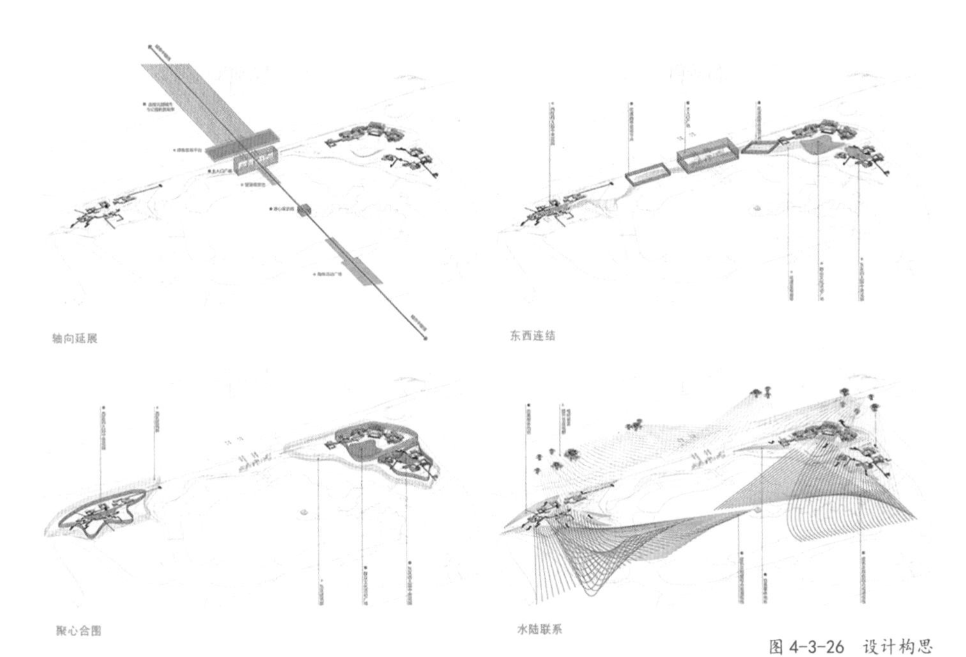

图 4-3-26　设计构思

图 4-3-27　中轴鸟瞰

图 4-3-28　中轴景观花渡廊带

4.3.2 深圳北站商务中心区城市绿谷景观规划设计

1.项目认识

1）背景认知

面对资源约束趋紧、环境污染严重、生态系统退化的严峻形势，中共十八大主题报告明确提出，必须树立尊重自然、顺应自然、保护自然的生态文明理念，把生态文明建设放在突出地位，努力建设美丽中国，实现中华民族永续发展。绿谷景观规划以公园、道路、水系和重要景观节点的提升与建设为重点，制定切实可行的措施与计划，为生态新城、美丽龙华的建设发挥至关重要的作用。

深圳市政府在 2012 年 4 月制定的《深圳市城市绿化发展规划纲要 (2012—2020)》，明确提出深圳市建设国际一流的生态宜居城市目标并实施〝生态绿化、精品绿化、人文绿化〞三大策略。2014 年 8 月，深圳市委市政府召开国际化城市环境建设工作会议，要求全市各级各部门、各级干部要树立一流标准，塑造一流市容，建设一流文明，打造一流法治，加快建设文明整洁、规范有序、宜居宜业的国际化城市环境。龙华新区绿地景观风貌提升规划将有利于面向全区制订关于绿地环境建设与提升的行动计划，保障龙华各项环境建设工作有序推进，打造具有龙华特色的国际一流城市环境。

本项目位于广东省深圳市龙华新区的西南部，即深圳北站周边地区，也是龙华新区的商务核心。西与宝安区、南山区相邻，南与深圳市中心福田区对接；基地与福田区中心的直线距离仅为 8 千米。中南部商务核心的发展目标为深圳市新的城市中心区之一，以总部经济、产业金融服务及综合商业为主，建设具有国际水平和现代化特色的综合商务片区。深圳北站是深圳唯一的特等站，也是亚洲最大的交通枢纽，位于深圳市宝安区龙华新区民治街道，占地 240 公顷。深圳北站是深圳铁路〝两主三辅〞客运格局最为核心的车站，也是我国当前建设占地最大、建筑面积最多、接驳功能最为齐全的特大型综合交通枢纽，成为我国铁路新型房站的标志性工程（图 4-3-29）。

设计范围为研究范围内的城市绿谷，即其中的绿色开放空间。主要为高铁线东侧的城市绿地和高铁线西侧的山林绿地和红木山水库。其中城市绿地面积约为 43.77 公顷，山林绿地面积约为 129.96 公顷，水体面积为 11.76 公顷，绿色开放空间总面积为 185.49 公顷（图 4-3-30、图 4-3-31）。

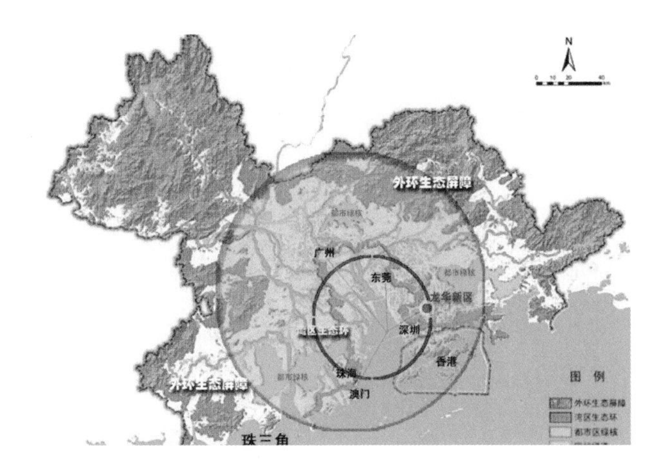

珠江三角洲区位

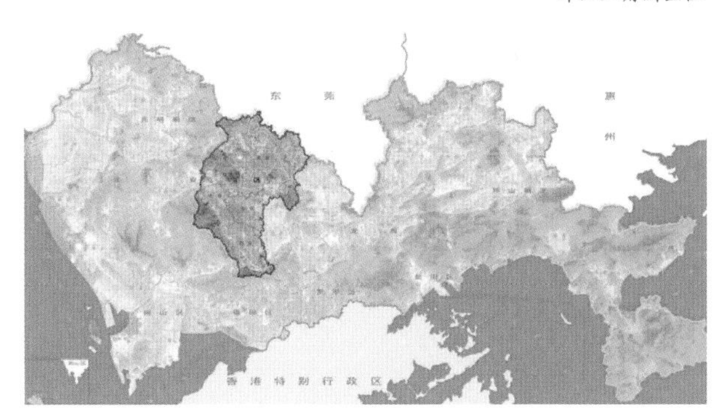

深圳区位

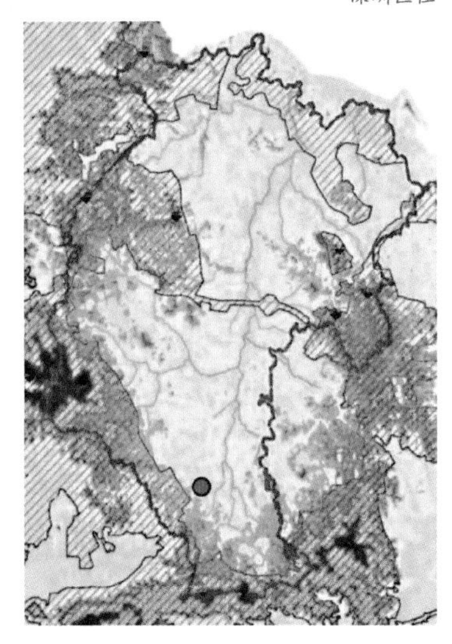

龙华新区区位

图 4-3-29　区位分析

图 4-3-30　总体概念性景观设计研究范围图

2) 现状解读

设计基地依托羊台山系及观澜河水系，位于深圳〝四带六廊〞基本生态格局中的生态交点位置，具备水系多样生态系统，生态系统交集将对物种多样性存在积极影响。观澜河流域分区位于深圳市的中部，主要包括宝安区的龙华镇、观澜镇、光明街道办和龙岗区的平湖镇、布吉镇，控制面积为 246.53 平方千米。

龙华片区内涝严重，瞬时降雨量大及盆地、谷地的特殊地形为片区带来暴雨灾害的高风险，成为有待解决的首要问题。炎热夏季，较低的气候舒适度，成为绿谷使用所需要解决的首要问题。

图 4-3-31　总体概念性景观设计城市绿谷设计范围图

已规划的绿谷内公园为绿谷绿地景观提供了必要的设计空间，部分绿地在进行设计，部分已建成并投入使用，但建成效果参差不齐，设计缺少整体的统筹。

现状已建居住楼盘占已建用地面积的 53%，其中为 16% 的城中村，大盘内部优美的环境和外部城中村周边环境形成鲜明的对比。据统计，目前现状公共活动绿地仅占总用地的 8%，交流和活动的场所严重缺乏，使得居民活动局限于楼盘内部，形成一个个"孤岛"，缺乏公共交流。

城市风貌缺乏认同感和归属感，没能展现枢纽门户的形象特色，落下了"千城一面"的诟病。

3）核心问题

设计中主要涉及的主体是生态、人和城市。开放的城市绿地是城市生态系统的重要组成部分，也是展示城市活力的景观力量。人们在城市聚居、交往，城市中的各个空间是人们丰富活动和可能性的舞台。因此从生态的角度出发，应该注重多维思考，构造利于生态系统建立"立体生态"，实现安全、系统的生态体系；从人的需求角度出发，判别各种人群对于深圳湾的需求，为他们提供更加贴切的服务，并为未来更多的生活方式做好充分的支撑准备。建设安全便捷的自由共享空间，营造城市"绿地"生态系统展现出的是一种内蕴可持续发展战略的新型社会发展观，其内涵则是一种对人的关怀和"以人为本"的城市治理方略。只有好的居住环境才能换来更多的人使用，有了人的使用，城市当然就更加有活力（图 4-3-32）。

但是目前场地中，局限及割裂的绿地空间使得使用者无法便捷到达并愉快使用，同时无法形成完整的绿地系统而使绿地发挥更大的使用价值。本次规划总共可利用的绿地面积约 45.31 公顷，差不多 60 个足球场大小。但全区总面积为 610.23 公顷，开放绿地空间仅占 7.43%。在如此局限的空间要满足城市居民的不同需求，实为一大挑战。而且基地地块的绿地布局相对破碎，难以形成整体的生态系统。

因此，项目的重点在于统筹、协同、整合绿色基础设施和其他设施，形成跨空间、跨功能的多维的绿地系统。应用参数化设计进行绿地可持续规划，规划、文化、功能、艺术并重，总体考虑城市绿地风貌特征，达到共同适应、共同优化、共同发展的目的。难点则在于如何在产业集聚、功能混合的高密度的城市中营造高复杂性、高丰富度的宜居生态环境；如何实现景观都市主义的概念，将开发单元内绿地形成生态体系，构建形成连续、渗透、交互的整体生态网络；如何在快速城市化进程中形成绿谷独特的城市景观风貌；如何跳出景观专业的局限性，引导多专业的通力合作，协调管理者、开发商、公众的利益关系，保障项目的落实（图 4-3-33 ~ 图 4-3-39）。

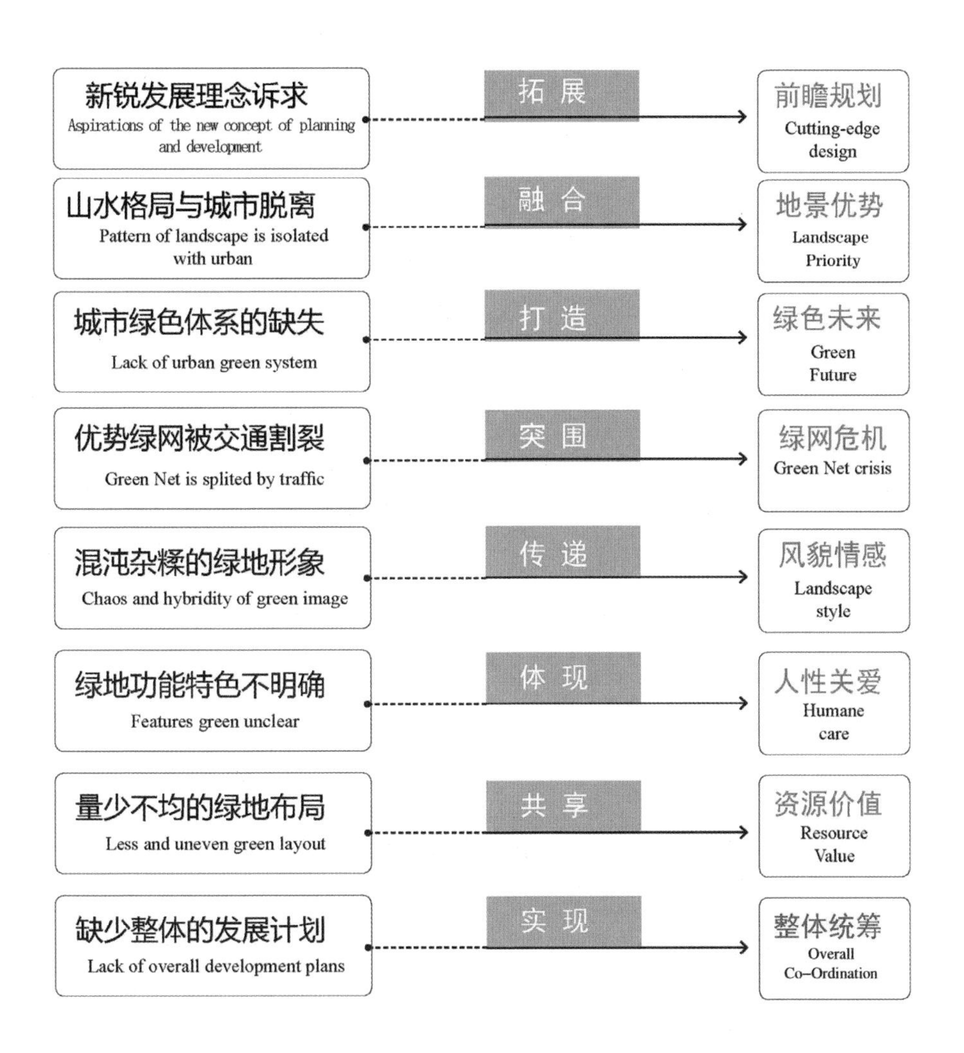

图 4-3-32　需求与设计分析

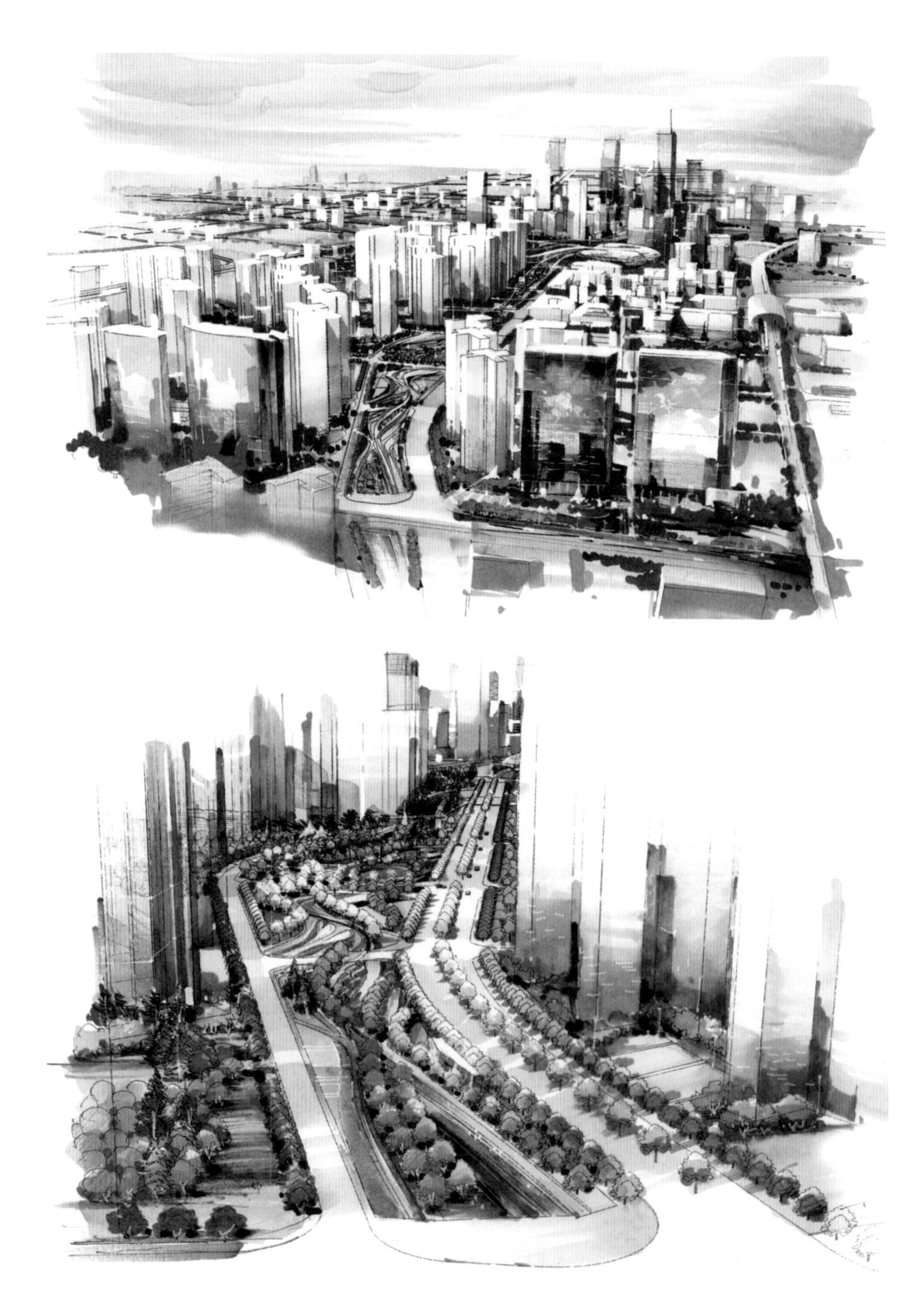

图 4-3-33　总体鸟瞰图

图 4-3-34　总体鸟瞰图（资料来源：英国普玛建筑设计事务所 Plasma Studio）

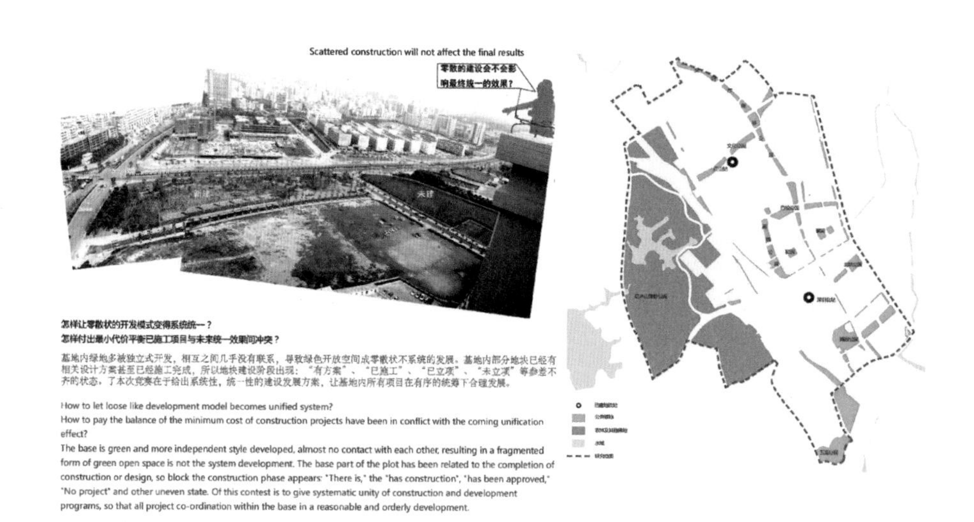

图 4-3-35　零散状开发模式的整合（资料来源：英国普玛建筑设计事务所 Plasma Studio）

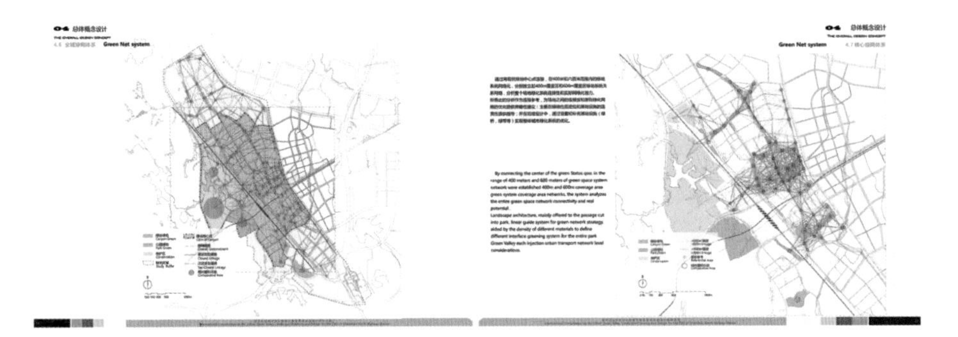

图 4-3-36 参数化的地形、水文和植被分析 1（资料来源：英国普玛建筑设计事务所 Plasma Studio）

图 4-3-37 参数化的地形、水文和植被分析 2（资料来源：英国普玛建筑设计事务所 Plasma Studio）

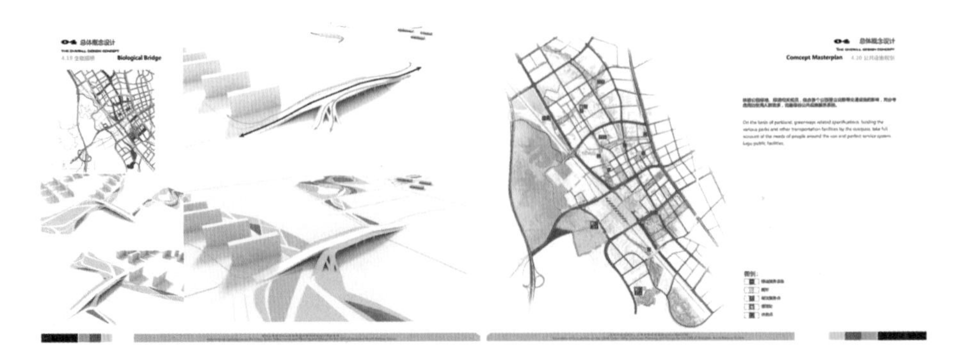

图 4-3-38 参数化景观桥设计（资料来源：英国普玛建筑设计事务所 Plasma Studio）

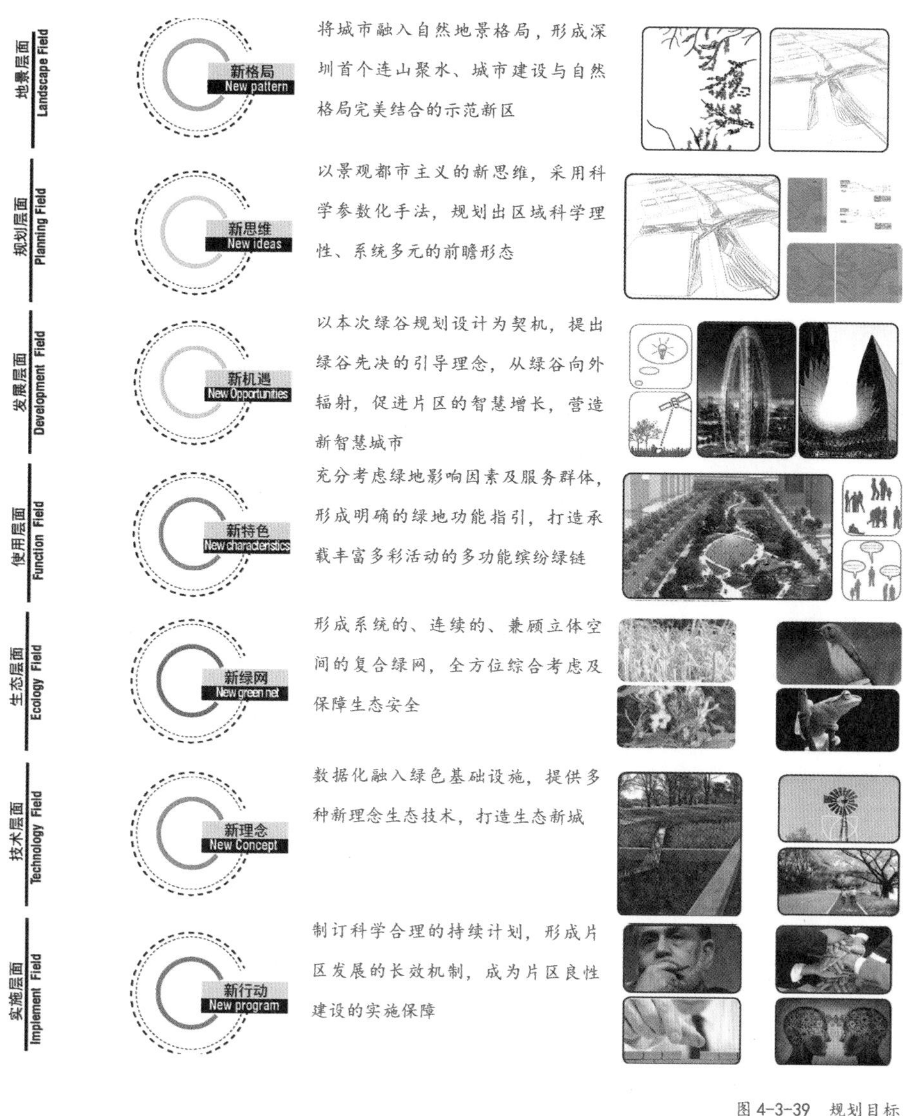
地景层面 Landscape Field
新格局 New pattern
将城市融入自然地景格局，形成深圳首个连山聚水、城市建设与自然格局完美结合的示范新区
规划层面 Planning Field
新思维 New ideas
以景观都市主义的新思维，采用科学参数化手法，规划出区域科学理性、系统多元的前瞻形态
发展层面 Development Field
新机遇 New Opportunities
以本次绿谷规划设计为契机，提出绿谷先决的引导理念，从绿谷向外辐射，促进片区的智慧增长，营造新智慧城市
使用层面 Function Field
新特色 New characteristics
充分考虑绿地影响因素及服务群体，形成明确的绿地功能指引，打造承载丰富多彩活动的多功能缤纷绿链
生态层面 Ecology Field
新绿网 New green net
形成系统的、连续的、兼顾立体空间的复合绿网，全方位综合考虑及保障生态安全
技术层面 Technology Field
新理念 New Concept
数据化融入绿色基础设施，提供多种新理念生态技术，打造生态新城
实施层面 Implement Field
新行动 New program
制订科学合理的持续计划，形成片区发展的长效机制，成为片区良性建设的实施保障

图 4-3-39　规划目标

2. 目标、策略与创新方法

1）景观都市主义

城市和景观作为相互的载体在社会发展进程中不断发生对话，同时在不同发展阶段，这些对话也在寻找不同层面上相互作用的可能性。城市绿谷作为城市网格化结构的核心，也同时为城市的景观化和景观的城市化提供了契机，而我们的任务，也是在充分尊重场地本身的同时，重新构建城市与景区的共生关系。

2）参数化设计

将景观都市主义的理论转化为城市的实体形象越来越多依赖参数的处理过程。在这种情况下，一个设计问题会涉及众多的变量或参数。对变量（可能被生态价值所驱使）的处理会产生多个可供选择的解决方案，比如不同的建筑密度或者是建筑布局让步于最优化的开放空间网络。在规划设计中运用多种先进的信息分析软件，例如运用 GrassHopper 进行参数化分析，运用 Ecotect 进行热能、光照、太阳能辐射等要素分析。参数化设计扩大了在设计中考虑变量的范围和种类。在通常的几何形体变量之外，环境变量和观察者本身作为一种变量也考虑在内，并且整合在一起形成参数化设计系统。参数化设计正引导建筑、城市设计和制造业进入一个新的领域。个性化、多样化、可选择、可调控、可维护、可更新、可投放，如此多的可能性的接口给予参数化设计极大的扩展平台，及其未来可延续的可能性。在本项目中基于选点、密度、距离、角度等变量因素的分析，对交织的网络绿色空间的选址提供了科学参考（图 4-3-40 ~ 图 4-3-42）。

3）系统分析

第一，创建城市绿网；第二，建立城市水系统：雨水收集、灰水净化系统，建立城市湿地生态系统；第三，创建绿色出行城市：跨地块通廊、下穿交通、链接交通枢纽及居住地块、利用商业作为中间廊桥增加慢行交通吸引力；第四，参数化类型分析与参数化密度分析：利用两侧用地性质及密度确定公园性质及容纳量，指导城市公园设计。

4）绿色基础设施

在规划手段的创新方面，我们以绿色基础设施全覆盖为目标，引申出“垂直”都市、低冲击开发模式、“树根带”等方法策略，覆盖了城市的地表、地上和地下空间。同时，在设计中采用参数化程序科学有效地进行分析，并且运用生态系统指标体系对规划、设计、建设进行全过程全系统的评估，保障可持续景观的真正实现。

图 4-3-40　参数化水系与绿地设计 1（资料来源：英国普玛建筑设计事务所Plasma Studio）

图 4-3-41　参数化水系与绿地设计 2（资料来源：英国普玛建筑设计事务所Plasma Studio）

图 4-3-42　参数化水系与绿地设计 3（资料来源：英国普玛建筑设计事务所 Plasma Studio）

4.3.3 扬州中央公园——廖家沟规划

1.项目概况

1) 区位

扬州市位于长三角核心区域北翼，泛长三角（两省一市）地区的几何中心，江苏中部，长江北岸、江淮平原南端，受到上海都市圈与南京都市圈的双重辐射与交互影响，连接苏南、苏北两大经济区域，具有"东西联动、南北逢缘"的区位特点。廖家沟滨水区是城市总体规划中确定的江淮生态廊道的重要组成部分，也是规划的廖家沟市级公园所在地，兼具生态保育、为市民提供休闲活动场所、展示新城建设形象等多重功能；同时场地处于城市中心区域，毗邻未来的城市中央商务区和东部交通枢纽，直接楔入城市中心，区位独特。

项目位于扬州市广陵区与江广结合部地区，东侧为扬州生态科技新城，西侧为扬州未来规划的市级中央商务区（CBD）规划新城市轴线的中心位置；规划地块呈南北走向，南至新沪陕高速，北至新万福路，东至廖家沟东侧约 500 米范围，西至廖家沟西侧 100 ~ 200 米范围，总面积约 10.7 平方千米，其中水域面积约 5.8 平方千米。

2）现状条件

廖家沟为基地内主要水系，水域面积开阔，水资源丰富，且该河道为淮河入江和南水北调东线水道所经区域。根据相关条例，其管理范围为堤防背水坡堤脚外 50 米，堤防管理范围内不宜兴建永久性建筑物。同时，廖家沟水系西北角有一城市饮用水源取水口，根据水源地保护相关规定，取水口上游 1000 米至下游 1000 米及其两岸背水坡堤脚外 100 米范围内的水域和陆域为一级保护区，一级保护区以外上溯 2000 米、下延 500 米范围内的水域和陆域为二级保护区，二级保护区以外上溯 2000 米、下延 1000 米范围内的水域和陆域为准保护区。在廖家沟此段水域禁止设置排污口，禁止设置水上餐饮、娱乐设施（场所），禁止设置鱼罾、鱼簖或者以其他方式从事渔业捕捞，禁止停靠船舶、排筏，禁止从事旅游、游泳、垂钓或者其他可能污染饮用水水体的活动。在陆域禁止新建、扩建对水体污染严重的其他建设项目，禁止新建、改建、扩建与供水设施和保护水源无关的其他建设项目。另外，水岸两侧有防洪大堤，堤顶标高为 8.5 米，设计防洪水位为 7.3 米。

基地内现状有大量的民房和农田、鱼塘、水系，自然生态环境良好，但现有民房大多为近期所建，开发较为无序，风格特征也不明显。

3）相关规划解读

扬州市中心城区呈〝五区、五心、三轴、两廊道〞的空间结构。本项目用地位于文昌路公共中心轴与江淮生态廊道的交会处，紧邻市级商务行政中心区，用地性质为〝其他非城乡建设用地〞，地理位置极佳；周边用地涵盖行政办公用地、商业服务业设施用地、居住用地、工业用地等，服务人群广泛，功能重要。因此，概念规划应突出其功能的多样性，注重与城市中轴的衔接，并充分考虑其位于生态廊道上生态敏感性，以实现其延续生态廊道、连接城市空间、服务使用人群的多重功能。

扬州市中心城区城市快速路规划呈〝五横七纵〞的路网结构，规划总里程长度约186.5千米。项目用地位于广陵区与杭集片区之间，北邻正在建设的新万福路（城市快速路），南抵宁扬高速廖家沟大桥；场地距扬州泰州机场约40千米，距扬州火车站约30千米，距扬州老城区约8千米，紧邻远期规划建设的扬州东站，周边车行交通体系较为完备。

2.总体规划

1）规划原则

安全性原则：满足防洪要求、饮用水源保护要求。

统筹协调城市空间：妥善处理好城市开发、公园建设与生态保护的关系，加强滨水区与周边开发用地的联系。

生态先决，重视自然生态的原则：尽量保留场地上原始的自然景观，充分认识自然生态的基地条件，保护与利用现状自然环境要素，体现生态优先的要求，构筑〝古今辉映、水绿交融〞、人与自然和谐相处的中央滨水公园。

尊重公众参与的原则：合理安排供市民活动的场所与设施，明确公共服务设施规模与布局，合理组织内外交通。

可持续发展原则：包括生态可持续及使用可持续两部分，生态可持续体现在以可持续的生态效应为起点，突出生态铺装、雨洪利用、LEED生态技术等。

彰显公共艺术的原则：提取扬州文化特色符号，整体规划，制定园区内部及周边特色鲜明的公共艺术设计指引。构建景观特色，形成独具一格的中央公园形象（图4-3-43）。

2）规划定位

廖家沟中央公园位于文昌路公共中心轴与江淮生态廊道的交会处，是自然生态系统向城市延伸的衔接点，具有独特的区位优势和良好的生态基础。确立项目属于以生态建设为主，兼有展示城市形象休闲公园的规划定位。

规划设计将其定位为一个水文化公园、水生态公园。

图 4-3-43　廖家沟绿网规划图

3）规划策略

项目位于城市新轴线的中心位置，西侧紧邻市级商务行政中心，东侧与东部副中心接壤，位置优越，功能特殊，周边规划用地类型丰富。基于上层规划定位及场地的现状条件，园区概念规划从可持续景观的方向出发，旨在解决场地生态需求、城市需求和人的需求。

生态需求：修复河流生态系统，增加生物多样性，并为当地野生物种提供栖息地；增加滨水河岸林带密度，固定土壤，避免水土流失；清理驳岸水体，减少水体污染，维持和保护脆弱的湿地生态系统；预防洪水。

城市需求：发展和提升滨水区域，增强河流两岸的连接性，提升滨海地区的投资吸引力，满足面向河流的新城中心定位，为城市提供一个新的生态的中央公园，成为城市的新标志。

人的需求：满足民众的亲水、与自然环境对话、户外活动、聚会、生态科普活动等一系列需求。

3. 园区概念规划

1）规划目标及愿景

“万物源，凤栖如画；花秀韵，梅雪春思；乐水城，江川映月。”规划以花、柳、水、竹、桥、月为主题景观元素，在突出扬州市城市发展特点的同时，融入扬州古典、精致、浪漫的历史情怀。结合公园周边的用地特征及场地的现状条件，合理地进行布局，营造兼具地域文化内涵和时代精神气息的新扬州园林景观，使居民产生文化和情感上的认同，从而为扬州市民提供一个高水准的休闲环境，成为扬州新的旅游名片。促进扬州对外开放，丰富历史文化名城内涵，彰显新扬州城市魅力，为掀起扬州开发建设新高潮助力。

2）总体规划理念

总体规划以“两堤慢游花林绕，水孕园兴满月城”为规划理念，紧扣扬州花、绿、水、古、秀的城市特征，结合公园及城市的生态建设，设置园区景点；并通过河岸两侧的堤坝，形成园区主要交通流线，串联各景点；游人置身花林之间，感受道路曲折环绕、花枝绕人衣袖、竹枝缠绕成筑的诗画意境。以花为肤——谱四时意境，以绿为骨——塑扬州绿城，以水为脉——孕万物兴盛，以古为魂——定广陵底蕴，以今为势——成上善月城（图 4-3-44、图 4-3-45）。

3）规划结构

概念规划遵循“一带三轴一网”的规划结构，依托滨水林带、河堤、城市内河等 3 个景观元素，通过改造，形成滨水生态廊道、公园交通轴线和连接城市的绿色廊道等 3 条轴线，固土强堤，串联景点，衔接城市生态廊道。同时，三条轴线又相互交织，形成不同景观节点，完善公园的景观体系。

一带：即城市延展带，着力打造中央公园城市核心片区，体现未来生态文化城市风貌。

三轴：即滨水生态轴、堤坝交通轴和连接城市绿色廊道形成的 3 条轴线。

一网：依托于片区的水、绿生态网，规划完成的绿色基础设施、自行车、人行交通网，布点全园旅游主题休闲网，形成贯穿区域内外的复合型生态、文化网络。

“一带三轴一网”彼此联系、交织起伏、相互联动，划分出滨水的系列景观节点，形成了完整的公园景观体系。“修复生态，重塑连接”实现江淮生态廊道与扬州新旧城全方位的连接，使公园成为具有衔接城市生态脉络、展示城市形象、满足市民休闲娱乐需求的城市地标性景观先决条件，让城市因公园而更加美好（图 4-3-46）。

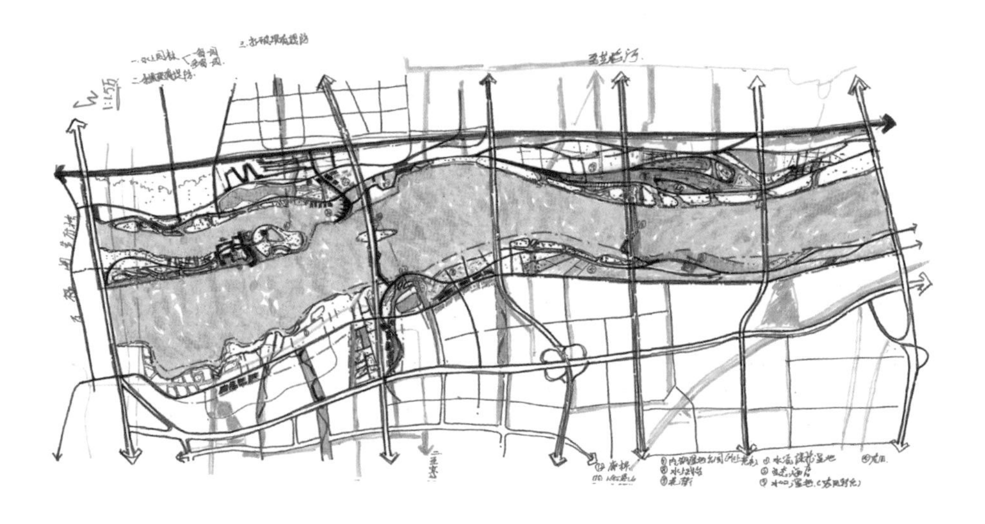

图 4-3-44　构思草图

图 4-3-45　湿地意象图

4）功能分区

廖家沟中央公园景观界面南北狭长，用地有限。基于生态设计理念，规划将公园划分为水源保护、竹境岛、湿地科普、滨河城市中心、花市区、滨水运动休闲区、新扬桥、滨水湿地公园、滨河漫步、城市农业园、草甸花园等 11 个分区，重点打造滨河城市中心、竹境岛、湿地科普、城市农业园 4 处大型景观节点，营造城市地标性景观（图 4-3-47 ~图 4-3-50）。

5）景点规划

结合总体规划及植物设计，廖家沟中央公园景点布置分为功能性景点及人文景点。

功能性景点：满足游人使用需求和场地功能的景点，包括绿道、滨水广场、观景平台、运动跑道等。

人文景点：扬州自古文人辈出，且风景秀美，四季如画，因此有许多赞美扬州山水美景和城市特色的古诗流传至今。人文景点的布置结合规划的场地功能、植物主题和情景展现布置，结合古诗的意境布点。其中包括植物主题的景点如“凝花柳岸”（出自姚合“暖日凝花柳，春风散管弦。”）、“桃花春色”（出自周朴“桃花春色暖先开，明媚谁人不看来。”）；“红梅漏春”（出自王安石“江南岁尽多风雪，也有红梅漏泄春。”）和“竹风轻履”（出自姚合“竹风轻履舄，花露腻衣裳。”）等，体现场地功能的景点

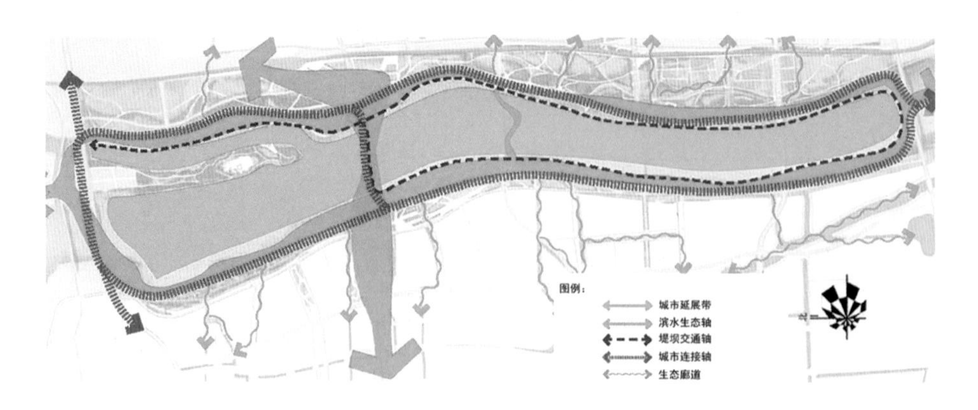

图 4-3-46　规划结构

如湿地景点“苇岸风鸣”（出自贾岛“川原秋色静，芦苇晚风鸣。”）和码头景色“月上轻舠”（出自曹寅“恰趁扬人看新水，红桥正月上轻舠。”）等，再现扬州城市特色的景点如主题花市“花市芳菲”（出自曹勋“嫩绿阴阴台榭映，南风初送清微。扬州花市进芳菲。丝头开万朵，玉叶衬繁枝。”）和水街水巷“漾船过街”（出自姚合“市廛持烛入，邻里漾船过。”）等，结合建筑布置的景点如“画舫乘春”（出自郑燮“画舫乘春破晓烟，满城丝管拂榆钱。”）和水上戏台“月满歌台”（出自陈羽“霜落寒空月上楼，月中歌吹满扬州。”）等（图 4-3-51）。

人文景点的布置，将诗情画意融于景色之中，为场地赋予了深厚的文化氛围。

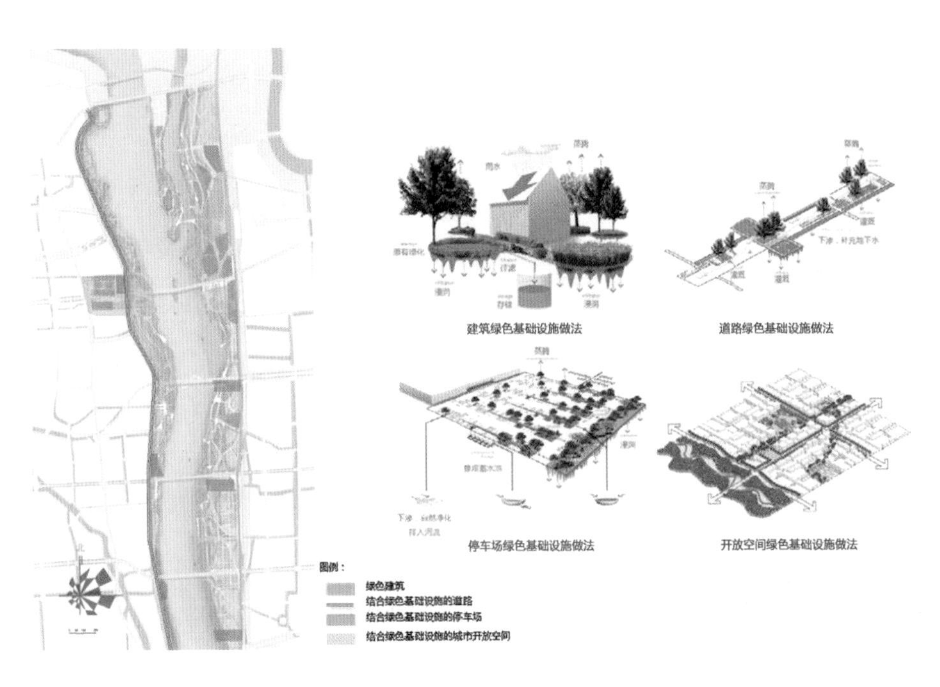

图 4-3-47　绿色基础设施空间布局

图 4-3-48　都市湿地

图 4-3-49　都市花田

图 4-3-50　水上盆景

6）交通系统规划

规划依托场地农田、水塘的自然肌理，顺势蜿蜒，融入绿色基础设施全新理念，实现生态路径，绿色设施。交通骨架分为车行道、游步道、自行车道、慢跑道、水上游线5种类型，与扬州鉴真国际半程马拉松线路对接，串联园区景点设计，融入城市公交及地铁等城市绿色网络，规划互动京杭大运河、古运河、芒稻河的大扬州水上游线。绿色设施，绿色网络，全域互动。

车行道：规划车行道主要分布于场地外围形成环线，园区内处场地东北部城市公园区内不设置车行道（图 4-3-52）。

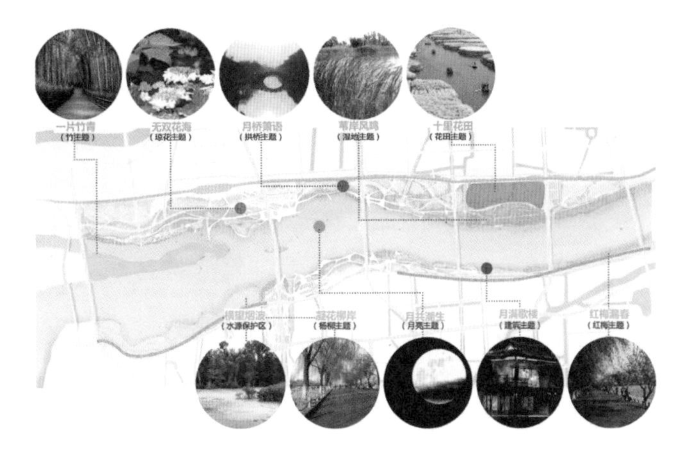

图 4-3-51 “新十景”

图 4-3-52 湿地区总体景观

7）植物景观规划

（1）植物规划愿景

公园植物设计立足于廖家沟整体片区规划，从生物多样性的体现、休闲活动的满足、扬州“十里栽花算种田”的花文化的传承入手，提出“花谱诗境广陵梦，四时构景染新城”的植物景观愿景。

植物种类以乡土植物为基底，结合扬州文化中的“灵魂”植物，时而开敞时而幽闭，时而绿荫时而繁花，营造步移景异、花事不断、四时不同的近自然生态环境，游人漫步于四季美景之中，品味时光流动及草木芬芳。

（2）植物规划原则

① 位于都市中心片区，连接生态、产业两大片区，承上启下，既具备生态多样性，同时也满足现代休闲需求。

② 突出扬州文化特色，展现季相分明、美景不断的植物景观。

③ 运用“一灌一草”搭配模式，营造稳定性强的复合式植物群落，满足造景的同时修复生态。

④ 选择抗性强、生命力强、易维护、观赏性强的植物，并考虑近远期植物景观效果。

（3）植物景观结构

传承扬州“十里栽花算作田”的花文化，将扬州植物文化融入廖家沟植物造景之中，根据园区的景观规划而形成“两区、三带、十点”的植物景观结构。展示了一个从水生到湿生、再到陆生的多群落、立体、丰富的特色滨水景观，合理平衡动植物栖息和游人活动的空间需求。打造“四季花事不断、美景不同”的植物景观，使之成为廖家沟的名片之一，吸引各方游客前来参观（图 4-3-53）。

8）绿地系统规划

规划场地内部依托水系、田地、现有林地等元素形成滨水林带、竹林、芦苇、灌木、人工草坪、开场草坪、野花、农田等多种植物生境，与外围绿廊形成完整的绿色网络系统。

场地外围空间规划为生态绿地、公园绿地、防护绿地和广场绿地 4 种。场地绿地以生态用地为主，结合场地功能和周边规划用地性质布置公园绿地，结合滨水中心城市区布置广场绿地，靠近未来规划火车轨道处设置防护绿地。同时与周边网络状城市绿地系

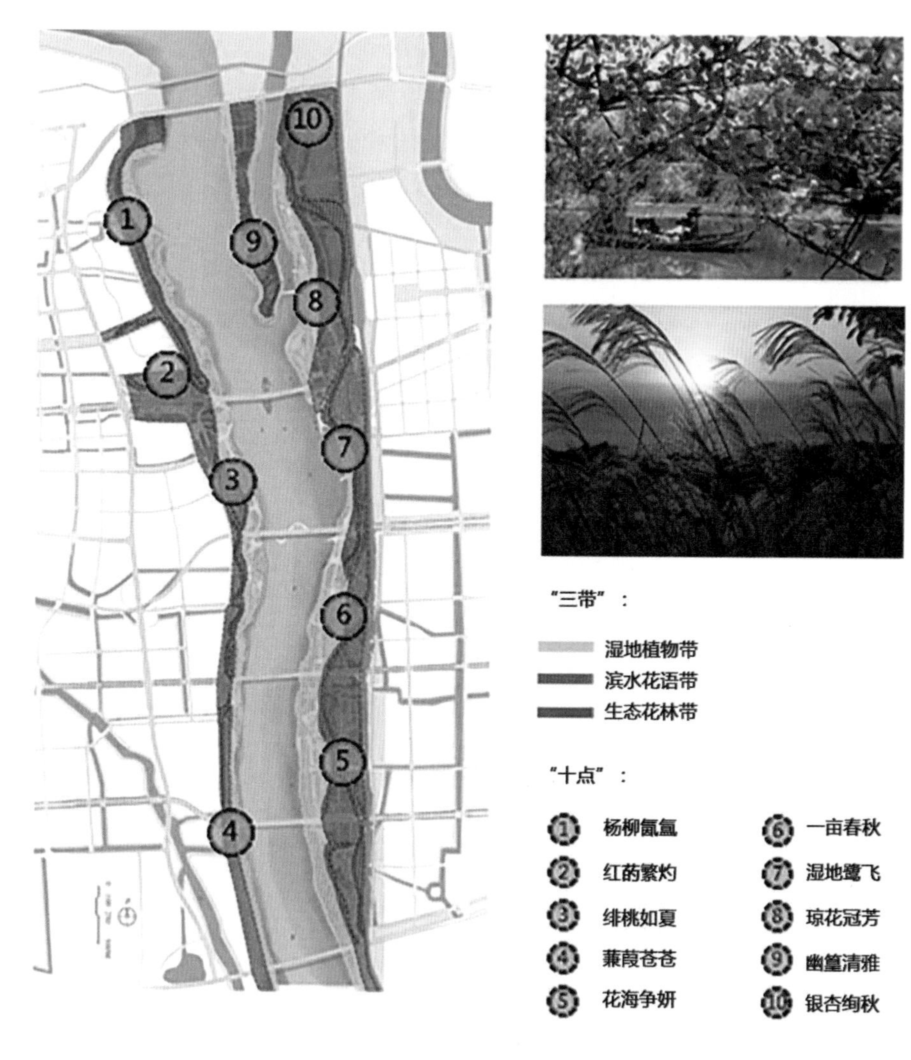

图 4-3-53　植物景观结构

统规划相衔接，形成完整的绿色廊道和蓝色水廊道。

园区内部绿地系统规划，在丰富植物群落、绿地类型，营造动植物双重生境的同时，完成与外围绿地系统链接，实现绿地系统大网络的形成，实现中央公园对外绿地联系，搭建扬州绿地系统体系接驳桥梁。在实现中央公园内部绿地生态最大化的同时，满足外部绿地体系需求（图 4-3-54）。

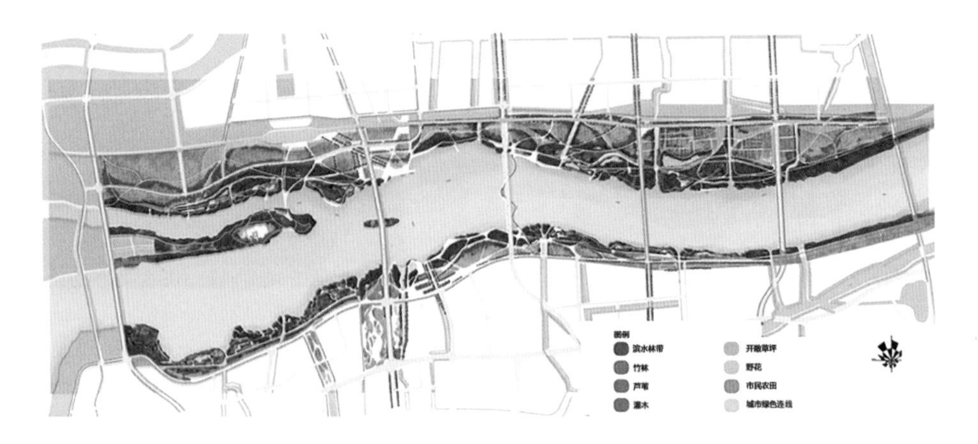

图 4-3-54　绿地系统规划分析图

9）水系统规划

园区内部水网交错，水资源丰富，大致可分为外河水系与内河水系两大类。廖家沟属外河水系，另场地内还有方跳河、周庄河、朱家河、高家河、十里河等一系列内河水系，其主要用于城市排洪和灌溉。内外河之间水位并不一致，每条内河与廖家沟交汇口都设置有小型水闸，廖家沟水系两侧有防洪堤，规划堤顶标高 8.5 米，宽 6 米，设计防洪水位 7.3 米。

水是园区最大的特征，为取得更好的生态效益和景观效果，规划对原有水体进行了梳理，将其细分为河流、水渠、内湖、池塘、滩涂沼泽、水生草甸共六类水体景观，并在局部增加栈道、观鸟亭、观赏型湿地等景观设施（图 4-3-55）。

在水系的设计中充分考虑到公园建成后雨洪对场地的影响。水作为设计中最重要的元素，影响到场地的特性和景观氛围，让整个场地成为一种变化中的景观。设计中充分尊重现状河流，基于水生态系统建立各种与河流水位变化相关的丰富生境（图 4-3-56）。

水位的季节性变化是水安全设计首要考虑的元素之一，水位的涨落不但会改变场地

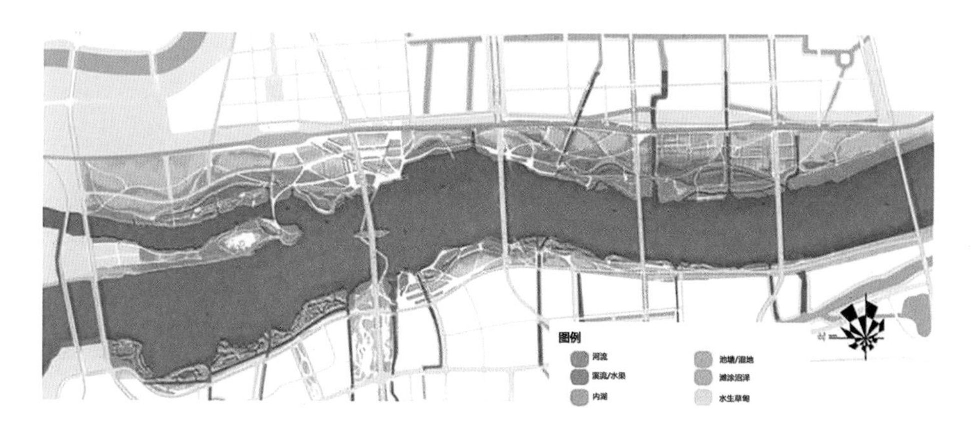

图 4-3-55 水系统规划分析图

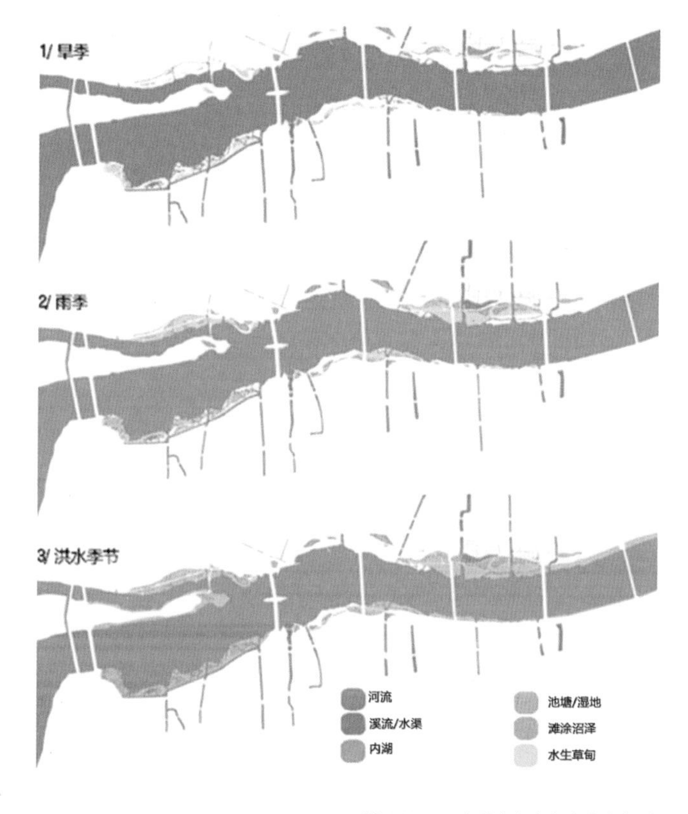

图 4-3-56 公园滨水水位变化分析图

的可用面积和整体氛围，还会对游人与场地中各种生物活动产生重要影响，基于安全和防洪考虑，以现有的大坝为基础展开设计，堤坝上部为永久性活动区，可布置各类建筑及活动设施。堤坝下部为临时活动区，以生态湿地以及植物景观营造为主。其次，基于生态性考量，在距城市中心较远的区域设置生态滩涂，因为随水位变化的滩涂地可为多种生物提供栖息地（图 4-3-57）。

4. 景观基础设施设计

1）滨水空间的治理

在项目的基地中，滨水环境混乱，动植物的生存环境恶劣。因而，在规划设计中坚持以可持续发展为原则，修复河流生态系统来增加生物的多样性，并为当地的野生物种提供栖息地，增加滨水河岸的种植密度，清理驳岸和水体，恢复生境，将滨水活动空间改造成为一个亲近自然、环境优美、活动内容丰富的活动空间，为城市提供一个新的生态中央公园，让廖家沟中央公园成为整个城市的新标志。

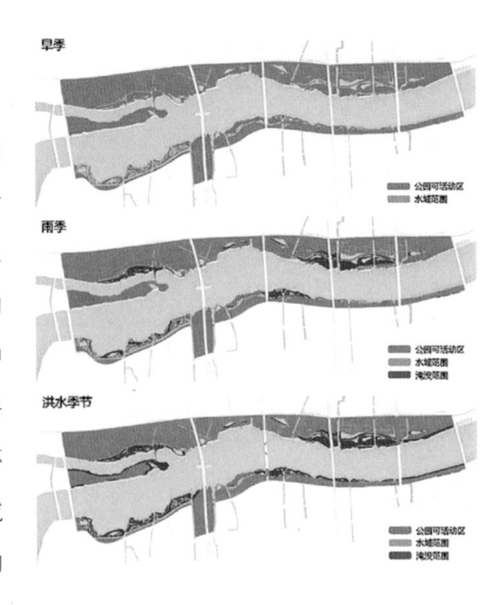

图 4-3-57　公园滨水可活动区范围变化分析图

2）园区桥梁设计

在河道之上多处设置景观桥，增强河道两岸的联系和步行通过的可能性，形成与滨水游憩路径为一体的慢行系统的重要组成部分。园区的步行桥形象来自于柳叶，桥上道路分为自行车道与人行道，并设置景观休息区，供游人休憩停留，外侧由竹子装饰以呼应竹岛以竹为主的设计主题（图 4-3-58）。最长的新杨桥位于廖家沟大桥的下方，利用廖家沟大桥的基础进行建设，包含了人行道与波浪起伏的趣味自行车道，并在景色优美的位置设置休息区，供游人停留、休憩（图 4-3-59）。

图 4-3-58 景观桥

图 4-3-59 新杨桥

4.3.4 佛山城市门户滨水区规划

1.项目背景

佛山中轴线及佛山门户规划是在广佛一体的发展形势下，对佛山城市空间做出的一次重大调整。规划研究范围北起桂丹路，南至汾江河，西至汾江北路，东至文华北路，面积共4.73平方千米，绿化景观设计范围约1.3平方千米。通过20千米中轴线的发展建设，优化佛山的功能系统和空间形象，带动佛山的升级转型（图4-3-60）。其核心是建立连接顺德的南海区域中轴线，通过景观道形成的特色空间打造形象脊梁，通过产业经济集聚带打造经济实力脊梁，通过地域意象轴打造地方文化的精神脊梁。该项目建设期限为5年，总投资1200亿元，是广佛同城一体的城市更新过程当中规模最大的世纪工程项目。

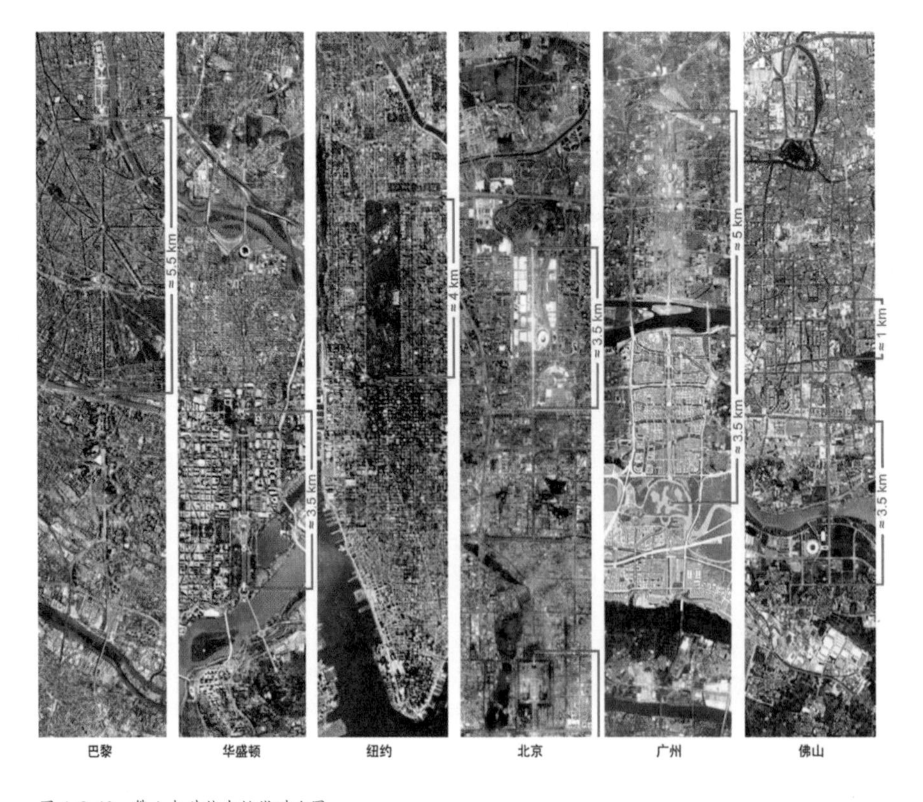

图 4-3-60 佛山与其他中轴线对比图

佛山、顺德作为传统的加工制造业基地，其城市职能正发生着重大改变，在空间的整体调整中，其目标指向在于顺利完成产业的调整，最终将佛山、顺德一体化的城市区域作为广州大都市圈服务产业的一部分。

笔者作为规划专家，参与了规划项目的制定与审定工作。此次规划中最为核心的思想是如何处理好本轴线与广州在建中轴线之间的关系，在佛山规划中体现出佛山作为广佛一体的规划区域在区域中心中的引领作用，通过产业布局和异质化的发展避免并入广州城市主轴的影响范围，在未来发展中保持自身特色，避免规划领域中经常出现的〝灯下黑〞现象。

其次，佛山轴线在从北部里水到南部顺德的全线大面积区域地块调整当中，要注意做好经济、文化及城市走廊等诸多作用的均衡。现有的发展主导思想是从东平水道向北连接已经获得巨大成功的千灯湖 CBD 商业区，一直到达北面的里水中心城，向南穿过东平水道，过莲花碗体育中心，一直与顺德中央区取得联系。这一条走廊不仅是文化和市民政务公开的走廊，更是一条经济的走廊，沿线将有全国数百家最著名的金融机构入户。通过五年极为有效的经济格局调整和产业重新布局，佛山确立了全国金融中心，获得了国家首个金融示范服务区的殊荣。佛山将在未来 5 年之内通过空间格局的调整建立一条闻名世界的〝金谷〞，而这条〝金谷〞不同于沪市、深市的大板块结构，是一种以民间资本运作为主，突出众筹、中小板特色的金融服务行业。

本次规划中景观规划部分的首要任务是延伸水系，并使之与场地内已有的数十条大小河流形成结构清晰、功能完善、使用便捷的绿道水网。项目突出了柔性堤岸多层水驳岸以及绿道水网结合等多方面的考虑，改变了以往中轴线规划中以硬质水岸为主导的设计方式，在保证水安全的前提下突出了滨水休闲和场地亲水性功能的发挥，将大量的商业、金融、服务和文化产业设置于一线滨水，在轴线北端与南端设立标志区域（北区为里水的展旗峰，南区为新设的佛山门户主体建筑）形成南北相望的格局，并利用千灯轴线的雷岗山公园制高点设置标志性的观景阁，形成区域内明确的视线通廊和极为优越的观景点（图 4-3-61）。

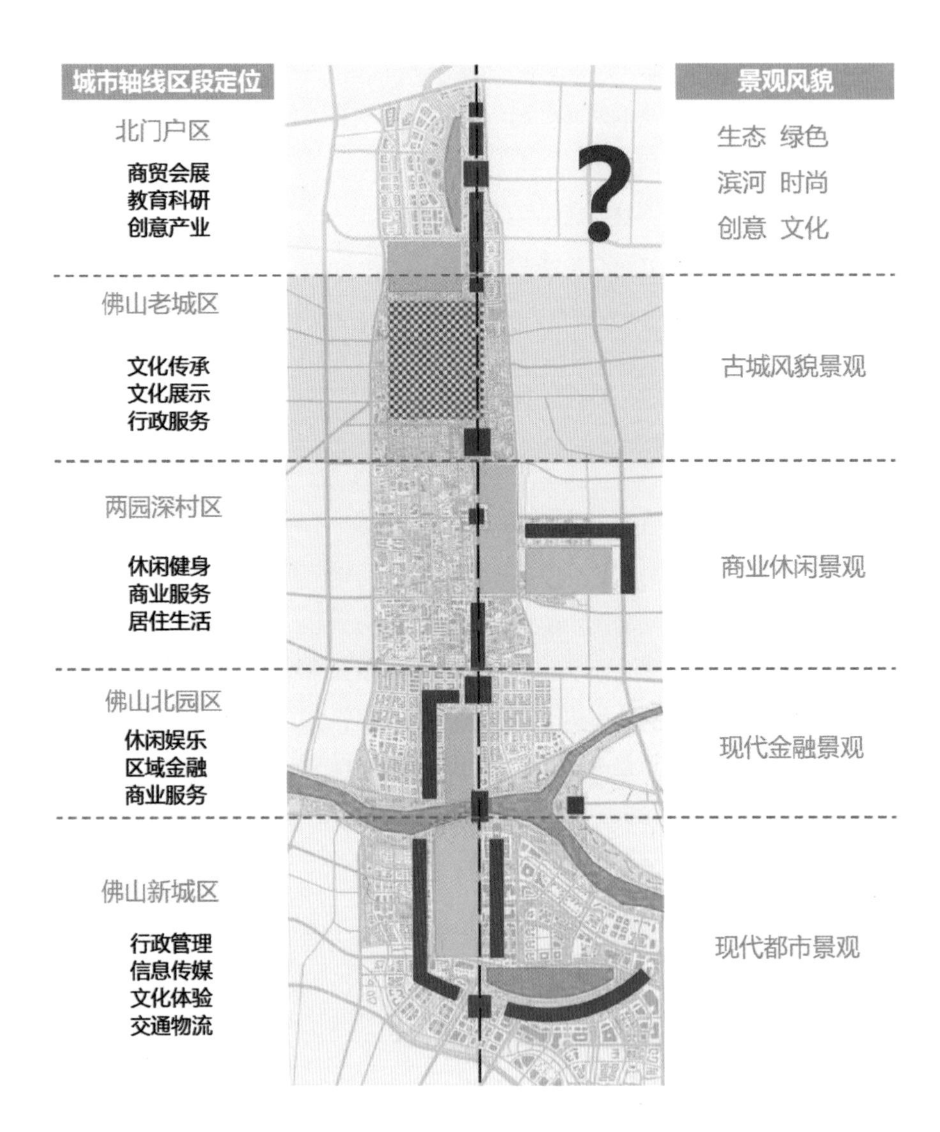

图 4-3-61 场地与城市轴线关系

2. 场地分析

基于北门户城市设计对用地总体功能框架性布局的要求，遵循绿地开放空间设计与邻近用地的在功能设置、人群导向、行为组织等方面相互适宜、协调的原则，从而梳理构建场地适宜的景观场所，进而对下一步具体设计进行指导。北门户城市设计结合不同绿地的类型，将绿地开放空间提炼规划为“一带双园绿环”，重点加强了北门户绿地系统整合性设计。本次景观设计要重点处理以下关系：加强绿地开放空间延展性及网络性，增强绿化景观对周边用地的渗透作用；注重绿地开放空间使用的便利性、可达性，在功能上加强其复合性；深化设计绿地系统生态技术，建设海绵型城市，强化对雨水的滞、渗、蓄。

SWOT 分析：

优势：场地位于佛山中心城区，是佛山中轴线的北端，包含中山公园等重要节点，与广州交通联系紧密，门户地位极为重要；场地沿汾江河分布，具有优质的自然环境禀赋；南部紧邻佛山古镇，具有浓郁的文化底蕴。

劣势：场地区域多堆场与批发市场，用地错综交杂，货车流大，交通混杂；场地北端有污水处理厂，对自然景观影响较大；周边用地功能较复杂，高程与空间感受变化较大。

机遇：建设岭南文化名城、美丽幸福家园的需要，城市强中心的城市发展战略，再现历史上佛山北门户的辉煌。

挑战：如何与周边不同功能和风貌的地块衔接；如何延续和体现佛山门户的特质；如何使滨水空间的人气再生，发挥水体在当代的独特价值。

3. 规划构思

延续佛山城市中轴，凝聚佛山城市发展的向心力，并用塔坡山、鳌洲、佛月桥等城市地标强化北门户片区古今对话、新旧相生的城市特色，使之成为佛山中轴线上的重要门户节点和景观形象脊梁（图 4-3-62）。

规划结构：一环两园一核（图 4-3-63）。

一环：指由中山公园—汾江河古渡口—中心商务环区—净水公园—铁轨城市花园带—铁轨绿地住居中心区等一系列开敞绿地及景观节点构成的整体景观结构。

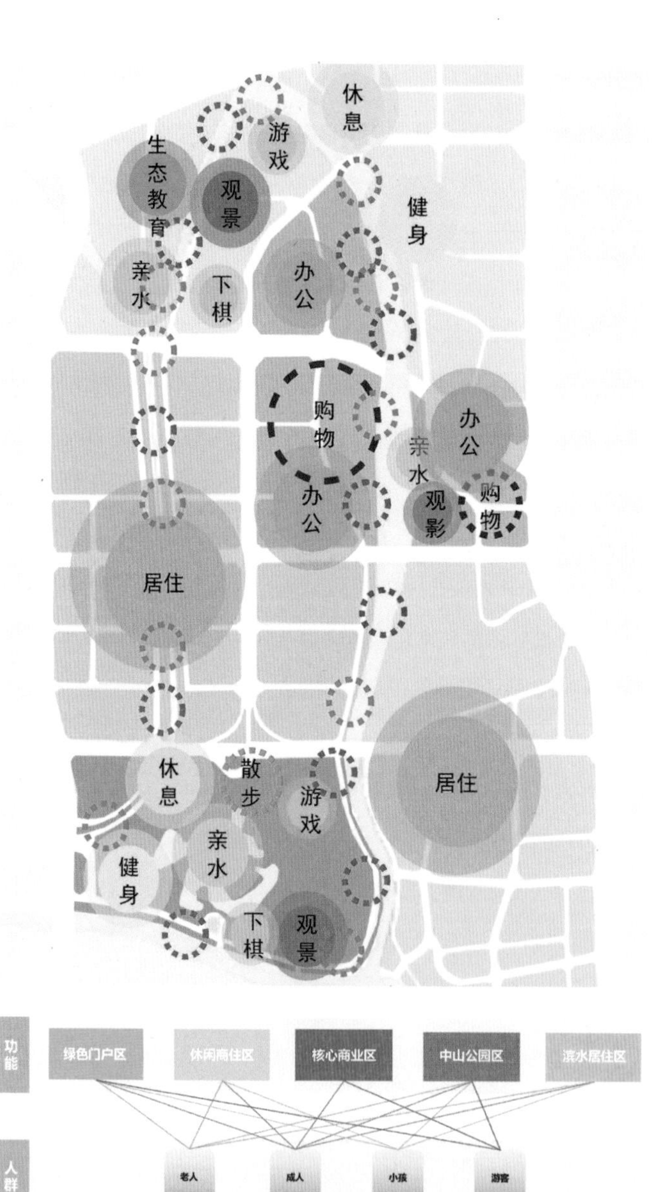

图 4-3-62　规划功能分析

环的形态意向由如下三点发展而来：

第一点：对应规划范围内的环形用地形态，与现状绿地功能进行对接；

第二点：对现状污染影响较大、景观品质低下的地段进行重点治理，疏通完善基地的绿色生态系统；

第三点：以环形的景观结构出现，能够公平分配资源，最大程度地将绿地向地块内、外进行共享。

两园：两园是环形景观基质上的重要绿色开敞空间。一为净水教育公园，位于地块北部，由现状污水厂更新改造而成，在承担现有污水处理功能的同时，增加科普教育功能；二为中山公园，位于地块南部，在保留、保护现有公园特质的基础上，对公园的外部交通入口进行梳理、美化。

一核：指中心商务核心区。该地段通过城市主干道与东部千灯湖新区进行对接，承接海五路的商业轴线，是基地发展的经济实力核心，规划建成现代感较强的景观环境（图 4-3-64）。

本规划以“一环三景”作为空间结构（图 4-3-65）。

“一环”由多种元素叠加，意蕴丰富。其一，“水环”，设计连通汾江河、中山公园、湿地公园水系，形成循环的水体网络；在河道中设置生态浮岛，净化水质的同时营造动植物栖息地，构成清澈、活力的水网基质。其二，“绿环”，设计沿水网整合出完整的环形绿地，构建沿河生态廊道，形成人类活动与动植物共享的生态空间，表达多样、生动的景观氛围。其三，“滨水空间环”，设计在“水 + 绿”的生态基础上，形成环状空间，打造一条长达 7 千米的慢行动线，塑造 10 分钟便捷可达的滨水空间，在局部节点对其进行扩充，营造出或开阔、或热闹、或自然、或生活的滨水空间体验景观。

“三景”承接南面的城市中轴线，未来将成为佛山的崭新城市地标，分别为“佛山之门”“禅心映月”“鳌洲远眺”。

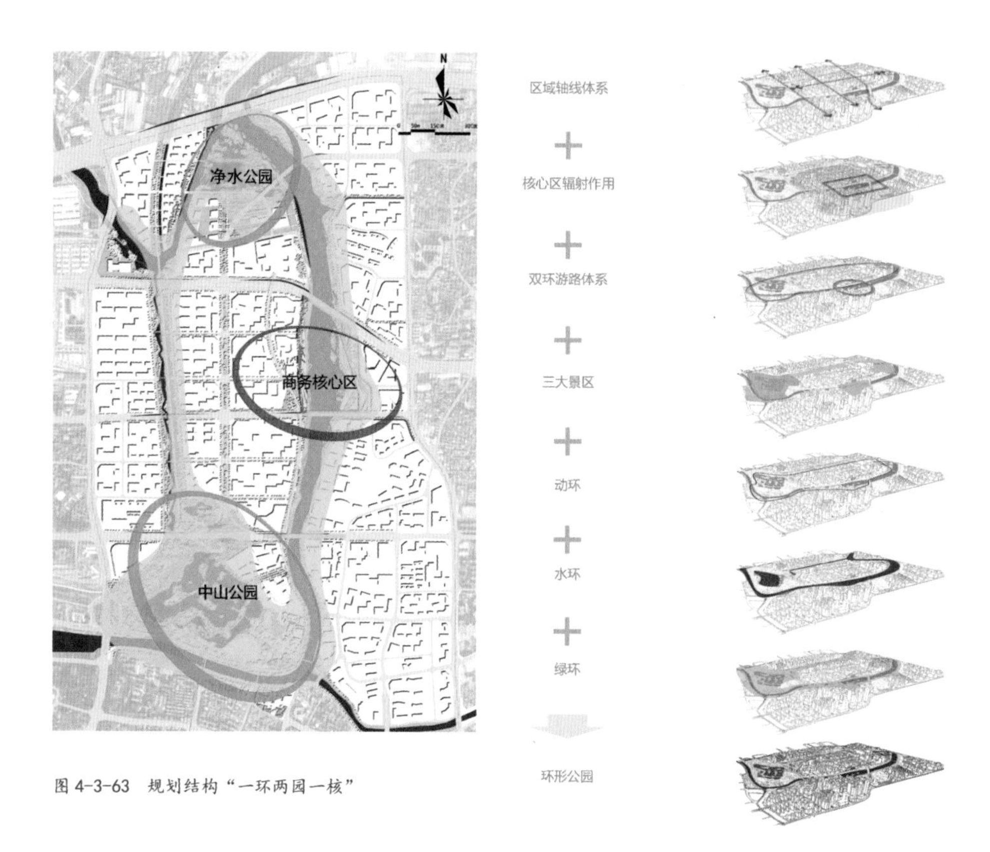

图 4-3-63 规划结构“一环两园一核”

图 4-3-64 分层解析

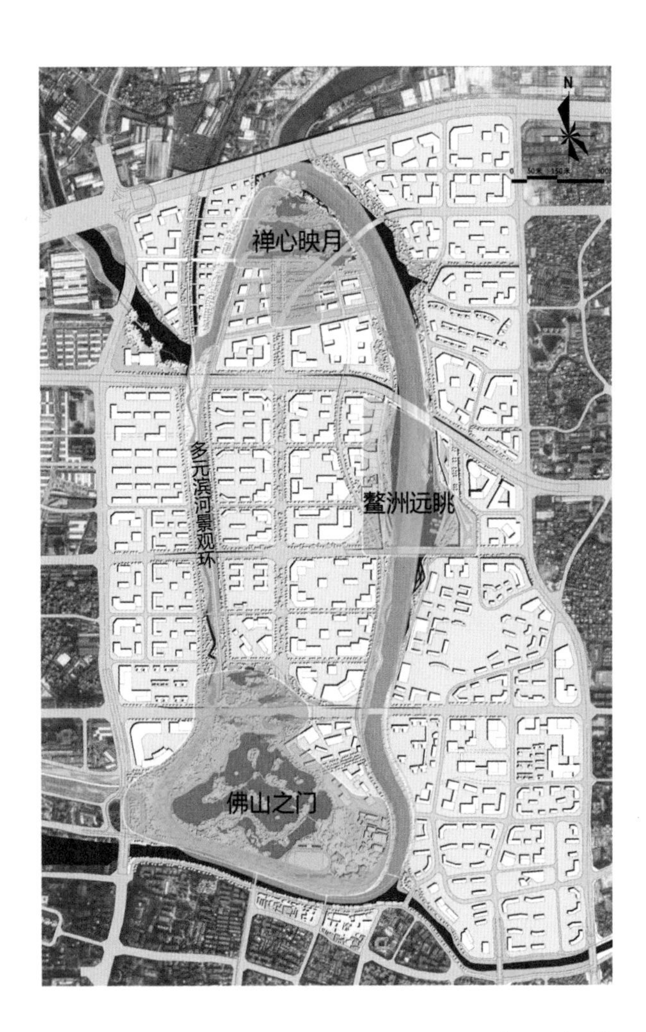

图 4-3-65 “一环三景”的空间结构

4.详细设计

1）中山公园区

中山公园作为佛山历史上第一个专门为普通百姓开放的公园，承载了佛山几代人的记忆。公园定位为连接东西方向城市区块的入口。重点解决规划文昌路高架桥对公园北面的不利影响。高架桥的桥下空间和引桥对中山公园存在负面影响，通过大胆的造山方式将问题进行解决。从〝未有佛山，先有塔坡〞的典故中提取创意，将山体命名为〝塔坡山〞。

山体线条汲取中国山水画的精髓，以大地艺术风格的山体塑造本区域的标志性景观地标，作为环形公园南端的景观高点。与北面净水公园的桥体建筑一起，形成环形公园南北呼应的视线联系。

重城市历史是始终贯穿设计的基本理念。保留中山公园的核心区域，并对核心区周围区域进行更精确的定位和提升，重点解决规划文昌路高架桥对公园北面的不利影响，以及公园连接东西方向城市区块的入口定位。强化中山公园市民公园的定位，提供更多更丰富的活动空间（图 4-3-66 ~ 图 4-3-68）。

2）商务核心区

中心商务环是设计区域内人流最为集中的地区，大型的广场、亲水平台、亲水设施、露天剧场等设置，将人群合理分配在整个大的开敞空间中。南北两端车行桥设置与之结合的步行桥，与中心区两岸沿河广场紧邻建筑群的顶面被整合在一起，构成能够无障碍通行的城市中心环，形成场地内多层步行系统。中心环中心河道的湿地岛被保留，成为城市中的生物栖息地。河西岸造纸厂的一些建筑作为城市工业遗迹被保留下来，并更新提升，展示城区的历史发展脉络，使得本地居民对该区域的熟悉记忆得以保留（图 4-3-69 ~ 图 4-3-71）。

3）净水公园区

主要体现桥文化。桥文化在中国盛行主要有以下几个原因：一是桥的实用功能，桥连接河流，大大便利了交通。二是桥有着很高的艺术功能，桥往往是一个地方艺术形式的直接体现。三是桥有着深厚的文化底蕴，如杭州西湖的断桥残雪等。许多桥上都有各

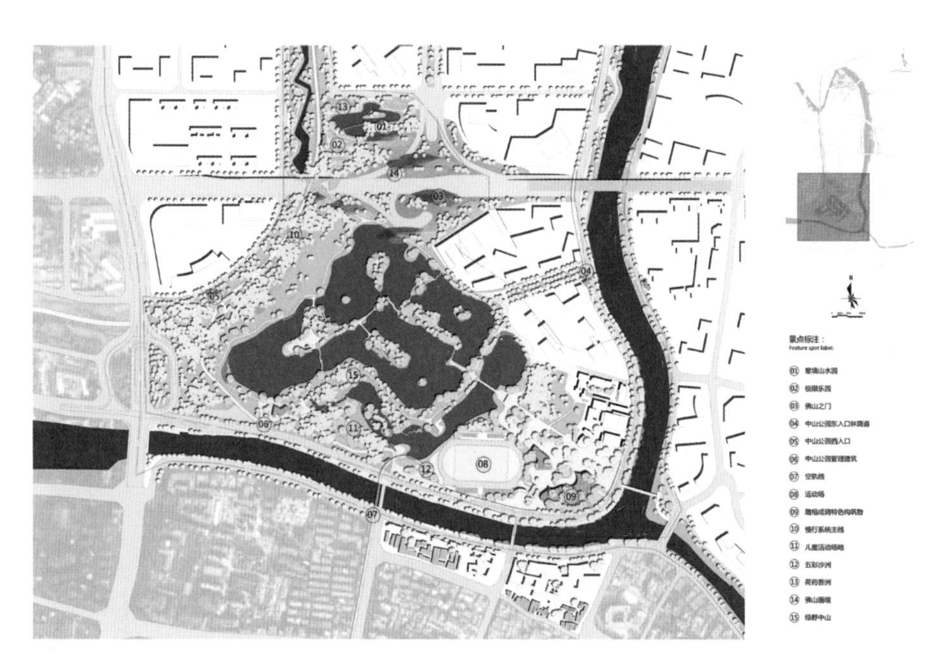

图 4-3-66　中山公园详细设计平面图

图 4-3-67　中山公园详细设计立面图

效果图 1

效果图 2

效果图 3

图 4-3-68　中山公园区详细设计效果图

类雕花，比如莲花石刻就体现了佛教文化（图 4-3-72 ~ 图 4-3-74）。

作为北门户地标建筑的桥型建筑体，设计灵感源于佛山古城没有城门，而是以桥作为城市重要标志景观的独特城市特征。拱桥线条形式成为北门户的标志性符号，夜间水面倒影和桥洞组成的圆月意境为这一标志性景观增添了禅意与内涵。桥面道路为连通活力环的重要片段，桥体建筑还结合闸口使其具有防洪功能。

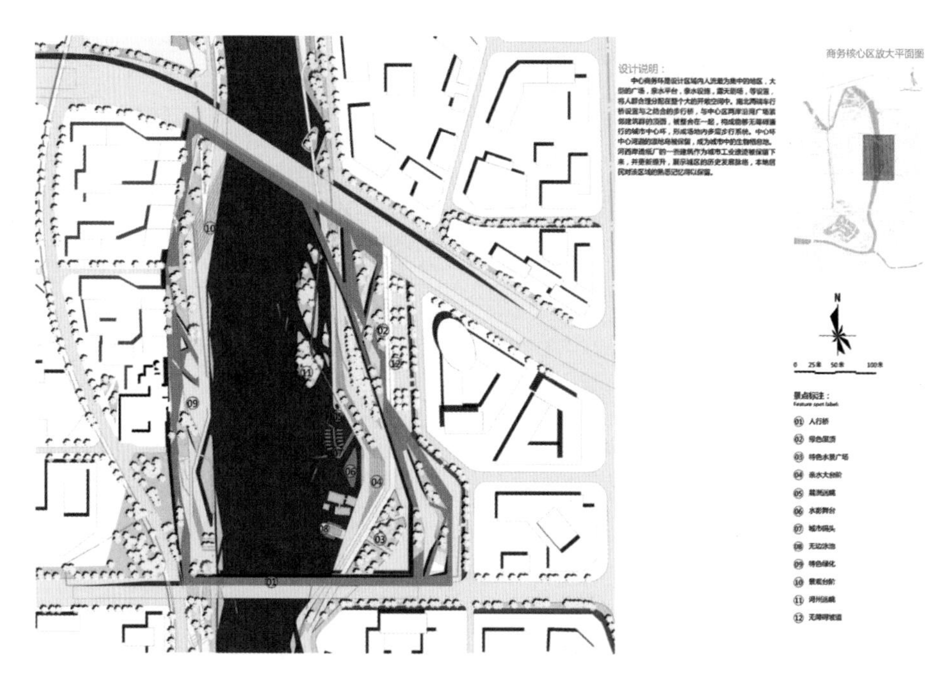

图 4-3-69　商务核心区详细设计平面图

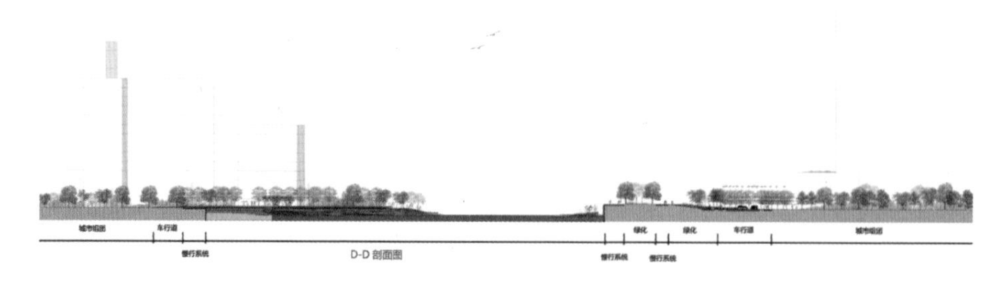

图 4-3-70　商务核心区详细设计剖立面

效果图 1

效果图 2

效果图 3

图 4-3-71　商务核心区详细设计效果图

图 4-3-72　净水公园详细设计平面图

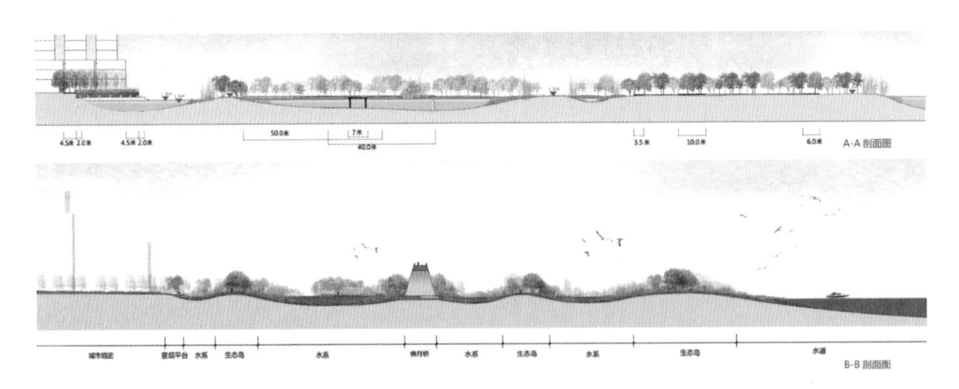

图 4-3-73　净水公园详细设计剖立面

效果图 1　效果图 2　效果图 3

图 4-3-74　净水公园区详细设计效果图

4.4 新城综合体滨水区规划

4.4.1 北京永定河滨水生态规划

永定河位于北京的西南部，流经北京市门头沟、石景山、丰台、大兴、房山 5 个区。素有北京的 "母亲河" 之称。永定河是北京西部区域最重要的生态廊道，在北京城市结构中属于城市第二道绿化隔离地区（控制中心城向外蔓延的生态屏障），是北京市规划两个绿环之一（温榆河及永定河两岸绿色生态走廊、六环路绿化带）。一条有生命的河道， 必定有其深厚的水文化底蕴， 水文化的发展与社会的进步息息相关。永定河水系源远流长，是一条有深厚历史文化底蕴的河道。在永定河门城湖的设计中，除进行防洪、生态修复外， 还通过水系形态、护岸类型、历史典故、治水文化、服务设施、植物种植等形式塑造门城湖的水文化。同时，永定河同温榆河、凉水河（六环路绿化带）共同构成了北京市绿带，作为制止城市无序扩展的屏障，是北京城市空间结构的决定要素（图 4-4-1）。

图 4-4-1 首钢——工业时代的永定河

永定河区域周边景观提升也要根据不同区域的具体情况具体分析，量体裁衣，突出重点。官厅三峡段为整段重点生态涵养区域，以绿化为主，减少人为干扰，减少游步道及公共空间设置；三家店至南六环的平原郊野段是永定河景观提升的重点区段，以水为中心，延续永定河水文化主题，重点打造滨水绿带，塑造多变亲水空间；南六环至梁各庄的郊野段以郊野风光为基调，采用绿化生态设计，保留原有场地肌理（图 4-4-2、图 4-4-3）。

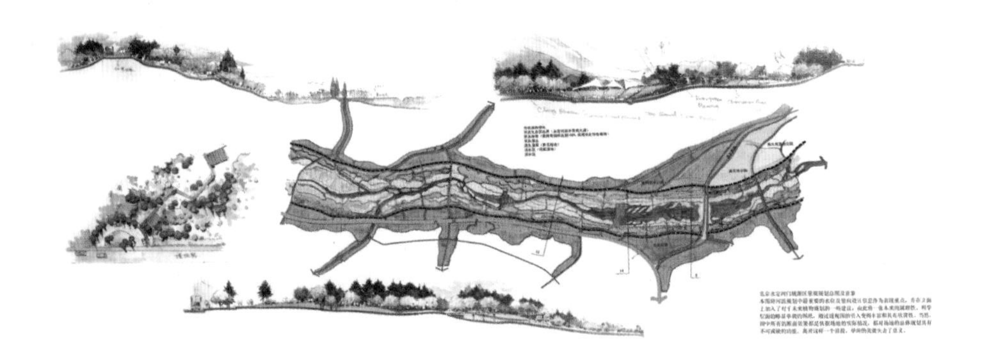

图 4-4-2　永定河河床生态规划

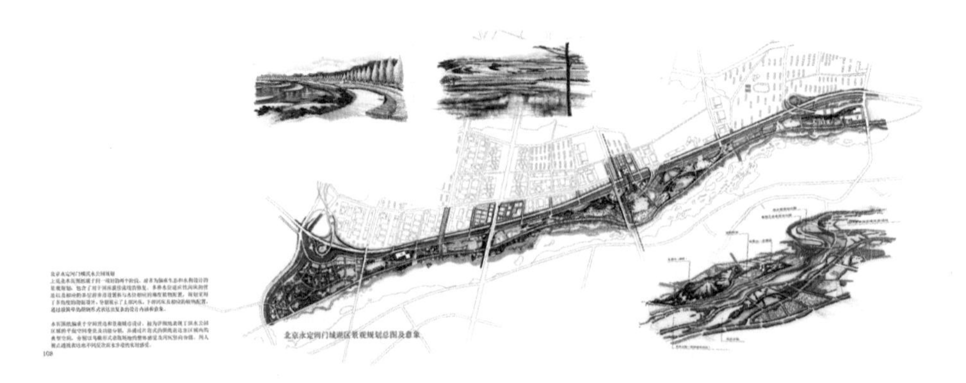

图 4-4-3　永定河门城滨水公园规划

4.4.2 武汉光谷新月溪滨水规划

1.项目概况

1）区位分析

项目位于武汉东湖国家自主创新示范区光谷中心城北核心区，北起高新大道，南至高新三路，西起豹溪路（规划中），东至光谷六路的新月溪公园（北侧），总占地约53公顷。

本次景观规划设计遵循〝大环境、大设施、大功能〞的原则，创造丰富闲适的游憩体验，营造时尚高雅的人文氛围，丰富人们的人文景观体验，实现开放空间的形态设计与周边自然地形及滨水系统的完美结合（图4-4-4 ~图4-4-8）。

图4-4-4 项目位置及周边环境

新月沼鉴——分区平面

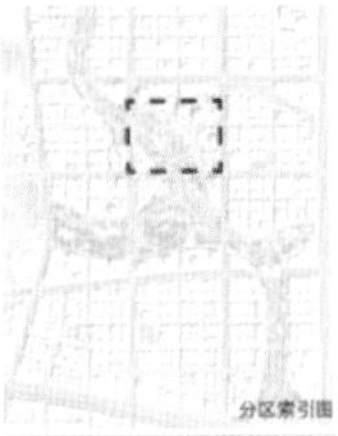

分区索引图

01月洋山
02 观演看台
03演艺平台
04户外茶吧
05半月水帘
06新月沼鉴
07月历长堤
08地平线服务亭
09湿地种植盒
10银杏林阵
11月鸣花带
12光之塔
13月光长廊
14月舞台
15月洞
16邀月街

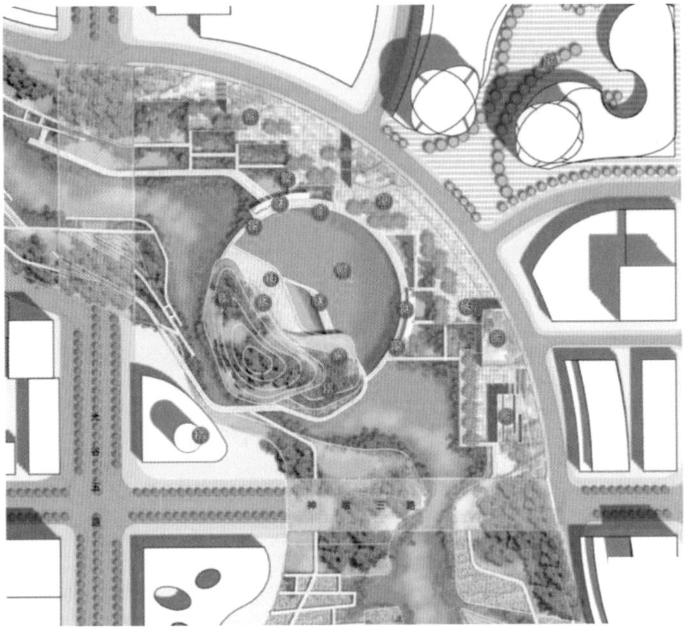

图 4-4-5 中央湖区总平面

图 4-4-6 中央湖区鸟瞰图

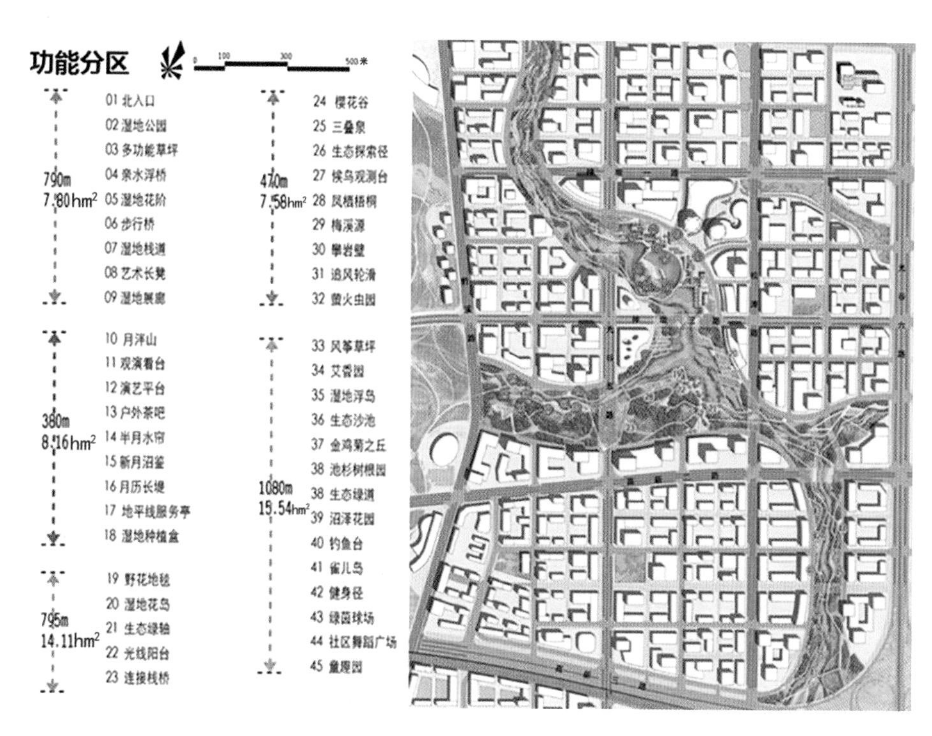

图 4-4-7 设计平面图

林泉高致——断面分析

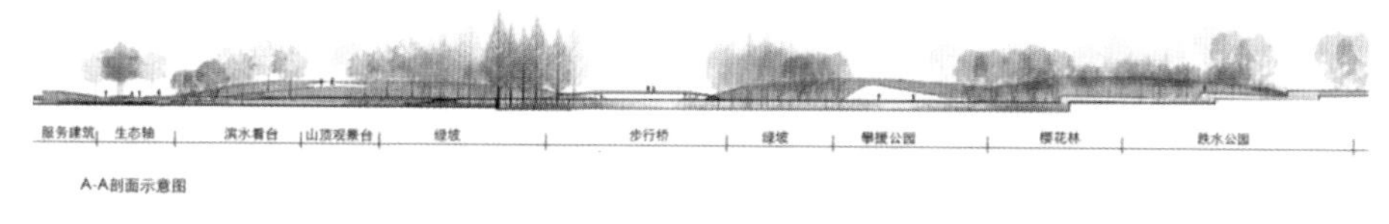

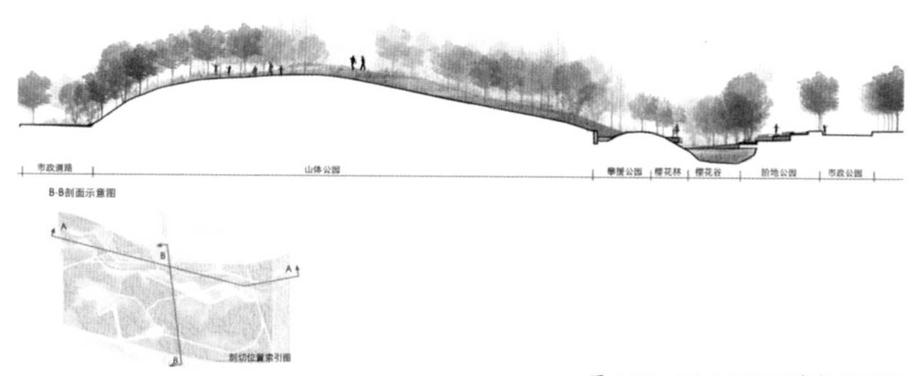

图 4-4-8 山地小公园“林泉高致”设计

2）背景解读

武汉是荆楚文化的核心区，是工业重镇。其文化底蕴丰厚，近代工业发达，是一个产学研紧密结合的孵化器。

武汉市域范围内交通便捷，项目所在的东南新城组群复合交通走廊线路密布，规划将建成3条地铁及有轨电车，可达武汉主城区及市郊，便于主城与光谷中心城之间的衔接。

另外，武汉对于地下空间也进行了行人通行的利用，保证了此处的人流量，也为地下空间注入了活力，使得场地交通可达性高、疏散便捷、边界开放。

依据武汉市城市规划，武汉市域形成"两轴两环、六楔入城"的生态框架，构成都市发展区的生态保护圈。

因此，公园规划应注重生态保护，建设城市与自然地过渡带，保护生态的同时也为市民提供接近自然地的场地。

3）现状分析

场地位于江汉冲积平原与江南丘陵过渡地带，受到九峰森林公园、汤逊湖及周边地形的影响，以坑塘洼地和土丘为主。场地西南区域存在部分次生林群落，主要有构树、杨树、池杉、樟树等乡土植物，长势较好；场地北侧有小片人工茶林，其他区域大多为野生荒草地和坑塘湿地野生草丛，部分区域为施工裸露地。总的来说，植物生长状况良好，但观赏价值不高，景观比较单调，缺乏变化。

空间层面，各公园边缘节点人口相对密度表现出相似的空间分布特征，公园中部的各节点始终呈现出具有较高密度的相对人流量；时段层面，各公园边缘节点的人口相对密度大小为：节假日夜间与非节假日夜间大致相等，均大于节假日日间，而非节假日日间人口相对密度最小。

2.设计概念

分别以循其势、彰其形、和其光和利其行为目标，以场地原有农田机理和水量变化为基础，构建方便游人的多样化、多功能的景观。

以"一轴、一核、三廊、五园"为规划骨架结构创建了新月八景，以下为3处主要景点的详细设计：

丽泽悠憩：武汉古称云梦泽国，是百湖之市。设计以湿地水处理为出发点，以江汉平原沃野田畴为原型，将上游水系设置成梯田状的水处理台阶，辅以花草植物，表现古武汉“云梦泽”的风貌（图 4-4-9）。

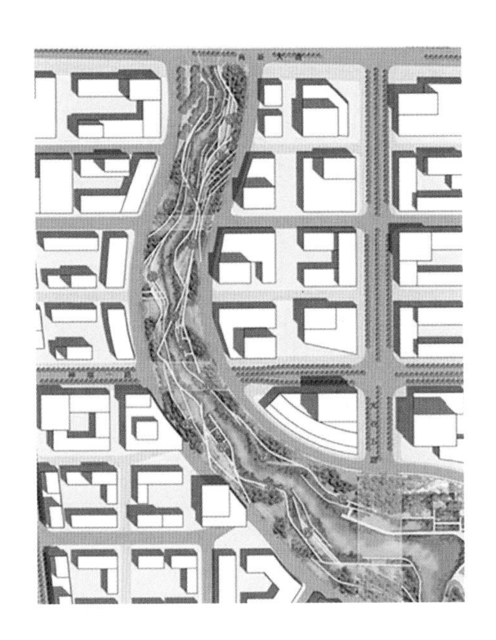

平面图

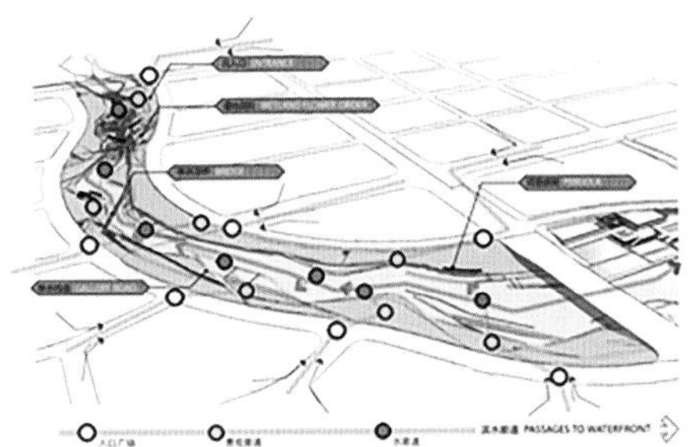

交通分析

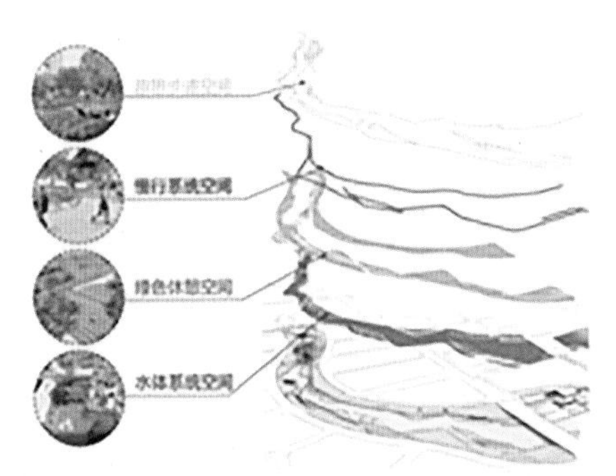

空间分析

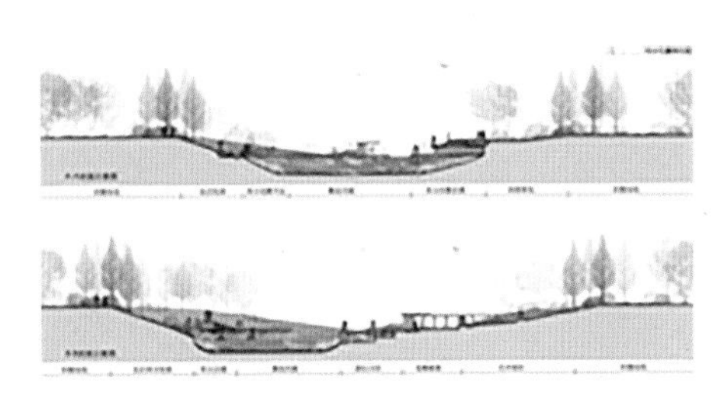

断面分析

图 4-4-9　丽泽悠憩详细设计分析图

新月沼鉴：本案场地轮廓正好为新月形，且处于光谷新城这个以光电子闻名的核心，设置一潭斜面底的水池，拟以水平线栈道的方式形成升降的镜面，水面在不同高程的情况下呼应上弦月和下弦月的各种变化，并可在周边平台设置月光舞台和新月主题广场等（图4-4-10）。

平面图

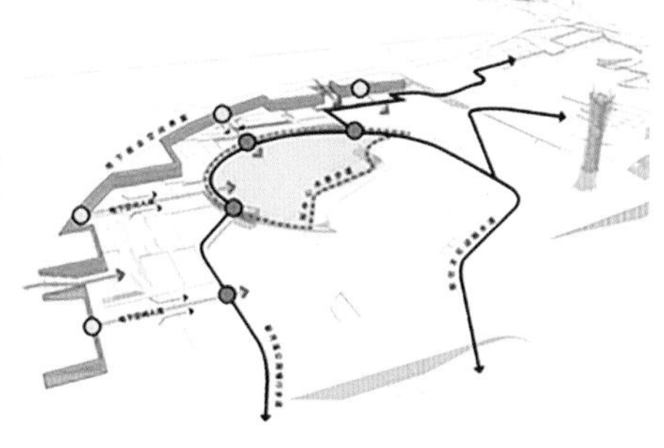

交通分析

效果图

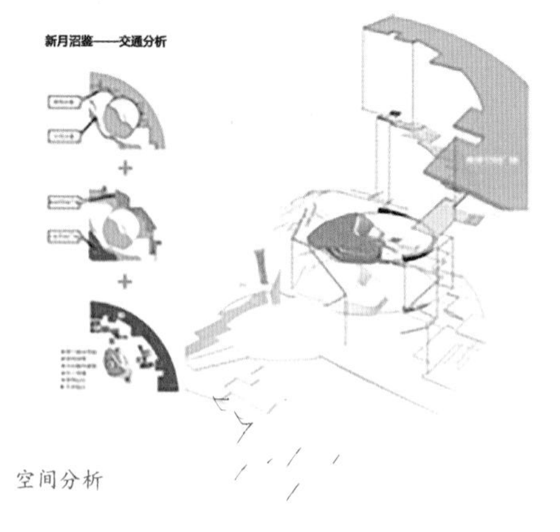

空间分析

图 4-4-10　新月沼鉴详细设计分析图

断面分析

林泉高致：场地最西端是新月溪公园连接西侧生态绿廊的出入口，且水面狭窄，若有水口，设计强化和突出场地的叠泉，营造"蛙声十里出山泉"的江汉平原景观意境（图4-4-11）。

平面图

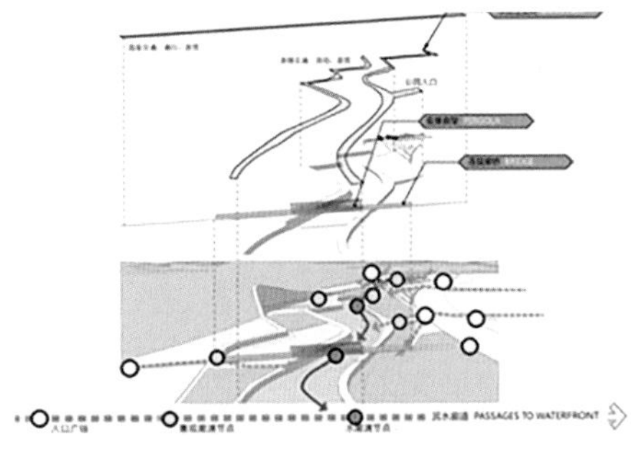

交通分析

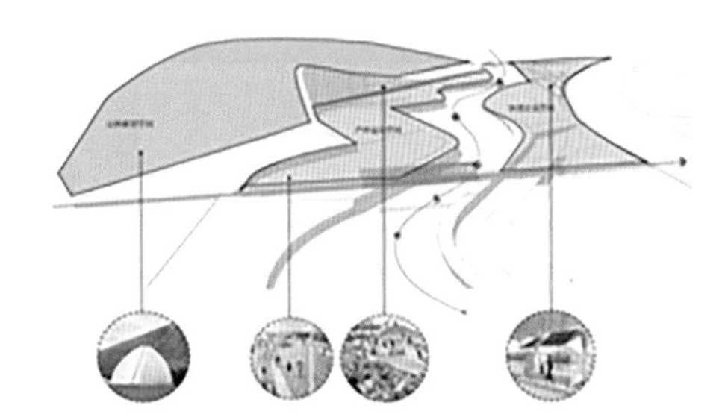

空间分析

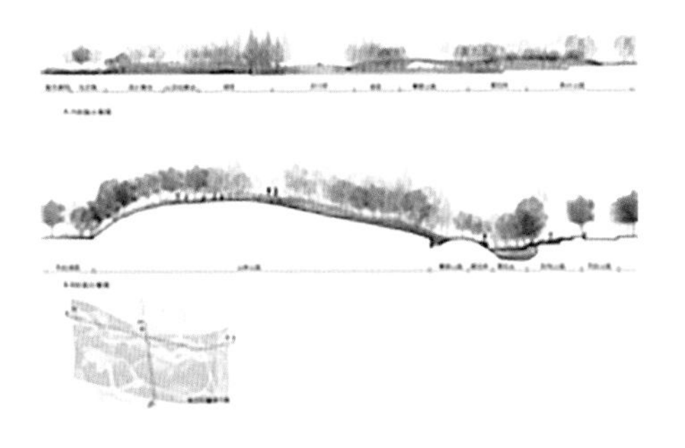

断面分析

图 4-4-11　林泉高致详细设计

3.植物景观规划

根据园区的景观规划，充分利用当地观赏性好、抗性强、易成活、形态优美的乡土树种，将武汉的植物文化融入植物景观中，组建相对稳定的复层混交种植结构的植物群落。

植物景观点、植物景观带与植物景观区使新月溪公园的植物景观达到点、线、面相结合，展示从水生、湿生到陆生的多种植物群落，形成立体、丰富的特色都市滨水景观，并兼顾动植物栖息和友人活动的需求，打造空间关系明晰、层次丰富、四季变化的城市滨水植物景观（图 4-4-12）。

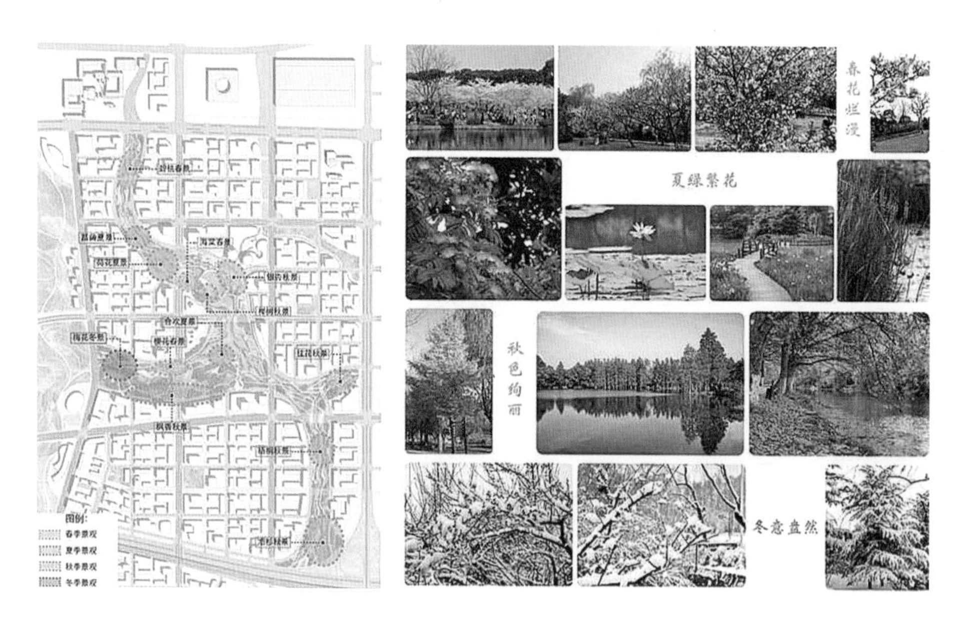

图 4-4-12　时令花节景观

4.夜间照明规划

整个园区，灯光照明分为功能照明、景观照明和紧急照明三类，为人提供活动的必需光线，并起到烘托环境氛围和应急指引需要的作用。

设计以人为本，安全舒适，注重整体艺术效果，重点突出广场、岸线、游径、特色节点和其他重要景观小品，兼顾一般性景观小品，创造舒适和谐的夜间光环境，并兼顾白天景观的视觉效果。此外，根据分区和功能的不同将呈现不同的夜景氛围（图 4-4-13、图 4-4-14）。

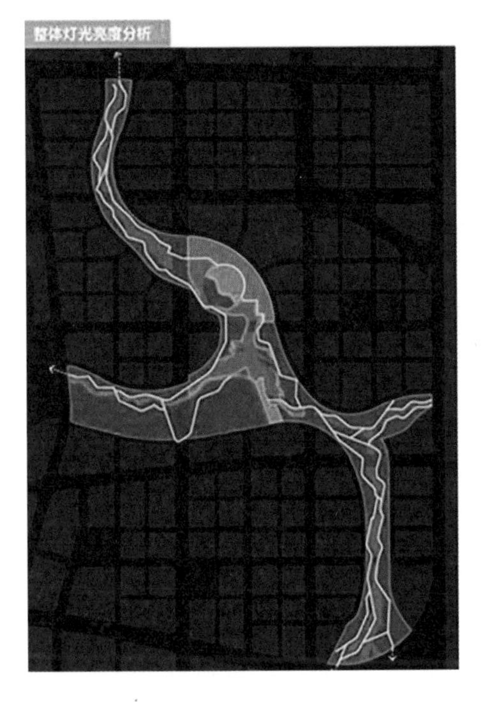

图 4-4-13　灯光亮度分析

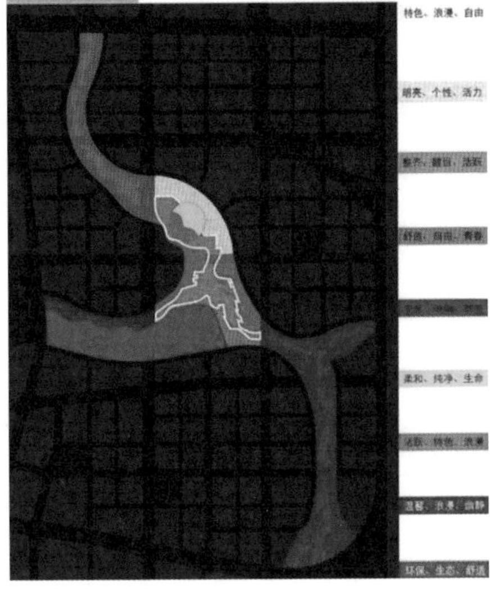

图 4-4-14　整体灯光效果分析

4.4.3 深圳国际生物谷

1. 项目背景

坝光位于大鹏半岛东北部，山海环抱，规划以生物科技为主导、依托丰富的山海人文资源以及全面覆盖的绿道网，适度发展滨海旅游的高端化、国际化的生命科学小城。此次设计内容包括 3 个部分：公园绿地及广场、环卫基础设施和防灾基础设施。其中，公园绿地及广场包括（但不仅限于）坝光海滨公园、坝光中心广场及零散绿地等（图 4-4-15）。

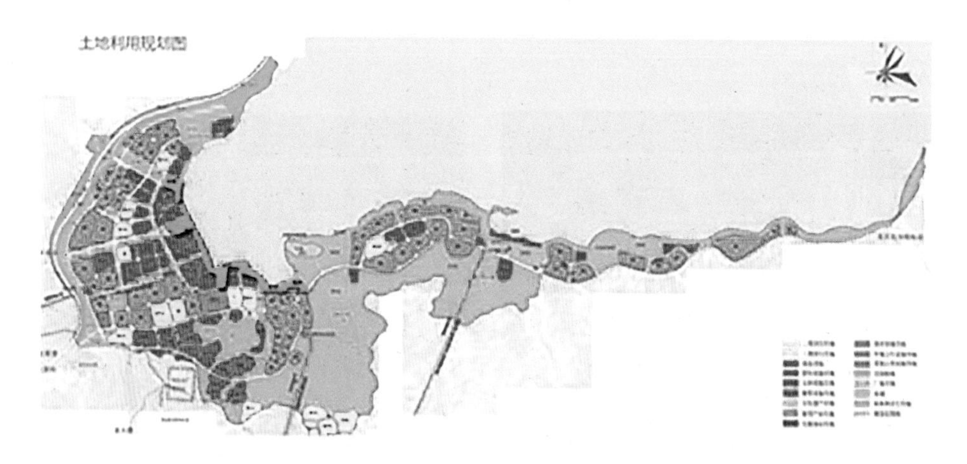

图 4-4-15　设计范围

2. 功能定位

深圳的海岸线绵长优美、类型丰富，依区位分为东、西两部分。西部海岸线是机场、物流中心及许多重要港口所在地，是新兴的休闲住宅中心、高新技术产业基地。规划以"城市活力"为主题进行了功能定位；东部海岸线是生态郊野公园、生态海滨度假胜地、国际物流中心、盐田国际港口所在地、水产养殖基地、国际生物谷。因此以"生态休闲"为主题进行了功能定位（图 4-4-16）。

此次项目将坝光湾分为杨梅坑—鹿咀湾区、坝光湾区和坝光中心广场三区，并将其功能分别定位为生态休闲度假区、滨海生态休闲带和小镇会客厅。

图 4-4-16　坝光片区规划总体鸟瞰

3.总体设计理念——生态、生命、生活

以凸显山海特色、比肩全球高度的生命科学小城为目标，以生物科技为主导，发展滨海特色旅游功能，把握道法自然的设计准则，形成了坝光景观规划 3 个层面的总体理念。

生态——顺应强化生态湾区特征，构建绿色生态网络建设掩映于山海之间、与自然精密相融的生态滨海景观环境。

生命——在绿色中生长的科技园区，体现生物产业特色，富于生命价值思考，实现人、科技、自然和谐共生的景观。

生活——生态和谐、国际品质的滨海小城代表着高端、国际化的生活品质。坝光中心广场为工作与生活在此的人群提供了一个工作之余的放松场所，为精神充电、迸发新的灵感，实现人与人的轻松交流。

4.总体规划设计

1）景观规划结构

以交织状、复合功能的绿色基础设施网络为基础强化城市空间与滨水、滨海空间等特色资源的有机联系，形成〝一心一湾，六园六廊〞的景观规划结构（图 4-4-17 ~ 图 4-4-23）。

图 4-4-17　区域景观规划结构

图 4-4-18　区域绿地系统布局

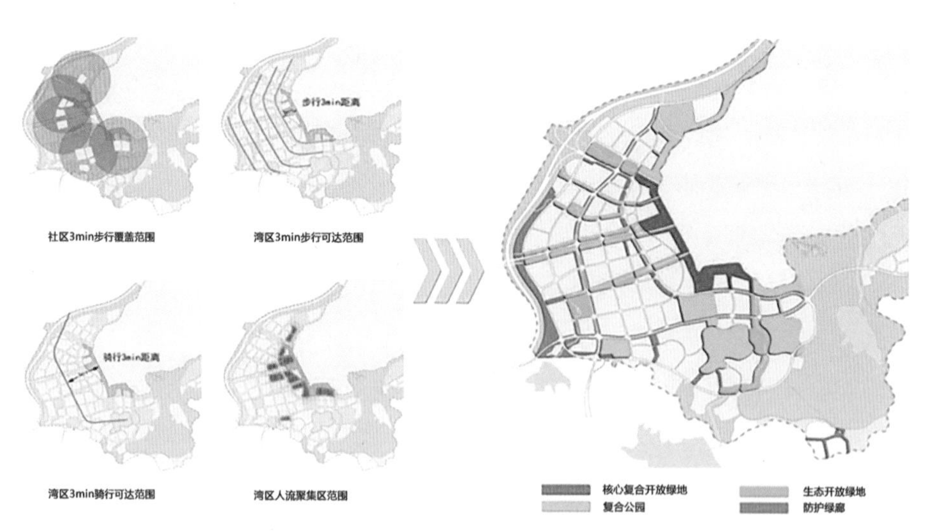

图 4-4-19　景观绿地结构分析

一心：坝光中心广场，坝光片区综合服务区的神经中枢，最具吸引力的活动场所。

一湾：坝光湾区，连接银叶树湿地园、坝光中心广场和白沙湾公园的滨海休闲带。

六园：坝光海滨公园、白沙湾公园、江屋山郊野公园等片区主要公园绿地。

六廊：通山达海的主要水、绿廊道。

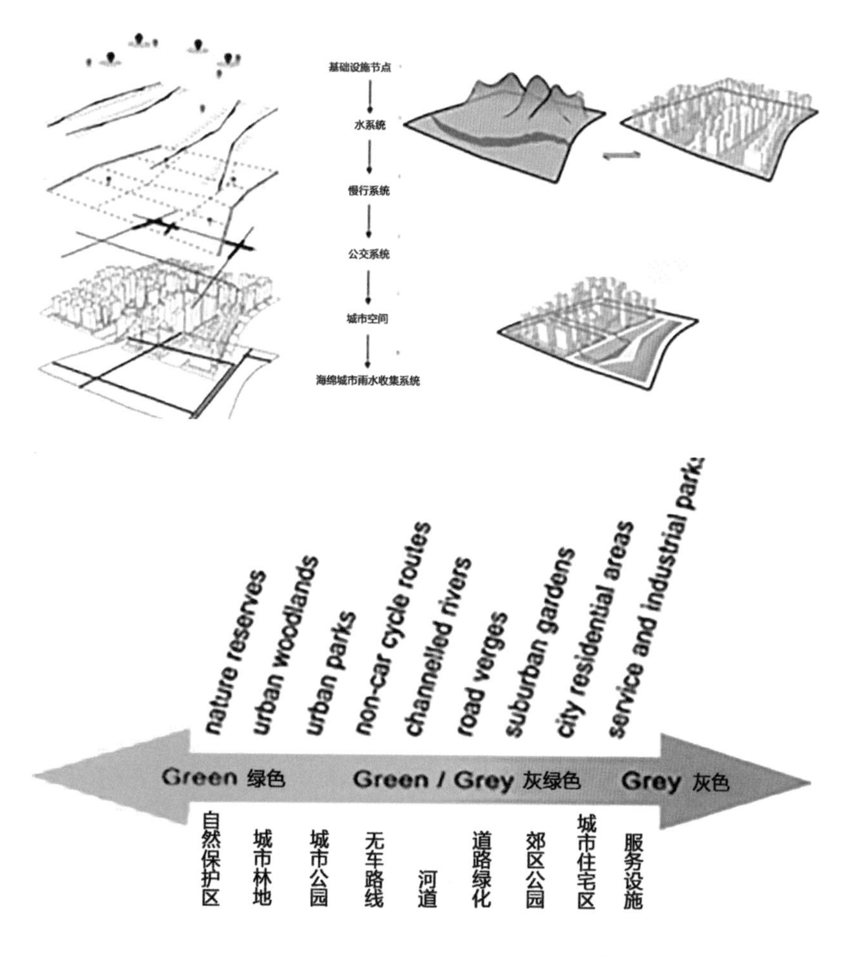

图 4-4-20 绿色基础设施网络

图 4-4-21 区域公共交通系统

图 4-4-22 区域自行车系统

图 4-4-23 区域步行系统

2）空间格局

从生态、生命、生活三大理念出发，合理布置绿色基础设施，建设区域消防、防灾体系，建立高效、低碳、环保的运输体系及环卫系统，为人们打造一个便利、安全、美观、科学的生产与生活空间（图 4-4-24）。

通过绿色基础设施将城市的大尺度自然山水格局、林地、城市公园广场等开放空间系统整合为一体的绿色网络，其内容与功能包括：可持续资源管理、生物多样性、娱乐性，景观、区域开发与提升，以及防灾功能。

本着“防消合一”的原则，建设城市消防体系，整合报警和通信网络，加强消防水源建设，配备先进的灭火、救灾装备，提高城市防灾、减灾、避灾意识，增强城市抗御火灾能力。

结合规划建立安全可靠高效的供水、供电、供气、通信、交通等城市生命线系统工程，提高抵御灾害的能力，增强城市的有机承载能力。

整个交通体系是以构建公共交通为主体的高效、低碳、环保的运输体系。规划十分注重避免交通过度发展导致对有限资源的占用和对生态环境的冲击，并从公共交通、自行车和步行三方面打造多模式一体化综合交通体系，力争创建具有国际水准的滨海城市交通环境。

3）坝光中心广场景观设计

（1）景观结构及形象塑造

以坝光中心广场为核心打造坝光湾沿岸开放空间。南线以康体休闲、游园科普为主题，中线以活力引擎、区域中心为主题，北线以体育健身、亲近自然为主题。沿坝光湾岸线形成功能齐全互补的系列景观空间，坝光广场居中而立，成为整个坝光片区开放的、有活力的、富有标志性的广场空间。

以中心广场为切入点，深入对坝光生物谷生命科学文化的了解，充分挖掘提炼生物谷特有的生命科学文化符号，将其融入各个游憩空间设计中，让人们可以享受美好自然游憩空间的同时又感受到生物谷特色的生命科学文化。

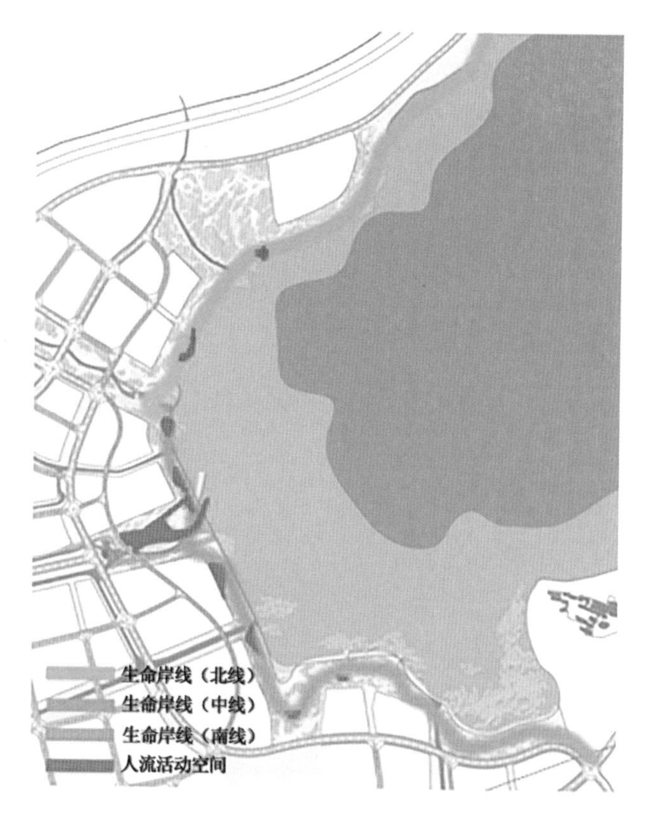

图 4-4-24 广场公园空间结构

(2) 设计理念

沙湾公园接近山体底部，设计结合场地竖向，以流畅的曲线打造宜人的休闲空间。此外，设有交通的接驳站，在服务半径范围内，可以有效地组织人流。

石滩生命公园设计保留现状河涌入海口的天然石滩，并进行整理。在高速公路出口与场地对望的景观轴线节点尽端设有两座细胞形态的生态石滩岛以呼应生物谷的区域规划，形成标志景观。公园内发散型的园路线型建筑寓意新科技、新生命力的势不可挡。

以中心广场为切入点，从生命科学文化角度出发，充分挖掘提炼生物谷特有的文化符号，将其融入游憩空间设计中，让人们感受生物谷特色的生命科学文化（图 4-4-25 ~ 图 4-4-28）。

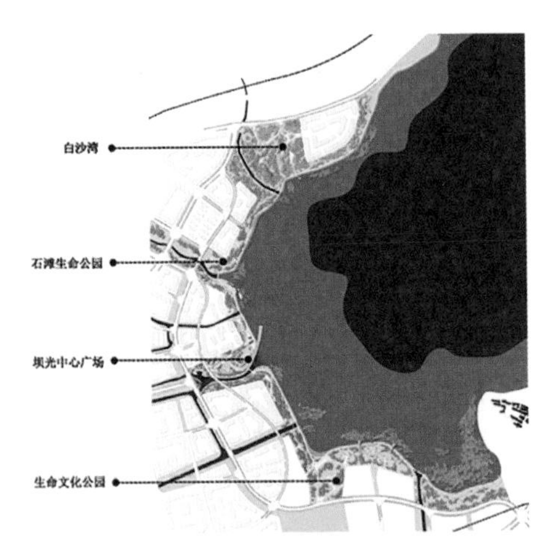

图 4-4-25　总平面图

图 4-4-26　整体鸟瞰图

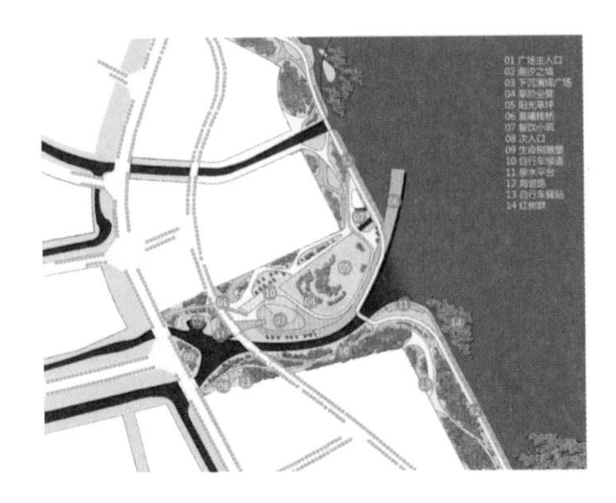

图 4-4-27　坝光中心广场平面图

图 4-4-28　坝光中心广场鸟瞰图

(3) 坝光中心广场设计

中心广场注重和周边建筑环境的衔接呼应，沿河道进行曲线形设计划分地块，并满足安全防洪、休憩、娱乐、交通等多方面的需求，打造满足休闲游憩活动的城市客厅。中心广场分为七大功能区：潮汐之境、演绎空间（包含防灾科普教育功能）、阳光草坪、晨曦栈桥、滨海通道、商业娱乐和文化户外空间（图 4-4-29）。

广场的主要交通类型分为自行绿道、滨海通道以及局部的滨水栈道。滨海通道贯穿南北，联系坝光湾沿岸开放空间；自行车道纵横交织，编织连通场地的绿道网络；滨水栈道局部出挑，打造亲水观景的绝佳场所。整个交通组织在保证周边地块可达性的同

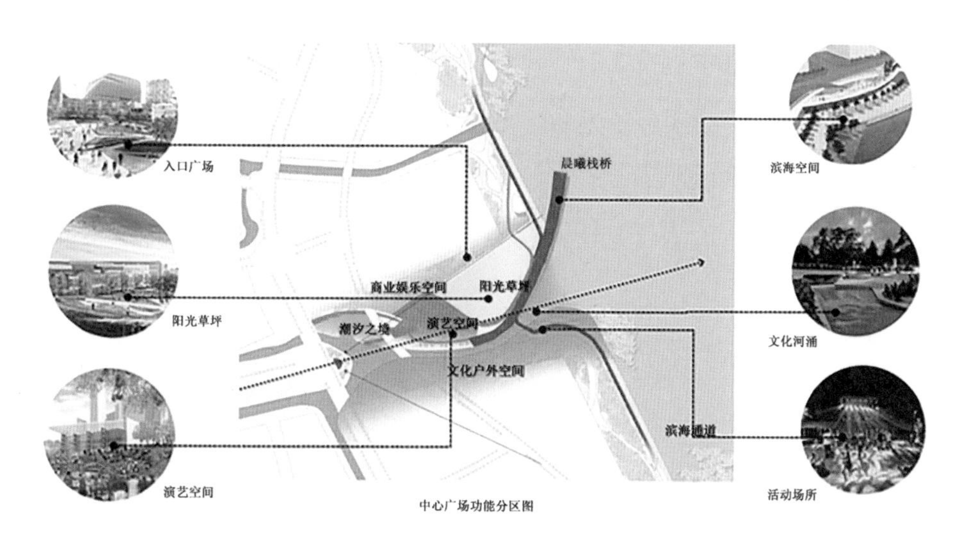

图 4-4-29　中心广场功能分区图

时考虑区域的观赏与游玩，兼顾景观的视线与序列，形成支撑坝光湾岸线景观的交通网络（图 4-4-30）。

根据场地现状植物风貌及公园将来的功能定位，遵循"适地适树，生态优先"原则，以广场为中心，向内陆辐射，规划形成 3 种具有滨水特色的植物景观廊道，分别为：展示生物栖息地的科普走廊、融合文化与科技元素的绿色活力走廊、都市慢生活的景观休闲走廊。沿海种植强耐盐碱、抗台风植物，形成具有防风、软化驳岸效果的休闲步道。中心广场以林荫草地的群落结构配置植物，形成开阔的广场空间（图 4-4-31）。

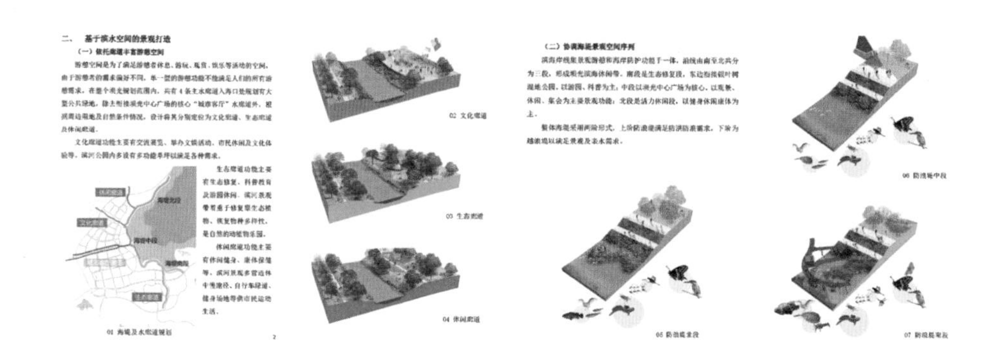

图 4-4-30　滨水交通网络图　　图 4-4-31　滨水交通生态示意图

景观设施设计采用耐腐蚀材料，简洁、大方，细节上注意与生物谷整体环境的处理与融合，以人为本，方便使用，让人感到舒适愉悦。主题的构筑物以红树林枝叶为原型，简化设计成构筑物的主要形态。它以象征生命科学奥秘的双螺旋结构构建主体结构，"树冠"随天气变化开合，并能承接雨水用作景观绿化的滴灌（图 4-4-32 ~ 图 4-4-35）。

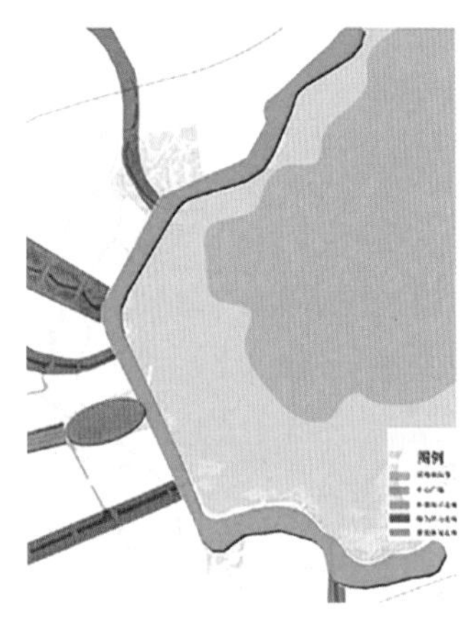

图 4-4-32 植物景观分区图

图 4-4-33 种植意向图

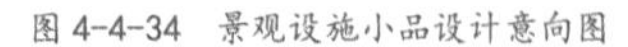
图 4-4-34 景观设施小品设计意向图

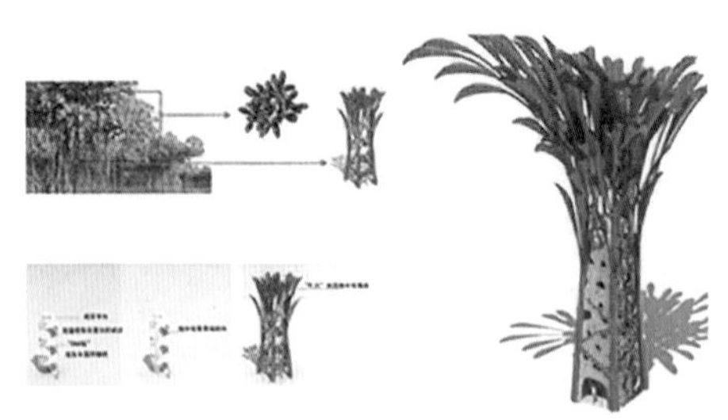

图 4-4-35 主题构筑物

4.4.4 深圳前海规划

1. 项目概况

前海深港现代服务业合作区（以下简称“前海合作区”）位于珠江三角洲湾区东岸、深圳蛇口半岛西侧，紧邻香港，基础设施完善，交通发达，将成为珠江三角洲都市区吸引区域人才、资源、投资的前沿要地，具有十分独特的区位优势。

2010 年 8 月，国务院批复同意前海深港现代服务业合作区总体发展规划，要求深圳先行先试，以前海为载体，推进粤港澳现代服务业紧密合作，并进一步确定前海合作区的战略定位为“粤港现代服务业创新合作示范区”，力图将前海合作区建设成为具有国际竞争力的现代服务业区域中心和现代化国际化滨海城市中心（图 4-4-36 ~ 图 4-4-38）。

项目区域地形总体较为平坦，区内属珠江水系，自北向南分布双界河、桂庙渠、铲湾渠 3 条河流，自东向西流入珠江口，加上横向分布的市政道路，自然地把本区划分为条块状排列的地块。

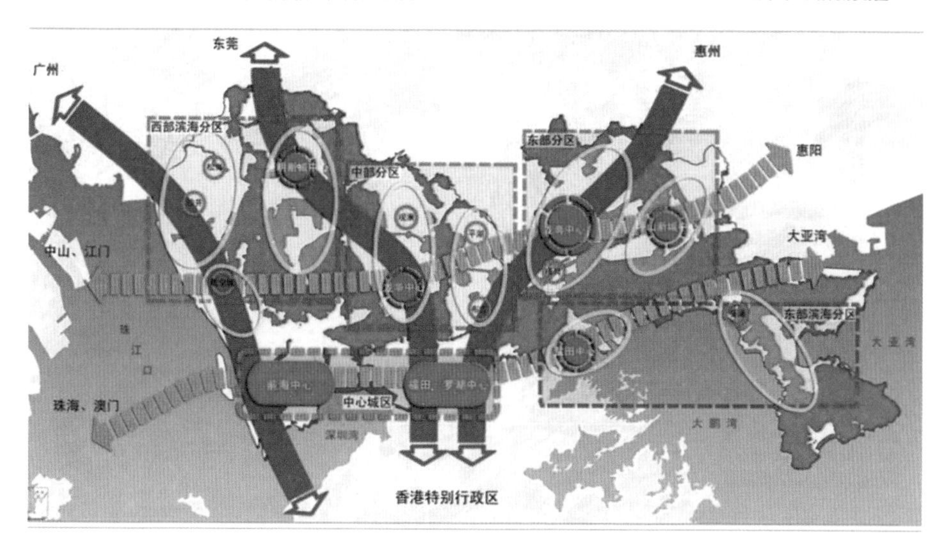

图 4-4-36 深圳市城市总体规划

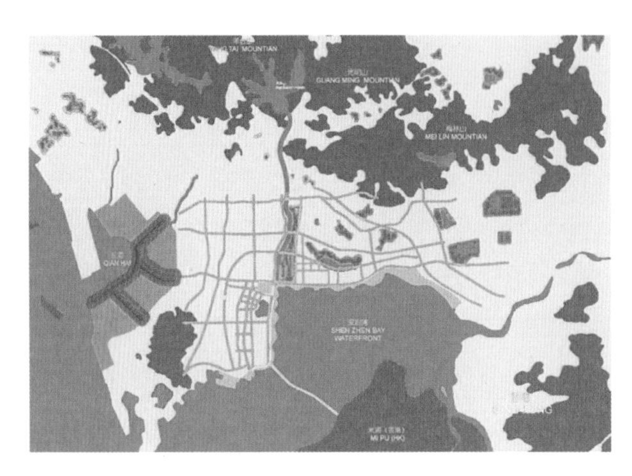

图 4-4-37　项目区位

图 4-4-38　项目研究范围

上位规划中指出要将前海打造为粤港现代服务业创新合作示范区，根据前海的基础条件和产业发展要求，积极发挥前海口岸连通深港的优势，沿前海湾形成特色鲜明、有机关联的“三区两带”布局：桂湾片区、铲湾片区、妈湾片区、滨海休闲带、综合功能发展带。加快金融业发展，推进现代物流业、信息服务业，促进科技服务和其他专业服务，推进深港区域合作（图 4-4-39、图 4-4-40）。

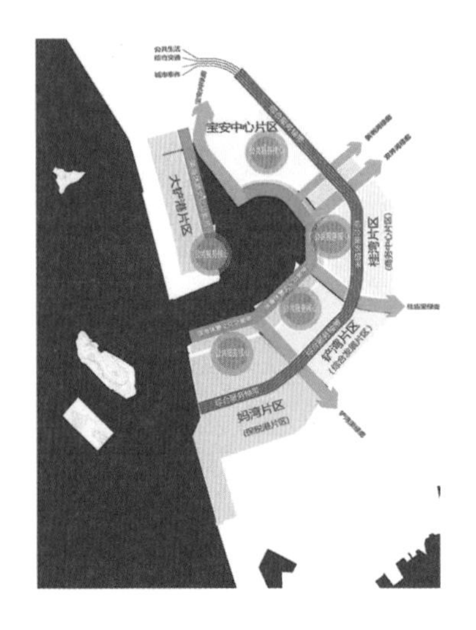

图 4-4-39　城市布局结构规划图

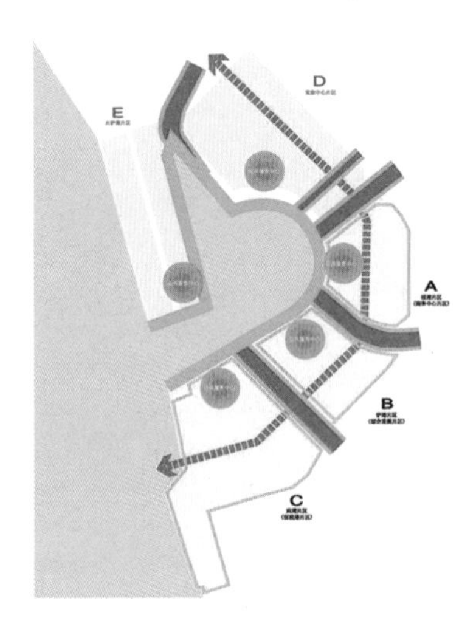

图 4-4-40　“三区两带”示意图

以双界河、桂庙渠、铲湾渠3条河道为依托，充分利用大、小南山和前海湾滨海岸线，形成纵深的生态绿廊。严格执行环境功能区划和水功能区划，严格建设项目环境准入制度，加大排入前海湾的各种水体污染治理力度，不断改善前海湾水质条件和空气质量，提升前海的环境水平。大力发展绿色交通、绿色建筑，积极推动可再生能源、节水和水循环利用等项目建设，将前海建设为以低能耗、低污染、低排放为标志的节能环保型城区。

图 4-4-41　前海合作区城市设计范围

基地在开发之初整体环境比较差，存在水土流失的问题，不同地块开发建设条件差异比较大，总体用地不平衡、开发时序不同，这些不利于前海合作区的总体开发建设。同时，前海合作区正处于填海、整地、施工阶段，大面积施工填海造地打破了海洋与陆地间的平衡状态，对海岸湿地、近海生物都带来多重影响。除了双界河、月亮湾大道绿化带分布的植物种类比较丰富之外，其余地域都存在不同程度的植被铺盖率低、多样性低等问题。前海水系统较为复杂，河、湾、海交融，咸水、淡水交汇。当时的水系建设仅考虑其排水功能，缺乏生态特色和文化特点，不能与前海水城规划的以水为核心形成城市公共活动及文化特色的理念相匹配（图 4-4-41、图 4-4-42）。

图 4-4-42　前海合作区生态功能示意

2. 规划目标与策略

第一，建立一套从思想理念到景观空间格局，再到可实施的操作手段的〝大景观〞体系，从而创造新型城市的景观典范，落实可持续发展的生态文明建设。第二，通过景观与绿化专项规划明确前海总体景观体系与风貌，其中包含整体景观开放空间如何建立、各片区景观主题与风貌、主要道路绿化形式与特色及骨干树种建议等。第三，景观与绿化设计导则应贯彻总体规划理念，在绿地、公共设施、城市家具等分项层面提供控制性指标与元素，作为下阶段各开发单元分区景观与绿化详细方案设计的指导性依据。

在规划手段的创新方面，我们以绿色基础设施全覆盖为目标，引申出〝垂直〞都市、低冲击开发模式、〝树根带〞等方法策略，覆盖了城市的地表、地上和地下空间。同时，在设计中采用参数化程序科学有效地进行分析，并且运用生态系统指标体系对规划、设计、建设进行全过程、全系统的评估，保障可持续景观的真正实现（图 4-4-43）。

3. 规划原则

1）环境优先

以都市景观主义为重要规划手段，规划建设应当保护和改善城市大环境生态，防止生态破坏、环境污染和其他公害，提高城市景观绿化，促进新城建设可持续发展。

图 4-4-43　生态恢复示意

2）具有前瞻性

应当保障公众利益，科学预测城市的发展状况，提前预见并尽量避免新城建设发展中可能出现的景观问题，符合城市防火、抗震、防洪、防空等要求，维护公共安全、公共卫生和市容景观。

3）建设时序性

规划建设必须符合国家和城市的实际情况，正确处理近期建设和远景发展的要求，应当使城市的发展规模、各项建设标准、定额指标、开发时序同国家和城市的社会经济发展水平相适应，实现逐步升级。

4）功能复合性

统一规划、合理布局、因地制宜，绿色基础设施先行，综合开发利用城市地下空间，实现多样化功能景观串联城市空间，提高人民的生活质量。

5）景观高附加值

节约用地、合理用地，提倡新能源利用及生态循环经济，以活力景观空间激活周边商业，提升土地经济价值。

4.重点地段详细设计

1）空港新城片区详细设计

该区分为3个空间部分，由南向北依次为：海上田园、滨海大道通道和福永河入海口。海上田园主要为休闲娱乐设施，滨海大道通道主要为高架和田地，福永河入海口处用地空间较大，交通发达。

海上田园板块：以原有的湿地活动区域为基础，在保护湿地的基础上开发新的产业与项目，依托品牌打造具有优良生态空间的运河创新中心。充分利用高架下的拓展空间，功能全面并且一体化，形成高品质的自然生态空间。

社区农场板块：主要分布在海滨大道沿海与高架桥下空间。一方面，可以发展农业生产，既有经济利益又能形成较有特色的标志性景观；另一方面，打造都市农场和周末集市，进行一些时令节事活动，给人们带来方便的同时营造社区的归属感，也为农产品的处置与展示提供了有利条件（图 4-4-44）。

海上嘉年华板块：主要打造公共水景为基础的开放空间，沿海将国际会展中心、万国博览街、海景酒店等公共服务设施串联起来。充分利用水景，通过会展、灯光等多方面的考虑，发挥其景观观赏和信息展示功能。

鸟瞰图 1

鸟瞰图 2

图 4-4-44　空港新城片区详细设计（该部分图片来自深圳蕾奥规划设计咨询股份有限公司）

河口老码头板块：保留了带有工业文明特色的雕塑等符号，赋予场地一定的文化内涵，打造一个具有自身文化特色的体验空间。

2）机场片区滨海大道规划地段详细设计

主要由多个绿岛堆砌而成，可作为游客停留的场所，类似飞机的眺望台，并在其上进行空间变换和交通处理，考虑近期与远期的景观效果，增添其文化休闲功能，打造具有海上特色景观的廊道（图 4-4-45、图 4-4-46）。

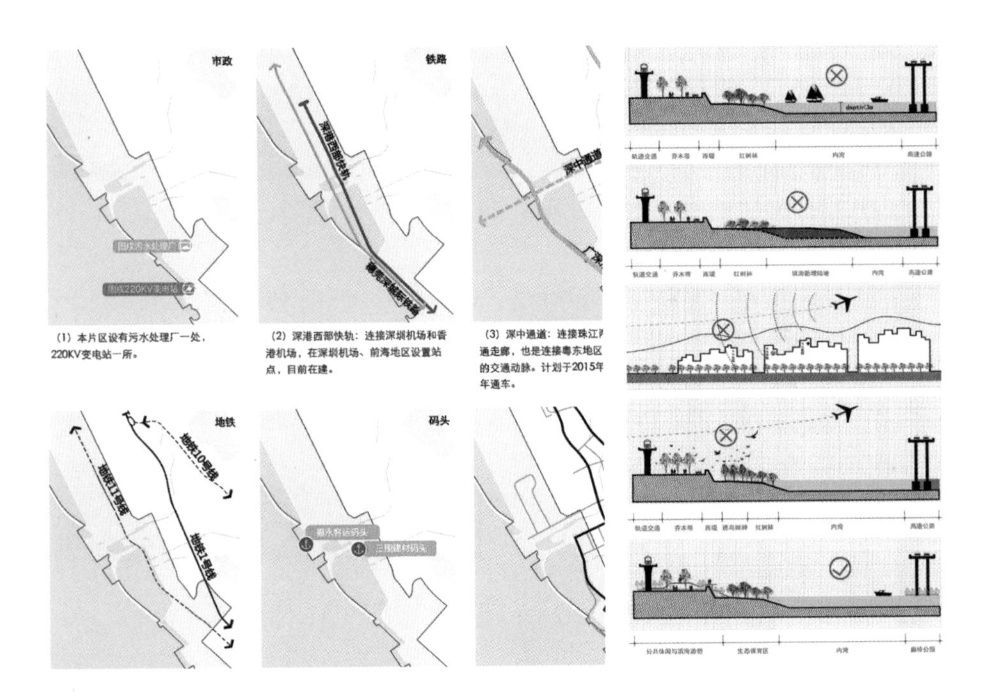

图 4-4-45　机场片区滨海大道规划地段现状限制条件与潜力分析（该部分图片来自深圳蕾奥规划设计咨询股份有限公司）

鸟瞰图 1

鸟瞰图 2

平面图

图 4-4-46　机场片区滨海大道规划地段详细设计（该部分图片来自深圳蕾奥规划设计咨询股份有限公司）

3）西湾片区内海湾地带详细设计

该区的 3 个空间单元为公共码头区、红树林岸线区和湿地公园区。设计的重点在于解决噪声的影响与航空的安全问题。发挥并利用红树林景观特色的同时，减少鸟类栖息的条件，大量布置草坪，以保证航空的安全。为海堤增设休闲景观功能，如布置酒店、游泳池、会所等服务设施，吸引游客，使其成为充满活力的场所（图 4-4-47、图 4-4-48）。

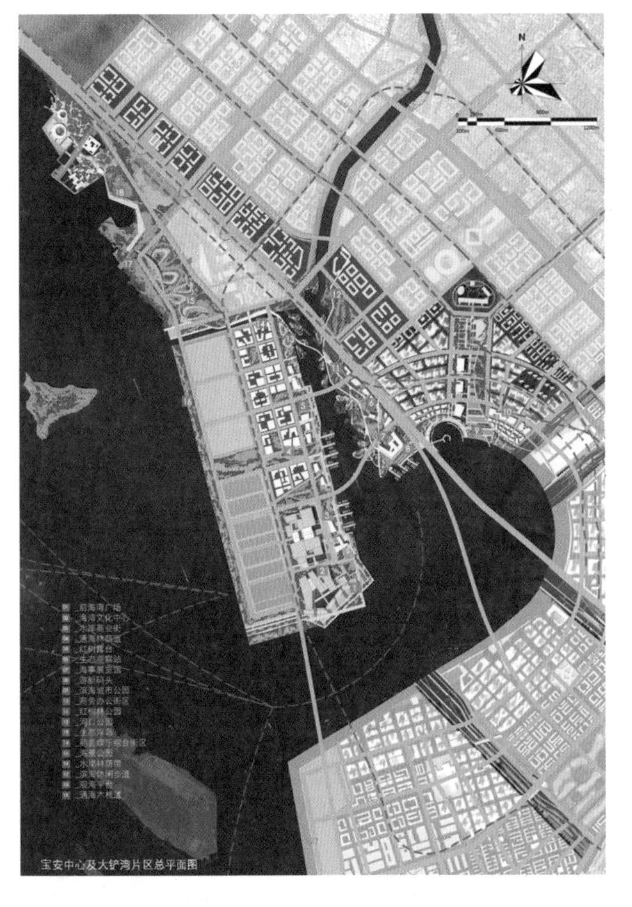

平面图

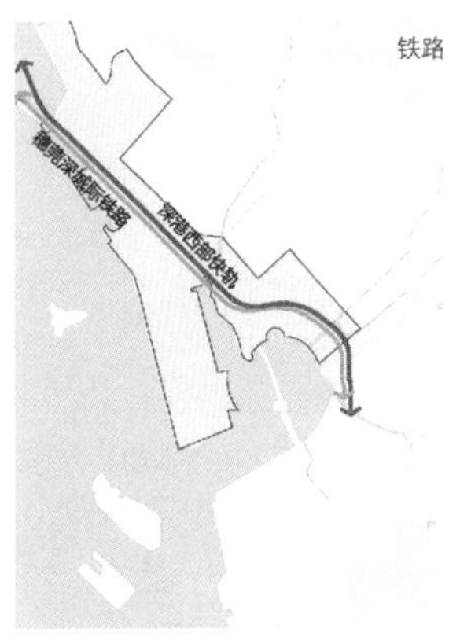

潜力分析

图 4-4-47　西湾片区平面图

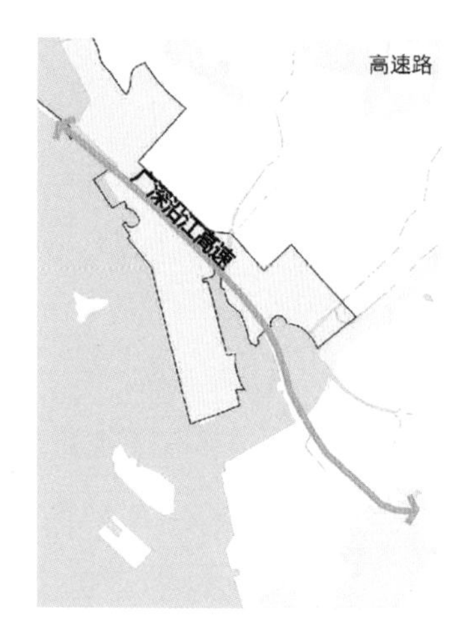

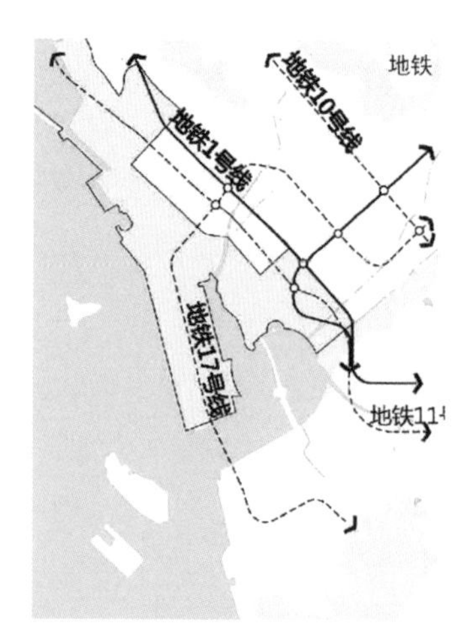

潜力分析

鸟瞰图 1

鸟瞰图 2

图 4-4-48 西湾片区内海湾地带详细设计（该部分图片来自深圳蕾奥规划设计咨询股份有限公司）

4.5 唐山环城水利建设

4.5.1 唐山南湖概述

唐山作为北方工业重镇，早在2001年就邀请做过德国鲁尔工业区改造的彼得·拉茨为唐山南湖做了一轮城市更新规划设计（图4-5-1）。到了2008年，随着国家倡导重工业城市、重污染城市以及资源型城市改造与转型，唐山市作为一个典型案例邀请了北京清华城市规划设计研究院、德国意厦国际城市规划设计有限公司以及中国城市规划设计研究院和美国龙安集团四家公司参加了新一轮的方案设计，最终北京清华城市规划设计研究院的方案获选通过（图4-5-2～图4-5-4）。此方案在彼得·拉茨2001年方案基础上做了重大调整，融入具有中国特色的一些设计。最终通过近8年的建设，借力2016年唐山世界园艺博览会的契机，作为整体成果推出。

整个唐山南湖改造规划建设大体经历了三个阶段。第一阶段是唐山南湖整体的生态资源改造，迁走大量的煤矿，移走600万吨的煤矸石和粉煤灰；彻底改变湖水的水质，同时通过矿业疏干水以及河北下游的农业灌溉用水的综合协调，完成了水系的储水以及保水等方面的生态目标。这一阶段创造了南湖在城市水改造方面的奇迹，不仅保证了20余平方千米的湖区用水，同时还产生大量多余的矿业疏干水。第二阶段是从2011年开始，更好地利用了第一阶段多余矿业疏干水以及河北下游的农业灌溉用水，启动了环城水系规划，打造了长达30多千米环绕全城的河湖水系。第三阶段，也就是从整个唐山城市水系经过翻天覆地的改造之后，在此基础上利用大型城市活动——2016 年唐山世界园艺博览会，从根本上一次性提升了唐山南部地区的生态质量，使城市环境发展得到了质的飞跃。本节着重从第二、第三阶段论述唐山的水系建设过程。

图 4-5-1 2008 年唐山南湖生态城景观总体规划方案——德国彼得·拉兹事务所方案，著名棕地景观大师彼得·拉茨最初建议的南湖淹没区域达到 28 平方千米，建设周期 60 年，大大超过今天唐山南湖的建设与改造范围，今天回顾这一大胆创想，仍可将其作为南湖生态环境改造进一步完善的一种设想

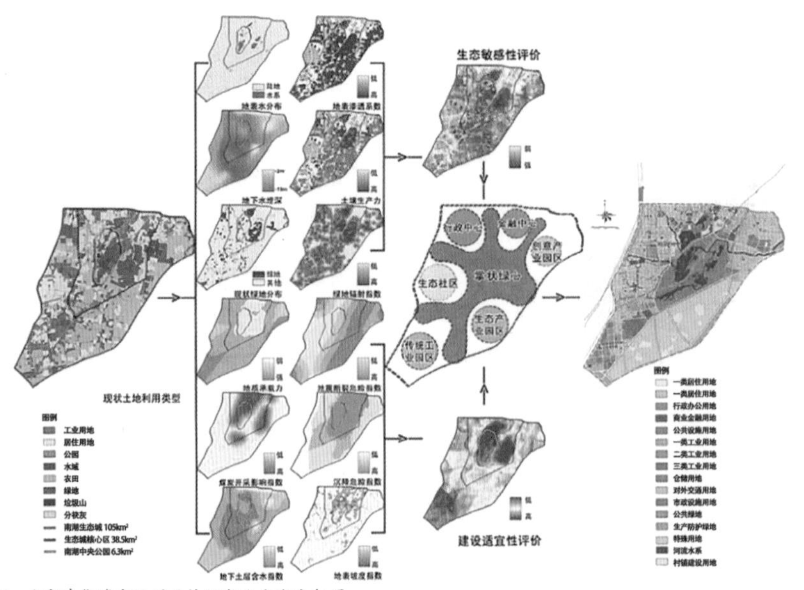

图 4-5-2 北京清华城市规划设计研究院方案分析图

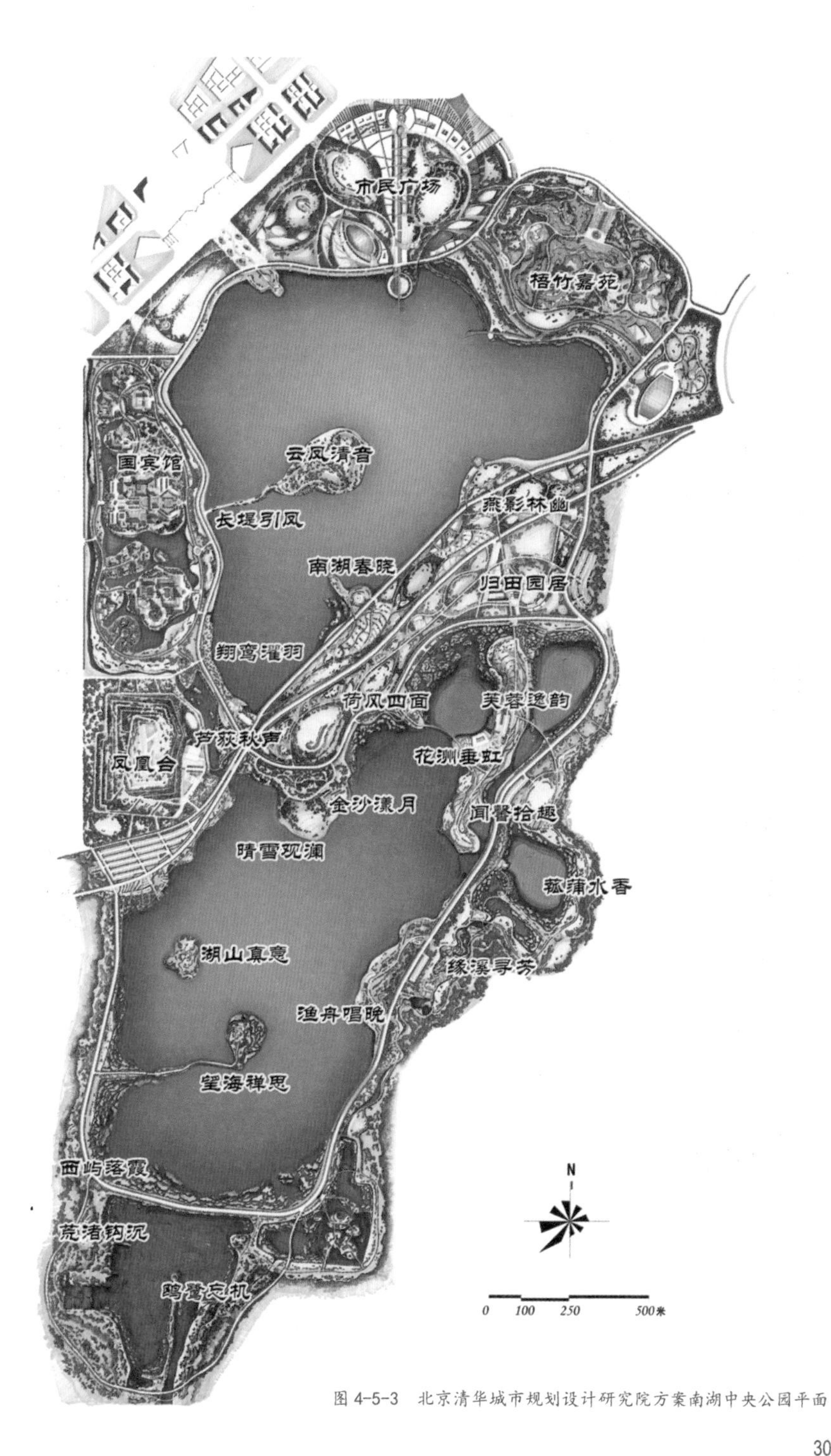

图 4-5-3 北京清华城市规划设计研究院方案南湖中央公园平面

图 4-5-4　南湖景观视线分析图

4.5.2 设计策略与措施

通过植物恢复、地形修复以及自然沉降、更换土壤等生态技术手段，从根本上改变矿山堆场对周边空气、地下水的污染，使改造后的堆山环境与唐山 2016 年世界园艺博览会的场馆建设相结合，使世博园以及粉煤灰山的综合改造项目成为集生态环境改造、城市休闲以及区域博览功能为一体的城市生态板块项目（图 4-5-5）。

原来的河流流经城市建成区，水质不佳，通过科学系统的水资源调度，并配以湿地生态恢复区，在保证水量的前提下，也能保证水质。

水资源调度包括：充分利用上游流经市区的水体，利用污水处理后的中水、雨水以及工矿企业的疏干水（图 4-5-6）。以环城水系的最大节点——南湖调蓄池为例，其水源主要来自以下 3 个渠道：西郊污水处理厂中水补给、开滦矿疏干水净化后补给、 流经汇水区域的雨水收集。

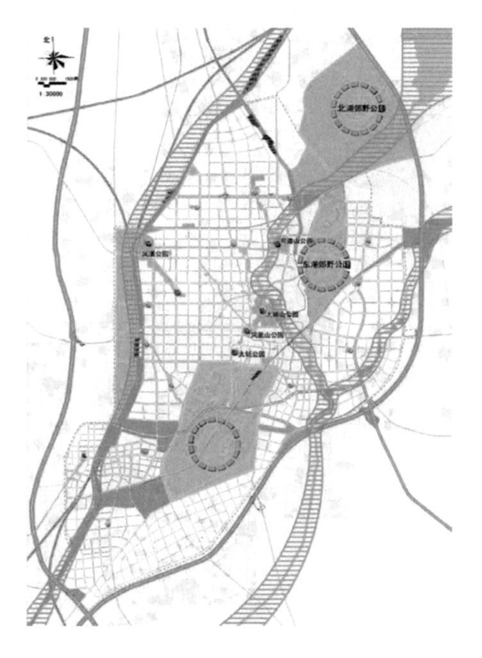

图 4-5-5 唐山中心城绿地系统规划图

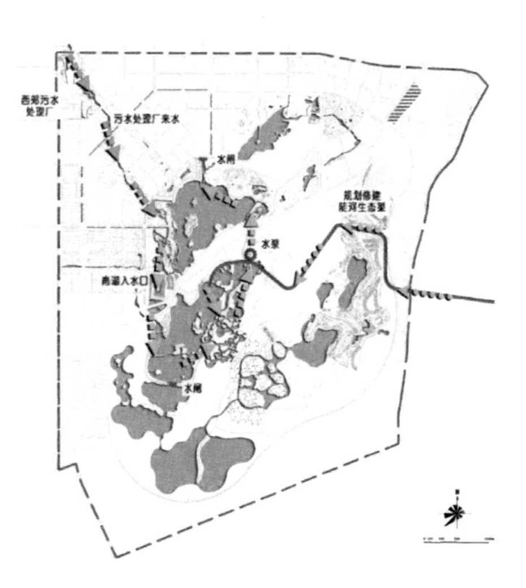

图 4-5-6 唐山水系排污设计图

4.5.3 唐山环城水系工程

唐山市环城水系是由陡河、青龙河、李各庄河、新开河、南湖、东湖、西湖组成的河河相连及河湖相通、大小不一的水循环体系，形成环绕中心城区的长约 57 千米的环城水系 。水源包括陡河、区域雨水、城市中水。环城水系的建设，对改善该市整体生态环境和推动城市改造、发展经济具有重大意义。环城水系建成后，将拥有 13 平方千米的蓄水面积，使市区 120 平方千米的范围处在滨水或近水区域，使唐山真正成为〝城在水中〞〝水清、岸绿、景美、人水和谐〞的山水生态城市。

枯水期时，青龙河及陡河补水经湿地处理后，通过泵站提升至北部湖区进行补给；丰水期时，北部湖区湖水经暗渠导入青龙河，再流经南部湖区湿地，排出该区域。

唐山环城水系，从河底的清淤到河道的拓宽，从两岸污水的整治到河坝的加固，从两岸景点的规划布局建设到两岸的拆迁绿化，水系两岸将会发生翻天覆地的变迁。环城水系是唐山城市建设史上的一项大工程，是唐山城市转型、建设生态城市的又一范例。

唐山市 2011 年 2 月通过〝唐山市环城水系建设及周边区域整体改造规划〞项目，提出沿环城水系建设〝十八公园、十八广场〞，围绕环城水系打造城市景观亮点，创造宜居、宜游的良好城市形象。工程整体规划根据不同的区域特点突出各自的功能特色，共分为八大功能区，即郊野自然生态区、城市形象展示区、工业文化生活区、湿地生态恢复区、现代都市文化景观区、滨河大道景观区、都市休闲生活区、湿地修复景观区（图 4-5-7 ~ 图 4-5-9）。

郊野自然生态区——陡河上游自然段，景观以自然原生态为主，是一种天然的生态景观，也使得久居城市的人们可以更加亲近大自然。

城市形象展示区——该区段是由市郊进入市区的过渡段和城市形象展示段，从建筑和景观方面构建城市入口标识物，让来客有耳目一新之感。

工业文化生活区——陡河中游段，除了滨河绿化外，规划更多是在改造或搬迁的旧工业遗址基础上，保留工业历史遗迹。同时配合景观改造，使陡河这条唐山的母亲河焕发新的活力，体现后工业文明感。

湿地生态恢复区——陡河下游及南湖补水渠，主要是以湿地植物为主的景观区段，既可美化环境，又可净化水质。

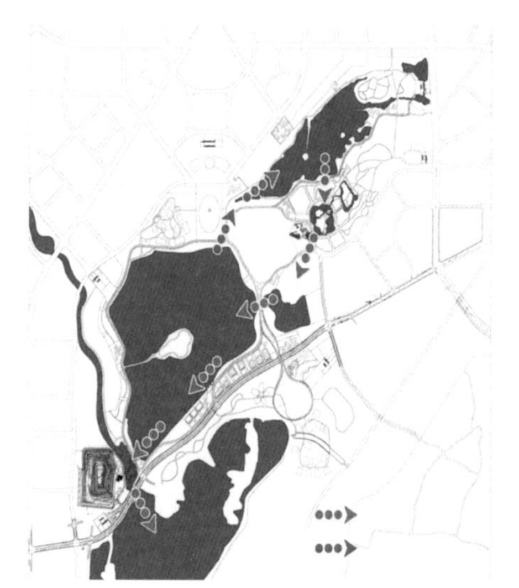

图 4-5-7　大小南湖水系循环示意图

图 4-5-8　环城水系两岸景观功能分区示意图

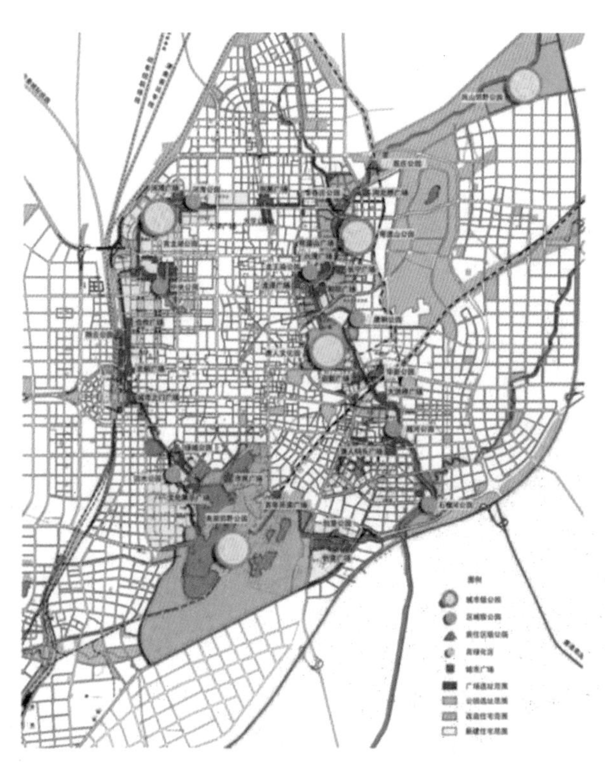

图 4-5-9　唐山环城水系循环示意图

现代都市文化景观区——北段水系穿越凤凰新城，反映唐山的都市现代化进程，与唐山整体建设一起反映现代都市生活场景，其风格体现出都市感和时代感。

滨河大道景观区——西段新修水系连接西二环和站前路，营造滨河景观风格，体现城市的现代活力与景观形象。

都市休闲生活区——青龙河中上游改造段两侧，主要为居住区。滨河景观注重为两侧居民提供娱乐、休闲空间和场所。

湿地修复景观区——青龙河下游及南湖公园，注重自然生态的景观营造。

在八大功能区域内，整个规划突出了重要节点的规划设计，如弯道山公园的陶瓷主题公园、启新水泥厂的近代工业博物馆、站前广场的景观提升改造等。

随着南湖公园区的建设，南湖公园的景观和生态功能凸显，为两侧用地的整体价值提升带来新的契机。区段内的南湖创意园城市节点规划延续了公园的生态湿地功能，以水体分隔地块成若干小区域，建筑与水景相融相生（图 4-5-10）。

青龙河段——城市休闲生活区，从西电路至站前路，景观设计重点放在滨河硬质景观处理上，在有限的滨河空间里营造丰富多彩的城市居民活动场所，让滨河空间成为城市公共客厅。

图 4-5-10　唐山西湖公园鸟瞰

下游段从西电路到南湖公园。段内的活水公园城市节点与南湖西区融为一体，以青龙河为景观走廊，分别规划设计了休闲会所、商业街、城市广场、大型购物中心、休闲度假酒店等为区域配套服务，将形成自然、生态的现代都市公共休闲空间。

凤凰河西段——滨河大道景观区，该段南起火车站，北至裕华道，向东蜿蜒至青龙路后北上至凤凰湖，该段属凤凰新城区和滨河大道景观区及城市形象展示区。

凤凰河北段——现代都市生活景观区，段内有创意广场、科技之光两个城市节点，节点内丰富的城市空间与贯穿地块的景观绿线，有机链接了北线内的滨水空间。

环城水系的六大功能分区，重点突出，水系将如血脉般滋养着 12 个城市节点和滨河景观，将沿河 100 平方千米区域的城市空间打造成城水相依、山环水抱的宜居美景（图 4-5-11）。

4.5.4 结语

唐山环湖水系的规划将城市与自然一体化，其中南湖生态主题公园、弯道山陶瓷主题公园、启新水泥厂近代工业博物馆、站前广场等景观的提升改造推动了唐山旅游等第三产业的发展，加大了政府对当地重工业企业的管理力度，提高了市场经济多元化，促进了剩余劳动力的就业，增加了市民收入，丰富了市民的精神生活，提升了百姓的幸福指数，使环城水系成为一条生态景观、休闲旅游、文化展示、产业升级的环城带系，也使唐山成为一座城中有山、环城是水、山水相依、水绿交融的宜居生态城市。

2016 年唐山世界园艺博览会会址位于南湖，世园会的核心区域规划范围为南新道以南，京山线（青龙河）以北，建设路以西，丹凤路以东，规划总面积为 540.2 公顷，其中水域面积 143.35 公顷，陆地面积 396.85 公顷。研究区域范围为核心区周边包括迎宾路在内的大南湖区域。

本届世园会以“城市与自然、凤凰涅槃”为主题，目标是打造成一场精彩、难忘、永不落幕的世园会。本届世园会首次利用采煤塌沉降地举办展会，设计以突出唐山南湖地区的历史、遗迹、地质等特色，结合植物及花卉展示，在整个景观中融入对水质处理、垃圾山安保措施、粉煤灰山生态修复及资源化利用解决的成果，凸显生态治理恢复重建特色。

图 4-5-11　唐山西湖公园栈桥

4.6 2016 年唐山世界园艺博览会

4.6.1 园区功能分区

1. 主题展示

包括两个主要展示区，一个是小南湖北侧的植物专类园，是以植物花卉展示为主题的区域，另外一个是以魔比斯环为景点核心的植物专类展示区，包括城市展园、国际展园、大师园、企业园等（图 4-6-1）。

2. 景观游览区

主要围绕大南湖与小南湖两个景观游览区展开，形成包括临水长廊、休憩节点、主题场馆等的沿湖景观带。

3. 入口服务区

全园分为 4 个入口服务区，北侧入口服务区主要以展示城市形象与承载市民活动为主，东、西两个入口服务区以游客服务功能为主。

4. 文化体验区

大南湖西部的民俗体验区，是以唐山文化馆为起点、凤凰台为终点、十里文化长廊为连接线的文化体验带，里面包含大量文化景点，如戏园、海棠花榭、南湖胜境、清风廊等。工业文化体验区包括工业馆与魔比斯环。

图 4-6-1　2016 年唐山世界园艺博览会总平面图及鸟瞰图

4.6.2 园区的空间结构分析

两轴：一是展会景观轴，即百鸟朝凤广场—南湖中央轴线；二是山水轴，即凤凰台—中心岛—煤矸石山轴线。

一心：中央庆典广场。

两带：北湖区十里花堤景观带、唐胥路滨水花堤景观带（图 4-6-2 ~ 图 4-6-8）。

图 4-6-2 功能结构图

图 4-6-3 总平面图

图 4-6-4 北湖区十里花堤景观带

图 4-6-5 唐胥路滨水花堤景观带

图 4-6-6　展会景观轴

图 4-6-7　山水景观轴

图 4-6-8　“一心”中央庆典广场

4.6.3 园区交通分析

大区交通：区内有 7 个公交站，北、西、南 3 个入口处均与接驳公交车对接。

院内交通：有较完整的电瓶车交通线路，有 6 大中心看点、12 个次级站点，园区内三级游览路与慢行交通线无缝对接，极大地方便了游人（图 4-6-9、图 4-6-10）。

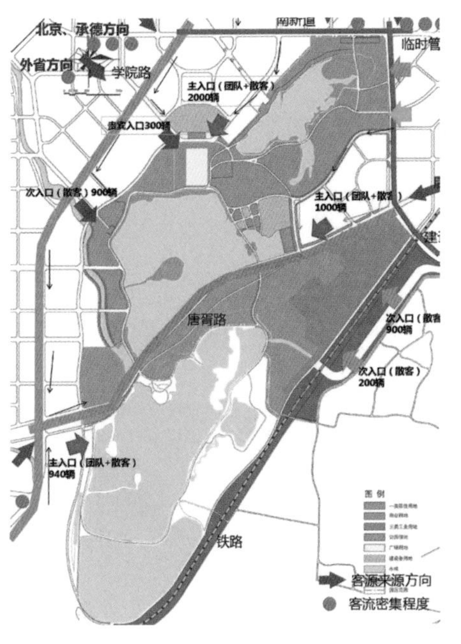

图 4-6-9　外围交通

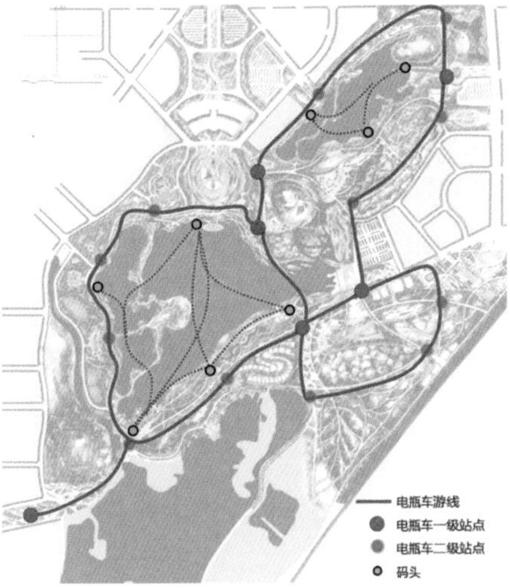

电瓶车游线
电瓶车一级站点
电瓶车二级站点
码头

图 4-6-10　园内电瓶车交通组织

4.6.4 水系规划

小南湖补水水源以开滦煤矿唐山矿的疏干水为主，水质较好，但自湖区北部有少量城市雨污水排入。大南湖补水水源一方面来自小南湖的暗管溢水流入，另一方面来自青龙河河水流入及陡河水库引水补给（均通向南部湖区）（图 4-6-11）。

1. 大小南湖水系循环

大南湖西北角增加泵站，通过暗管进入小南湖，小南湖通过湿地净化进入大南湖。大南湖与小南湖内部都通过动力系统进行内部循环。对于整体山水格局的规划，强化南湖原有山水关系，将现状园区制高点保留，营造园区山水轴线——凤凰台、凤栖坨、煤矸石山景观。

2. 新增水系

大南湖南侧水系最高处为 9.5 米，增加泵站使大南湖水进入水系，通过重力与大南湖形成循环水系。小南湖水系新增水系与大南湖新增水系循环方式一致。

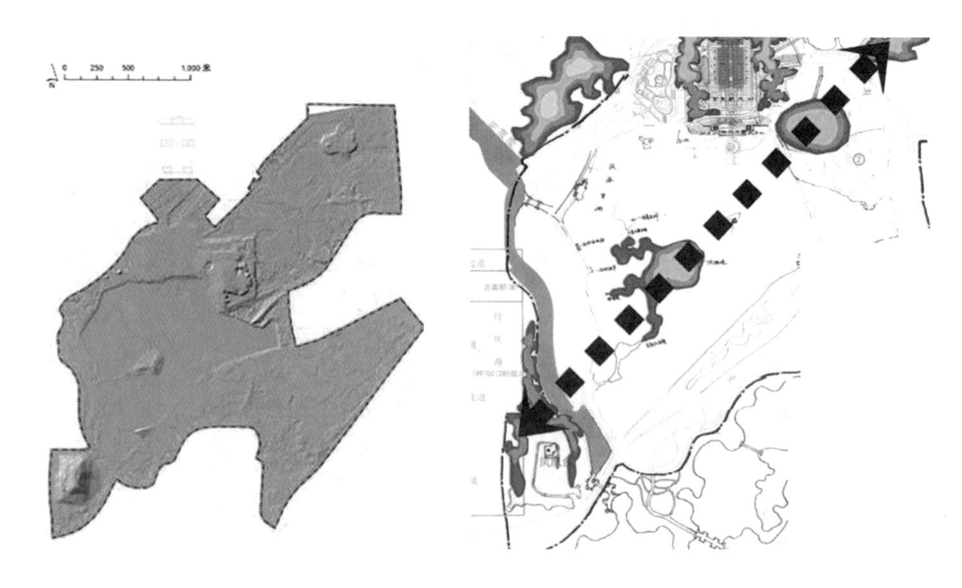

图 4-6-11 “山”形水系规划

4.6.5 分区设计

1.生命之花分区

作为世园会主入口场地，生命之花分区以花朵绽放的形态表达世园会的主题，包括绽放广场、丹凤朝阳主题雕塑、庆典广场、水上观演广场。以主题雕塑丹凤朝阳为中心的庆典广场，结合滨水植物及周围波纹状景观绿地设计，形成生命之花的核心（图 4-6-12 ~图 4-6-14）。

开展活动：通过珍藏老照片、影像等媒介，展现地震孤儿的生活片段，邀请他们 30 年后带着自己的新生活、带着成长过程中与植物和园林有关的故事，回到这个美丽重生的地方。

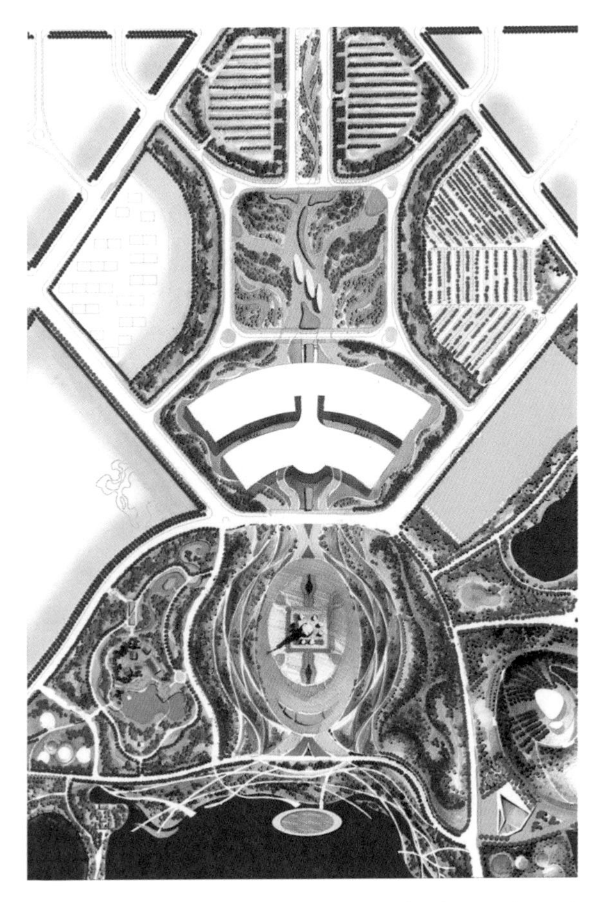

图 4-6-12　生命之花分区设计平面图

图 4-6-13　生命之花分区设计庆典广场效果图

图 4-6-14　生命之花分区设计北入口区“凤舞之门”

2. 生命之路分区

该分区对小南湖水线进行梳理，形成堤岛和大小水面。以植物、园艺为展示主题，强调植物与人的关系，赞颂生命的美丽。以主场馆——生命之路主题馆为中心，包括植物温室、专类园、花卉交易展示区（图 4-6-15 ~图 4-6-17）。

活动内容：在人们的生活中展现植物视角。植物在进化与演变过程中，不断地与人的生活发生着联系，与现代人的生活更是息息相关，如粮食、蔬菜、水果等食品，茶叶、烟叶等作物，就在身边。开展生命之路主题展，作为展示植物、生命历史、演替的展示场地，同时形成大型集散场所，成为世园会活力展示的空间。在布满鲜花的绿野中，寻访他们的故事，向每一点努力致意。

图 4-6-15　生命之路分区设计平面图

图 4-6-16　生命之路分区设计总体手绘鸟瞰

图 4-6-17　生命之路分区设计整体鸟瞰效果

3.生命之城分区

该分区展示唐山的风采，体现唐山这座城市里人与自然和谐共生的主题。包括凤凰台、展示唐山文化的奇石馆、戏园、曹雪芹纪念馆等系列展园、展馆，以及结合滨湖设置不同的亲水特色景观节点。而通过利用凤凰台这座往日的垃圾山，来策划〝我的园艺我的家〞活动，将市民积极地带到世园会的建设中来（图 4-6-18 ~ 图 4-6-21）。

持续举办与唐山市民家庭息息相关的园艺活动，包括阳台小花园、门前花圃、餐厅厨房盆花盆景，在凤凰台定期举行家庭园艺的展示及比赛，让世园会和每一个家庭互动，把园艺带回家。

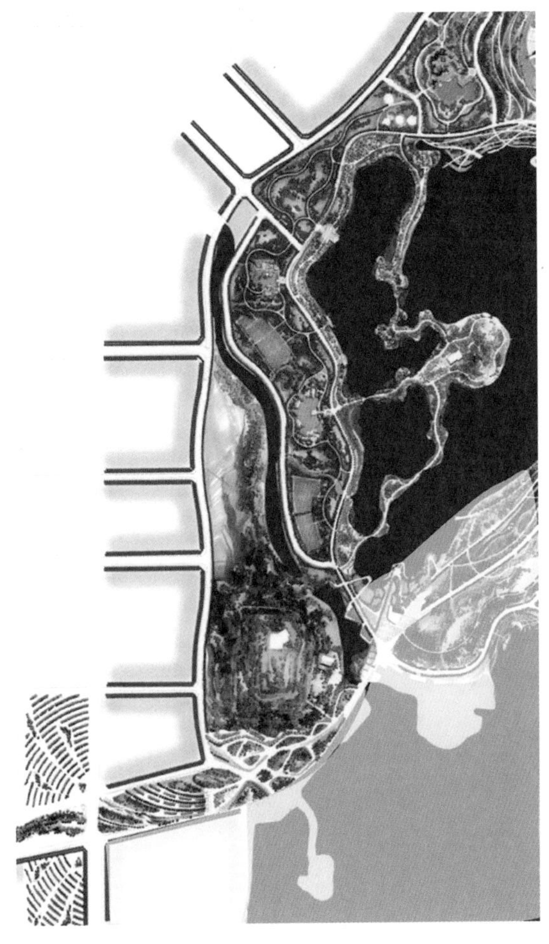

图 4-6-18　生命之城分区设计平面图

图 4-6-19　生命之城分区设计鸟瞰效果图

图 4-6-20　生命之城分区设计凤栖坨鸟瞰图

图 4-6-21　生命之城分区设计 清风廊效果

4. 生命之声分区

生命之声分区位于大南湖和南部南湖之间，唐胥路穿越此区。游人可在此景区赏阅两岸美景，感受晓风拂面、聆听风拂过湖面的声音。建立声音主题场馆，通过科技手段让参与者听到种子破土的声音、板栗开裂的声音、清风拂过南湖的声音，让人从听觉的角度重新亲近周围的环境，体会其中的美好。

5. 生命之环分区

生命之环的魔比斯环象征着生命更替的生生不息，生命之环利用原有工业遗址将设计师园、企业展园、工业园融于其中，一方面向唐山的工业历史致敬，另一方面倡导创新，作为对唐山新未来的展望。亿万年前的森林转化为煤炭资源，为人们提供能源、热量，如今治理采煤沉降区、城市工业棕地的同时，也应恢复植被，给子孙留下可持续的环境和资源（图 4-6-22、图 4-6-23）。

图 4-6-22　生命之环分区设计平面图

图 4-6-23　生命之环分区设计
工业广场效果图